# 版式设计

陈　洁　郑　爽　张慧玲　主　编
尹江苏　任　卿　赵金山　骆骑昭　副主编

清華大学出版社
北　京

## 内 容 简 介

本书以环境设计专业特色为指导进行编写，适合应用技术型高校作为教材使用 。作为环境艺术设计专业、风景园林专业的核心课程，版式设计是设计方案表现的重要手段，能更好、更快地表现设计构思、设计想法。本书结合环境艺术设计、风景园林设计和专业软件制作设计分析图、方案文本、展板作品集，从学生实际设计能力考虑，提供环境艺术设计、风景园林设计等专业版式设计案例及方法。



**图书在版编目（CIP）数据**

版式设计/陈洁，郑爽，张慧玲主编. —北京：清华大学出版社，2023.1（2024.7 重印）
ISBN 978-7-302-60692-5

Ⅰ. ①版… Ⅱ. ①陈… ②郑… ③张… Ⅲ. ①版式—设计—教材 Ⅳ. ①TS881

中国版本图书馆CIP数据核字(2022)第069343号

**责任编辑：** 石 伟
**封面设计：** 刘孝琼
**责任校对：** 么丽娟
**责任印制：** 宋 林
**出版发行：** 清华大学出版社
**网 址：** https://www.tup.com.cn, https://www.wqxuetang.com
**地 址：** 北京清华大学学研大厦A座 **邮 编：** 100084
**社 总 机：** 010-83470000 **邮 购：** 010-62786544
**投稿与读者服务：** 010-62776969, c-service@tup.tsinghua.edu.cn
**质量反馈：** 010-62772015, zhiliang@tup.tsinghua.edu.cn
**课件下载：** https://www.tup.com.cn, 010-62791865
**印 装 者：** 三河市龙大印装有限公司
**经 销：** 全国新华书店
**开 本：** 190mm × 260mm **印 张：** 16.25 **字 数：** 395千字
**版 次：** 2023年1月第1版 **印 次：** 2024年7月第4次印刷
**定 价：** 65.00元

---

产品编号：092789-01

# Preface 前言

版式设计的主要功能是传达设计信息，通过视觉流程的打造，使设计构思与艺术素养相结合，设计元素与设计主题相融合并传达设计方案的创意。

本书从简单的版式设计基础元素点、线、面入手，由浅入深地介绍方案版式排版技巧，主要指导环境艺术设计专业的学生和风景园林专业的学生如何将自己的设计方案以最优化的方式展示出来，通过方案版式的核心页面，展现版式设计方案的优势，探讨版式设计细节，并介绍一些方案版式设计小技巧。理论和实践相结合是本课程教学的基本要求，为适应国家对应用型大学的前瞻性要求，让学生了解、掌握方案版式设计，并综合运用到实际设计方案中，本书分门别类地运用大量且具体的版式设计实例进行讲解，并通过练习启发学生方案展示设计的能力，用分析、讲评结合的方式，更好地传达设计信息。

本书主要利用版式设计的构图元素、版式设计的构成法则、图片和文字的编排、色彩对版式设计的重大影响和网格的应用技巧等相关内容，逐步深入地讲解版式设计的构图知识、室内设计和景观设计的方案文本、展板、竞赛、作品集等，为环境艺术设计专业的学生和风景园林专业的学生提供理论与实践相结合的版式设计实例，其中，还涉及部分软件操作技巧和版式思维训练。

本书由艺术专业教师与企业设计师编写，张慧玲老师编写第1章、第7章，陈洁老师编写第2章、第5章、第6章，赵金山老师编写第3章，尹江苏老师编写第4章，任卿老师编写第8章，郑爽老师编写第9章，平面设计师骆骑昭指导行业需求及版面范围，最后由陈洁老师负责整理、审校和完善。本书在编写过程中得到了广大师生的大力支持，特别是学生孔文文、严艺霖、余晨、盛芳芳、何文豪、向宝山、赵俊亨、徐辉、陈星羽、陈新耀等和设计师李职、林星凤、杰男、谢磊、柳锦榕、周倘等，他们为本书提供了大量图片，编者在此表示感谢。

本书中引用的部分图片(作者信息、作品名称)未能标明出处，特此说明，由于编者水平有限，书中难免存在疏漏，未尽事宜敬请各位专家、学者批评指正，以便在今后的改版中再次完善。

编　者

# Contents 目录

## 第 8 章 专项：景观设计方案版式 ........ 191



## 第 9 章 作品集版式设计........................ 227



## 参考文献 ............................................ 251

# 第1章 方案版式的吸引法则

## 学习重点及目标

- 方案版式设计的概念。
- 方案版式的类别。

版式设计是艺术与设计的高度统一，是现代艺术设计的重要组成部分，也是设计师向客户传达设计理念的重要途径。优秀的版式设计能力是环境艺术设计专业学生所必备的技能之一。在设计方案表达的过程中，如何更加灵活地应用版式设计的原理，利用点、线、面等基本构成元素对版面加以设计，在增强版面的韵律感及节奏感的基础上，吸引客户的注意力，是每一位设计师必须深入思考并解决的问题。不同类型版式设计如图 1-1 所示。

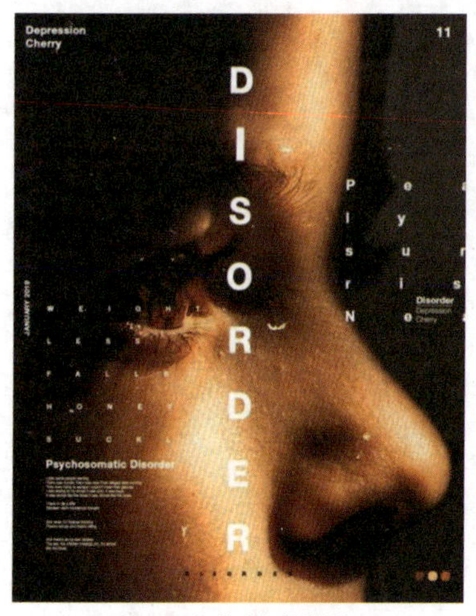

（a）人物版式设计

（b） 图片版式设计

（c） 文字版式设计

**图1-1　不同类型版式设计**

设计方案排版是表现设计思路和设计效果的有力语言，不同的设计方案排版叙述不同的设计故事，将设计故事按顺序呈现给读者。合理利用排版设计，能够突出画面语言的优势，阐述设计内容和设计流程。设计方案排版是设计制作的最后一步，需要细化设计流程、画面表达、视觉呈现。优秀的排版可以使整个设计方案看上去更加美观，同时能够清晰呈现项目逻辑的整体流程，达到吸引读者的目的。图 1-2 为某景观建筑的展板设计。

（a）共生——福建省永泰县嵩口镇乡村客厅设计

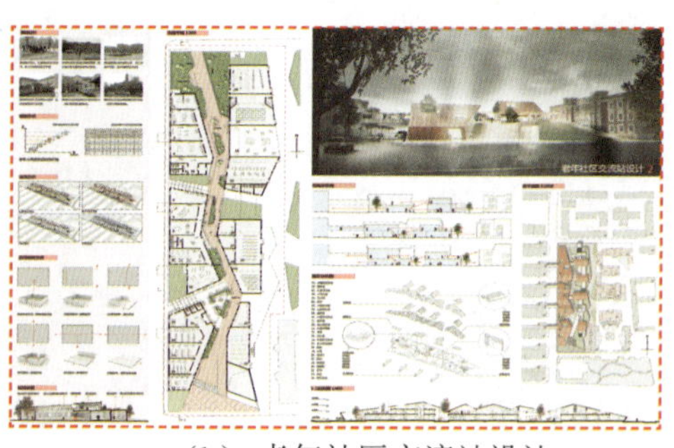
（b） 老年社区交流站设计

**图1-2　某景观建筑的展板设计**

# 1.1 方案版式设计的概念

方案版式设计是根据设计主题与方案视觉的要求，运用相应设计原理与设计原则，在一定版面空间内将设计主题、设计构思、设计元素等进行有规则、有目的的编排设计，使方案版面既具有艺术性又不失实用性，在传达设计信息的同时，满足人们的审美需求。方案版式设计也是将设计师的理性思维以一种个性化表达形式进行展现的艺术表现形式。

## 1.1.1 方案版式概述

方案版式是根据设计主题和视觉需求，在预先设定的版面内，运用造型要素和形式原则，根据主题与内容的需要，将文字、图片及色彩等视觉要素进行排列的过程。

方案版式是针对各种设计方案进行的版式设计，包括信息梳理、节奏把握、点线面组织规则和底层逻辑，其运用版式设计工具将设计者所需要表达的设计内容转化为视觉语言，让读者可以快速准确且有趣地理解，并接受设计师的想法及理念。

从设计结果上看，方案版式是文字、图像、色彩等的有机组合，让读者在欣赏的同时，向读者传达设计者的思维理念，是连接设计师与读者之间的一座桥梁，如图 1-3 所示。

（a）室内方案排版(1)

（b） 室内方案排版(2)

（c） 室内方案排版(3)

图1-3 室内方案排版

## 1.1.2 方案版式内容

包装、海报、广告、名片、书籍等的版式设计其实都是版面的编排设计，只不过应用在不同的版面，除了基本的版式设计，还融合了品牌策略、文案创意等内容。无论是应用在室内设计、景观设计还是应用在名片设计、画册设计等，方案版式设计都是根据不同的场景组织版面内容，运用点、线、面的设计元素传达设计师的思想，重点展示设计者的方案。图 1-4 为个人名片设计，整个版面的构成是由最基础的点、线、面三大设计元素所进行的有序排列组合，这些设计元素展现了工作室名称蕴含的主题。

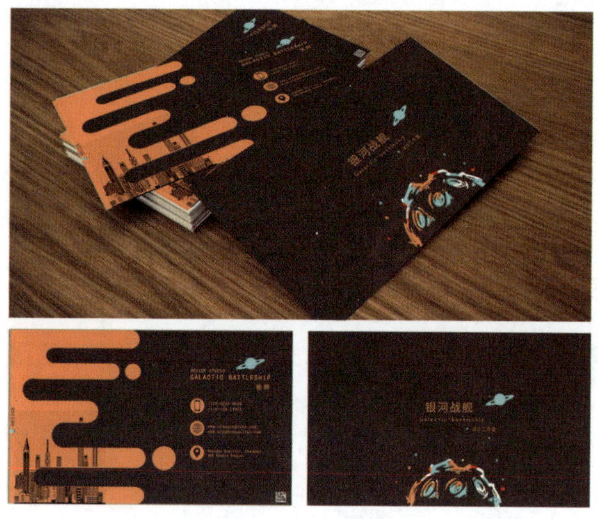


图1-4　个人名片设计（学生作业：徐辉）

## 1.2 方案版式的类别

随着社会的不断进步与经济的快速发展，与版式设计相关的职业越来越多，版式设计也进入了一个新的时代。生活方式及审美标准的改变影响着版式设计的发展，加快了视觉语言的更新与进化，逐渐衍生出众多与传统纸媒领域不同的版式类别，这些新兴的版式设计与现代人的生活息息相关，体现了不同的审美趋势和文化变迁。版式设计涉及的范围很广，既包括传统意义上的报纸、杂志、包装、画册等，又包括新型数字媒体领域，如网页、电视、用户界面（UI）等。本书主要针对环境艺术设计、建筑设计和城市规划设计常用到的方案版式进行讲解分析。

### 1.2.1　环境艺术设计方案版式

环境艺术设计分为室内设计和景观设计。

#### 1. 室内设计方案版式

室内设计的主题空间一般包括住宅空间、办公空间、展示空间、餐饮空间，不同主题的空间在进行方案排版时所选择的内容和形式有所不同。在室内设计方案排版中，图片占据重要位置。一套完整的室内设计方案包括封面、目录、设计概况、设计理念、风格定位、平面图、空间方案、色彩、材质定位、专项设计和封底等。

室内设计方案排版中的细节如下所示。

1）室内设计方案排版的主次

室内设计方案的每一页都应有重点地展示，并以其他内容作为陪衬，以便更好地营造空间氛围，将更加完美的方案展示给读者。切忌单品大小一致，缺少主次，否则会给人散乱的感觉。如图 1-5 所示，灯与沙发的尺寸一样大，电视柜与茶几的尺寸一样大，整个设计方案看起来极不协调；而在图 1-6 中，不同物品的尺寸根据实际比例来确定，则整体看起来比较协调，具有空间感。

图1-5　排版主次不分

图1-6　排版主次清晰

2）室内设计方案的适量分页展示

室内设计方案的展示不是罗列清单，不要在同一方案版面内放入过多的设计单品，适当地分页不仅有利于保持单页方案的美观，而且可以更加清晰地展现每页方案的内容。如图 1-7(a) 所示，该方案展示了较多的家具，版面显得杂乱，将方案进行图 1-7（b）和图 1-7（c）的分页展示，整个版面展示则更为清晰，也更具美观性。

（a）排版内容杂乱

（b）排版内容分页展示(1)

（c）排版内容分页展示(2)

图1-7　适量分页展示

3）室内设计方案版式的选择

在了解了客户的喜好和风格之后，室内设计方案版式的选择应与整体风格相呼应，风格相统一的版式设计看起来更加整齐有序，使整个版式设计显得更加专业，如图 1-8 所示。

设 计 理 念

安逸 纯粹 格调 厚重 沉淀

（a）版面整齐

（b）版面内容风格统一

图1-8　室内设计方案的版面

在室内设计领域，通常在对方案进行展示时，常会采用 PPT 和展板的形式，尤其是 PPT 形式选用更多。条理清晰的文本排版可以给整个室内设计方案加分，增强读者的阅读兴趣，更好地向读者展示设计方案。

## 2. 景观设计方案版式

相对室内设计方案，景观设计方案需要展现的内容更加多元。在进行景观设计方案排版时，应注意排版逻辑的完整性。

1）景观设计方案版式的内容

景观设计方案版式的内容一般包含前期分析（设计背景、区位分析、现状分析和城市肌理等）、设计思路（设计定位、设计概念和元素提取等）和效果图分析（平面图、透视图、鸟瞰图和剖立面图等）。

2）景观设计方案版式的逻辑

景观设计是一个非常综合性的学科，项目内容跨度非常大，从小型的景观构筑物、景观装置到大型的区域性规划、生态规划等，都需要设计师具备清晰的逻辑思维。景观方案的项目设计既可以按照正常的顺序进行阐述，也可以按照倒叙的顺序进行阐述，甚至可以以前期分析、中期过程描述、后期呈现的方式进行版式设计。

整个景观设计项目的前期分析、设计理念、元素提取分析和方案表达都是环环相扣的。注重景观设计方案版式的逻辑性，会使整个设计方案显得更具说服力，如图 1-9 所示。

（a）封面

（b）目录

图1-9　景观设计方案版式

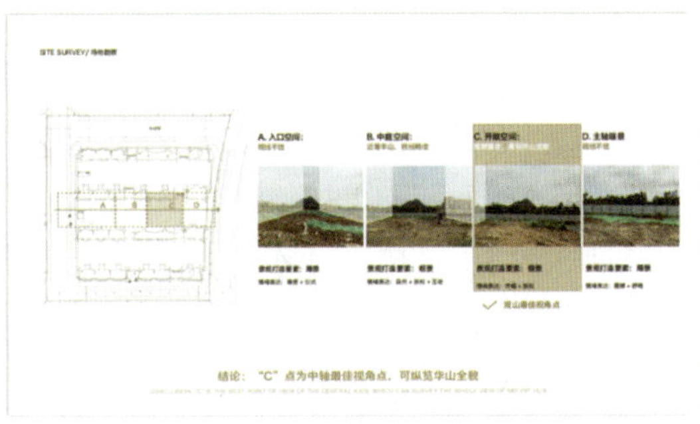

（c） 现状分析

（d） 元素提取分析

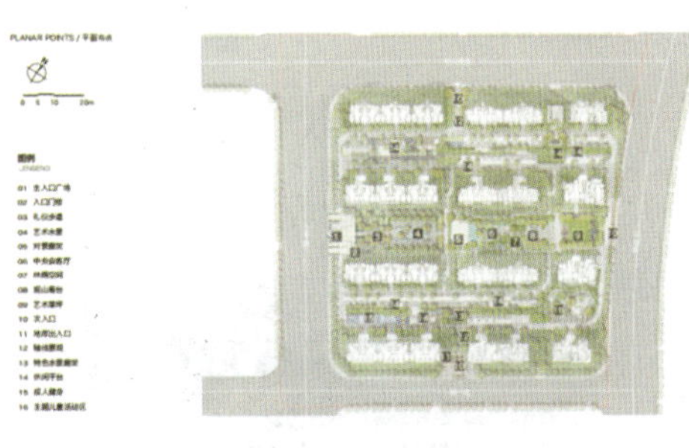

（e）平面节点分析图

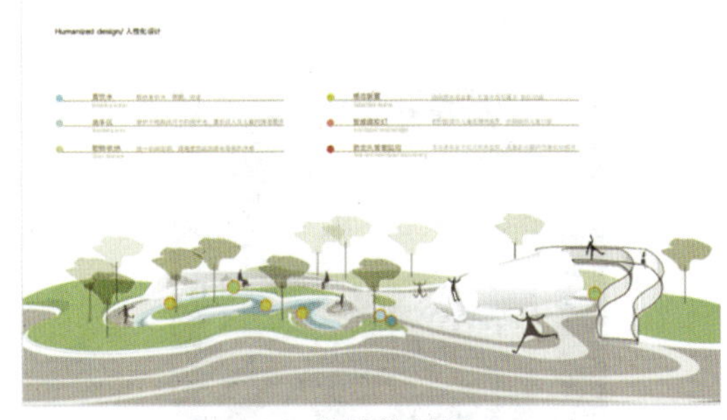

（f）设计效果图

**图1-9 景观设计方案版式（续）**

## 1.2.2 建筑设计方案版式

建筑设计在方案排版上，更加注重条理清晰。建筑设计方案版式设计的重点是要把整个设计流程完整且清晰地表达出来，在排版时要注意整个设计的顺序结构，让整体画面相连贯。可以尝试不同的版面设计方式，进行建筑设计方案版式设计。

### 1. 建筑设计方案版式中的重点元素

建筑设计方案版式设计应着重注意版面中出现的色彩、图片、文本等内容。

1）建筑设计方案的色彩选择

建筑设计方案版式设计可以借助专业知识，通过鸟瞰图、立面图等，从不同角度展现作品的重点部分，从而使整个方案版式的内容更为丰富。建筑设计方案在排版上需要注意整齐划一，控制好版面的整体比例。

建筑设计方案要选择一个合理的主打色，贯穿整个方案版式设计的过程。如图 1-10 所示，其表现的建筑主题为海洋建筑系列，以深蓝色为主打背景色，既呼应了设计主题，又与整体设计方案相吻合，突出了建筑整体。效果图展板设计则选择留白分割处理，更易凸显效果。同时，建筑设计方案还要注意版面的对比度和饱和度，善用中性色灰色，提升版面的格调，让设计主题信息更为突出，使读者阅读更为顺畅，如图 1-11 所示，调整色彩饱和度后，整体效果更加明确。

2）建筑设计方案的图片

在建筑设计方案版式设计中会出现大量的解构分析图，在进行方案版式设计时应避免在一张页面中出现过多的信息。即使信息可以很好地将设计意图呈现出来，但过多的信息展示也会影响读者的阅读兴趣，读者不会有大量的时间去阅读文本和研究图片上的小图表，因此，过多的信息反而影响设计信息的传达。当建筑设计方案需要表达的内容较为丰富时，可以采用图例方式。图 1-12 运用图块的形式进行信息传达，整体画面较为干净，信息接收相对容易；图 1-13 运用分层的表达方法将效果图分层展示，画面清晰且更加耐人寻味。

3）文本处理

一般情况下，建筑设计师尽量减少文本的使用，但如果必须要用文字来阐述设计过程，可以参考图 1-14 的版式设计。图 1-14 含有大量的文字说明，但文本并未过多地将读者的注意力从图形上移开，这种方式可以保持所有信息的直观性和凝聚力。在版面中，虽然信息量很大，但并未形成杂乱感，而是有序地将设计过程传达给读者。

（a）色彩选择

（b）色彩选择

**图1-10　色彩在建筑设计方案版式中的应用（学生作业：赵婧如、张宇婷、刘琪）**

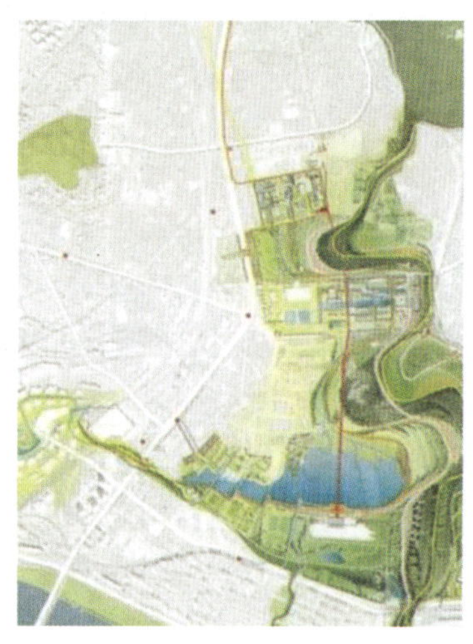

（a）调整对比度前的效果

（b）调整对比度后的效果

**图1-11　现场分析图调整对比度前后效果对比**

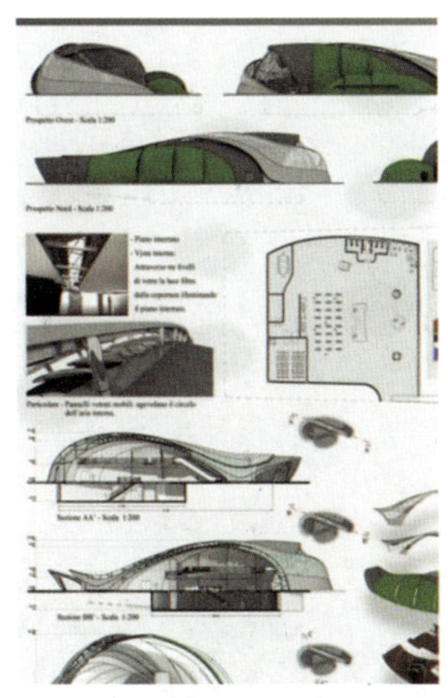

图1-12　运用图块形式表达

图1-13　运用分层形式展示

图1-14　建筑设计方案版式中的文字运用

## 1.2.3　城市规划方案版式

城市规划设计是城市规划理论的实践场地，是对城市环境的每一个参与者的关怀，是对宏观城市结构的调整与升级。与景观设计相比，城市规划规模更大，范围也相对更广，在项目设计中所需要考虑的因素也更加复杂、更加多元化。景观设计是在实践中为了解决某个现实性问题而存在的，而城市规划不只是解决现实的问题，它更具有一定的前瞻性，不断尝试为人类及环境提供合理的设计方案。城市规划方案版式设计较景观方案版式设计更为复杂，需要展示的内容也更多。

### 1. 城市规划方案版式的设计思路

城市规划方案版式的设计思路一般由宏观入手，再到微观，同时兼顾生态与人文、现实与未来等多方面因素。在方案版式设计的开始，就需要呼应城市规划设计的整体思维。

城市规划方案的版面大体上是由场地的分层陈述（前期分析）、概念的生成（中期设计）及改造策略的演示（后期设计）三部分构成。内容相对更加严谨、理性，对整体的逻辑严谨性要求较高。

## 2. 城市规划方案版式的内容

1）项目定位

在城市规划项目的初期阶段，设计师需要了解城市规划的项目内容和设计要点，对该项目所涉及的专业概念和相关知识有一个初步的梳理。

2）场地认知

城市规划的场地认知可以从实地调研、资料查询和信息分析等方面入手，有目的、有方向地对信息进行处理，以增强读者身临其境之感，进而使其对后期设计方案产生认同。图 1-15 采用卫星定位图对重要节点进行引线标注，使读者可以清晰地了解设计现场情况。图 1-16 采用调整图面色彩饱和度的方式，突出设计区域。

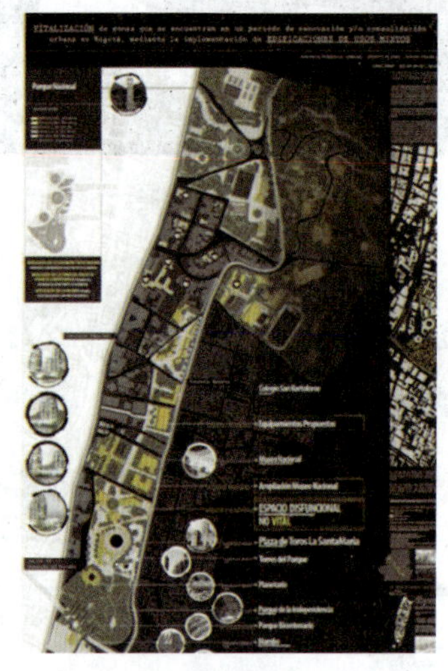

图1-15　采用卫星定位图标注

图1-16　调整图面色彩饱和度

3）设计概念的形成

城市规划方案设计概念的形成过程为整合设计案例，总结归纳现存的设计问题，充实方案排版内容，根据前期分析提出发挥场地潜力的策略性方案，然后形成设计概念，如图 1-17 所示。

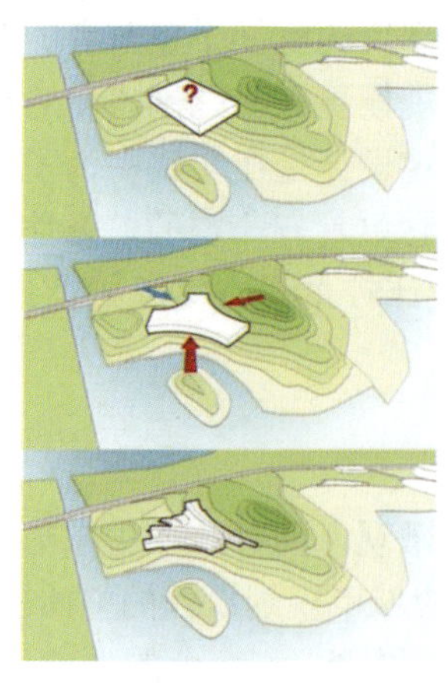

（a）概念分析过程

（b）概念形成过程

图1-17　设计概念的形成

4）方案表现

城市规划方案表现包括细化设计，将设计要点落实到场地空间，利用效果图对城市规划设计进行视觉化方案表现，运用版式基础知识进行合理编排，有序呈现城市规划设计，阐述设计内容和设计流程。图 1-18 采用版面规则分割方式，重点展示城市规划方案，局部配以设计效果图。

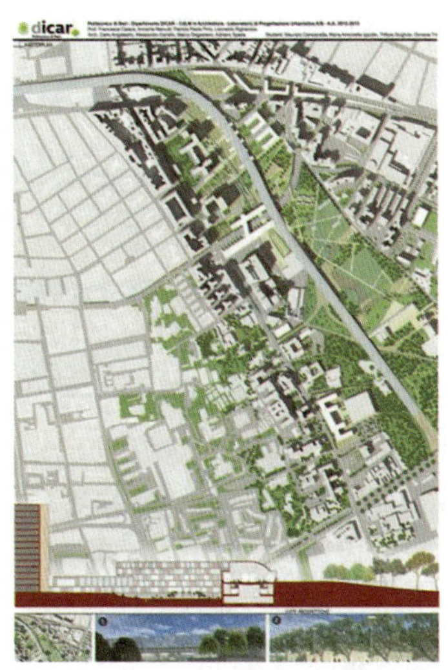

图1-18　版面规则分割

## 1.3 揭开方案版式的秘密

通过设计文本表达设计意图，以此为途径打动客户并获得客户认可是设计师制作方案版式设计的重要步骤之一。然而，许多设计师并未意识到方案版式设计的重要性，制作的方案文本大多是方案图片的罗列，缺乏独立的个性表达。对于设计师而言，拒绝平庸就是要打造属于自己的个性版面，突出特色。

对于环境艺术设计专业的学生和园林景观设计专业的学生而言，方案文本的制作是必不可少的。作为设计师，文本是表达设计理念的重要途径。优秀的方案版式色彩和谐，图文编排遵循形式美法则，设计主题明确，版式简洁、一目了然，能更清晰地传达设计内容及设计形式风格。环境艺术设计专业的学生和风景园林专业的学生在完成方案文本的过程中，既要关注自身设计内容的表达，又要注意排版构图形式，把控字体的间距及选择，注重内容之间色彩的配搭及相互之间的比例关系、位置关系等。

### 1.3.1 方案版式设计概述

方案版式设计运用丰富的视觉语言构成具有对比形式的画面，吸引读者的注意，向读者传达设计信息，给人留下深刻的印象，加深读者对方案的了解，促使方案的达成。在环境艺术设计专业中，室内设计、景观园林设计都需要进行一定的图形文字排版，采用丰富的视觉元素突出方案文本的主题和细节，以传达设计者的设计主题和构思过程。

在方案版式设计中，排版与构成元素是相辅相成的，版面的内容是为设计主题服务的。合理的方案版式设计可以达到完善并强调主题的目的，优秀的方案版式设计不仅要有一定的设计细节，更应注意版面内容与整体布局的关系及其合理性，做到版面内容与形式之间的相互统一，以达到最佳的视觉效果，展示最完整的设计理念，传达设计师的设计想法，最终更好地传达设计信息。

在日常的设计工作中，设计师会面对不同的设计方向和设计要求，也会面临各种各样的问题和困扰。方案版式设计中常见的问题如下。

1）整体布局上出现问题

方案版式设计整体布局的形式是吸引读者注意力的第一步，一个优秀的版面设计可以轻松快速地向读者传达设计信息，在第一时间抓住读者的眼球。方案版式设计的整体布局问题主要有以下几种。

（1）不尊重读者的阅读习惯。

在方案版式设计中，如果忽略读者的阅读习惯，布局中的不同构成元素在内容及形式上关联度不高，就会造成读者阅读不顺畅，影响其对设计方案的整体思考，并给其带来困惑，如图 1-19（a）所示。在进行方案版式设计的整体排版时，应注意读者的阅读习惯，不能仅考虑形式而忽略实效，要在保证方案可以顺畅阅读的前提下，合理地编排布局。在进行景观节点设计时，可以选择如图 1-19（b）的版式设计形式。在图 1-19（b）中，设计师合理编排点、线、面元素，合理组织图片与文字之间的编排形式。

（a）不尊重读者阅读习惯

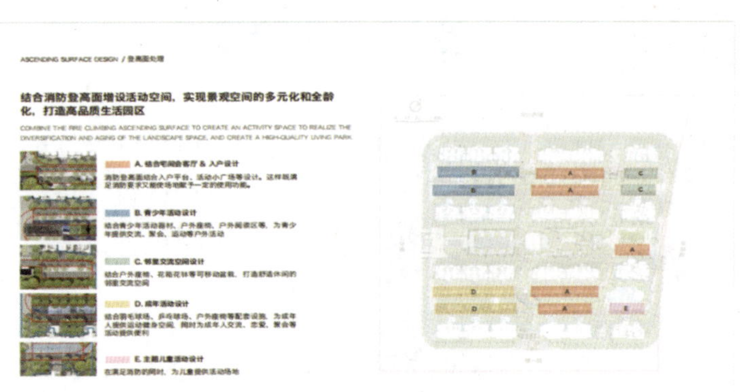


（b）版面编排合理

**图1-19　重视读者阅读习惯**

（2）重点不突出和不明确。

方案版式设计重点不突出和不明确，就是通常所说的主次不分。在设计方案的展示中，设计细节要有主有次，过于平均的版面设计，会使读者无法读取设计重点，设计师传达出的信息不能吸引读者注意，传达效果较差，且会影响其阅读兴趣，如图 1-20（a）所示。图 1-20（a）的这种情况可以运用调整图片尺寸和对齐方式的方法改变整体版面的编排，增强秩序性，强调版面的逻辑顺序，如图 1-20（b）所示。

（a）重点不突出和不明确

（b）重点突出和明确

**图1-20 图片重点**

（3）图片对齐方式混乱。

在方案版式设计中，图片对齐方式混乱，间距把控不好，会使读者在视觉上产生混乱，如图 1-21（a）所示。可以尝试将出现在版面上的图片元素做对齐处理，这会使整个版面更加有序，也更能集中读者的注意力，如图 1-21（b）所示。

（a）图片对齐方式混乱

（b） 图片对齐处理后

**图1-21 图片对齐方式**

2）图文编排上出现问题

方案版式设计既需要图片的直接冲击，也需要文字的间接感染，因此图文结合是方案版式设计中常见的编排形式。

（1）图文主次不分。

图文主次不分，会造成整个版面的混乱，读者不能清晰了解版面排版所传达的设计构思，如图 1-22（a）所示。在以图片为主的版式设计中，文字的编排不能超过图片，如图 1-22（b）所示。在以文字为主的版式设计中，图片则要为文字让位，如图 1-22（c）所示。

（a）图文主次不分

（b）以图片为主

（c）以文字为主

**图1-22　图文编排形式**

（2）图文从属关系不清。

图片与文字的编排如果从属关系不清晰，容易造成读者视线混乱，影响阅读，如图 1-23（a）所示。在同一个版面中，当既出现文字解释又出现图片说明，尤其是出现多个图文时，应当注意视觉上的分组，要使读者能够清楚地辨认图文的归属关系，如图 1-23（b）所示。

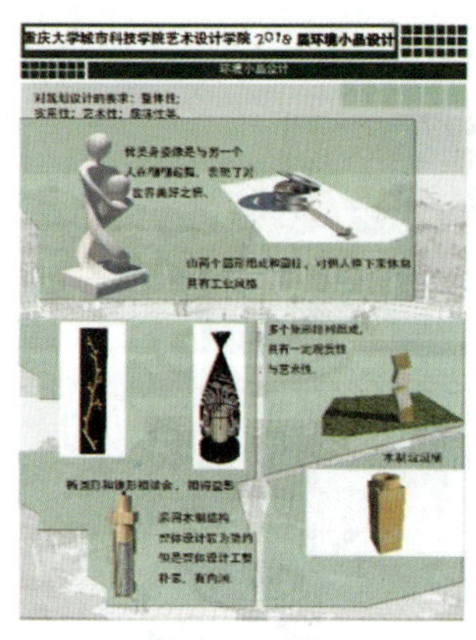

（a）图文从属不清

（b） 图文分组

**图1-23　图文从属关系**

（3）文字的选择混乱。

初学设计者，在进行文字排版时会选择多种字体，以追求版式的新颖，但如果配置不当，则会形成冲突，使信息层级混乱，如图 1-24（a）所示。初学者对字体性格应有一定程度的把握，要在了解版面所传达的情感的基础上选择不同的字体，以产生更好的布局效果，如图 1-24（b）所示。

3）色彩选择上出现问题

版面色彩的把握也是一项重要的技能，过于花哨的色彩会影响人的视觉感受，给人凌乱感。不能很好地把控色彩的设计者，可以先确定一个主色，比如使一种颜色占整个色彩比例的 70% 左右，再加入辅色和点缀色，使色彩既相互统一又独具变化。在具备足够的排版经验之后，就不需要再拘泥于配色比例，可以选择恰当的对比色，以增强视觉效果。

（a）文字选择混乱

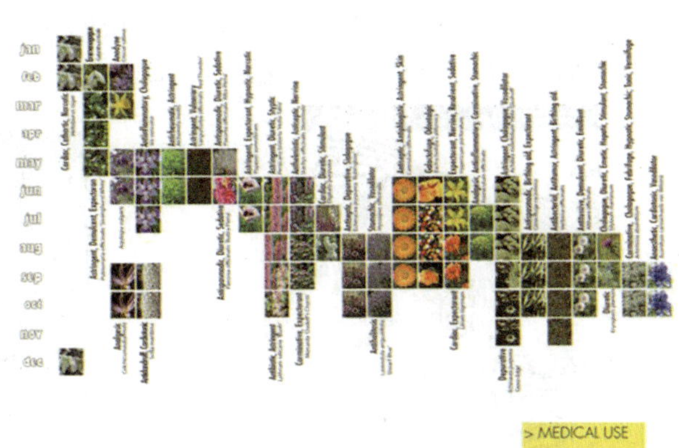


（b）选择不同字体

图1-24 版式设计中文字选择

## 1.3.2 提升方案版式品质的技巧

通过以下两种技巧可以提升方案版式的品质。

1）突出重点信息

在排版过程中，要注意突出方案想要传达的重点信息，比如，在完成一张设计展板时，很多新手设计师不知道展板的重点信息，既可能使整个方案的元素展示显得过于平均，不能突出重要设计节点及元素，也可能使内容的编排显得过于随意。优秀的方案版式设计会突出重要设计内容并进行分隔信息处理，增加图片组合之间的大小对比，让重要信息更加凸显，如图 1-25 和图 1-26 所示。

图1-25 突出重点

图1-26 主次分明

2）善用留白

空白在很多时候容易被忽略，很多人认为其可有可无。其实，空白与文字、图片、色彩等一样具有很重要的意义，有了空白的衬托，图片和文字才能有更好的表现。空白对传达信息的文字和图片都有很好的支撑作用，同时自身也有着“此时无声胜有声”的审美意向，能使读者获得意外之美。留白不一定是白色，可以是其他颜色或者肌理效果，也可以是图片中不重要的部分，细弱的文字、图形、符号所形成的空白效果。合理地运用留白，更容易突出主体形象。图 1-27 和图 1-28 营造了简洁轻松的氛围，读者更容易聚集注意力，划分空间，调节视觉感受，使整个设计版面也更为丰富。

图1-27　间隙留白

图1-28　背景虚化留白

## 1.3.3　方案版式的设计流程

1）了解设计需求，确认设计主题

在方案版式的设计流程中，要先找准设计的需求方向，在沟通过程中了解目标用户是谁，用户背景如何，在众多设计素材里，明白哪些是一级素材，哪些是二级素材，并进行信息层级划分，以寻找设计重点。

2）确定构图形式，学会视线引导

根据前文所了解的需求和风格等内容，收集在版式设计中可以表达内容的元素，进行构图构思，思考如何才能将设计信息更加有效地传达出去。

3）搭配色彩，完善平衡关系

在版式构成中，可以利用互补色、冷暖色、深浅色、中性色、彩色、纯色和花色等色彩关系产生衬托、表达情感、调整层次和视觉聚焦等效果，完善整个画面。

4）确定字体配搭

在设计方案中，一定的文字元素有时候是必需的，不同的字体具有不同的气质，可以根据设计者拟定的风格选择字体样式，制作更加完善的方案设计。

了解版式设计技巧，知晓版式中常见问题并加以规避，弄清方案版式设计流程，等等，都有助于我们制作更优秀的方案文本。

# 1.4　方案版式的设计方法及原则

版式设计最基本的目的是传达信息，此外，还可使版面具有条理性、美观性，使信息主题更加突出，得到最佳的设计信息传递效果。

## 1.4.1 方案版式设计的目的

### 1. 吸引读者注意

方案版式作为传递设计信息的重要方式，应具备的首要功能就是吸引读者的注意。想要在不同的设计方案中通过版式设计脱颖而出，设计师就需要在进行版式设计时具备足够的设计能力和完善的思考，如图 1-29 所示；还可以通过鲜艳的色彩搭配吸引读者的注意力，如图 1-30 所示；或者通过独特的编排形式吸引读者的注意力，如图 1-31 所示。只要能够引起读者的注意，就迈出了成功传递设计信息的第一步。

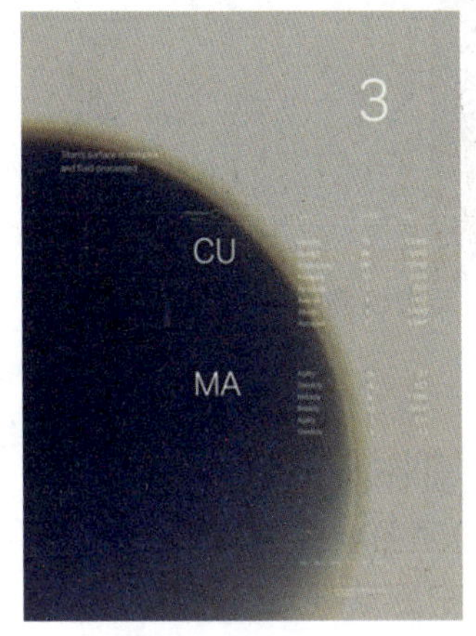

图1-29 图片展示

图1-30 鲜艳的色彩搭配

图1-31 造型独特的编排

### 2. 利于信息的有效传达

优秀的方案版式设计会让人阅读顺畅，既能吸引读者的注意，又能引起读者阅读兴趣，但在追求视觉冲击力的同时，更应该注重信息的有效传达，侧重于版式设计的逻辑联系。如图 1-32 所示，设计方案的编排层层递进，读者可以轻松了解设计的构思及形式，有利于方案信息的传达。

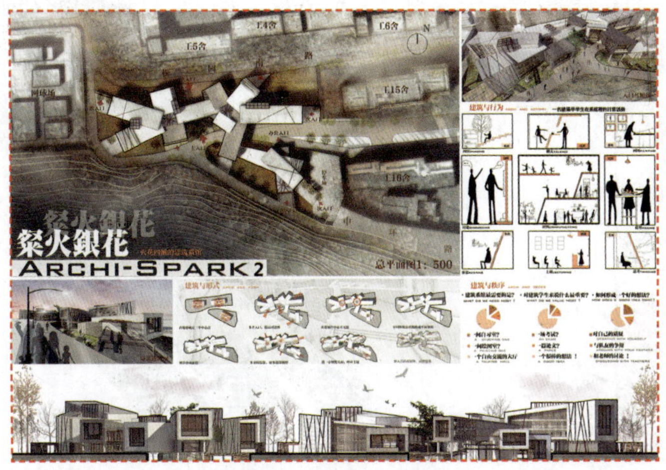


图1-32 建筑方案排版

### 3. 强化传达效果的留存

信息传达只是完成了方案版式设计功能的第一步，对于设计师的进一步要求是方案版式可以产生持久留存的效果。这就要求设计师了解目标读者的需求、审美标准，进而提升设计水平，使得作品产生美感，引发共鸣。如图 1-33 所示，特殊的版式形式令读者产生深刻的印象。

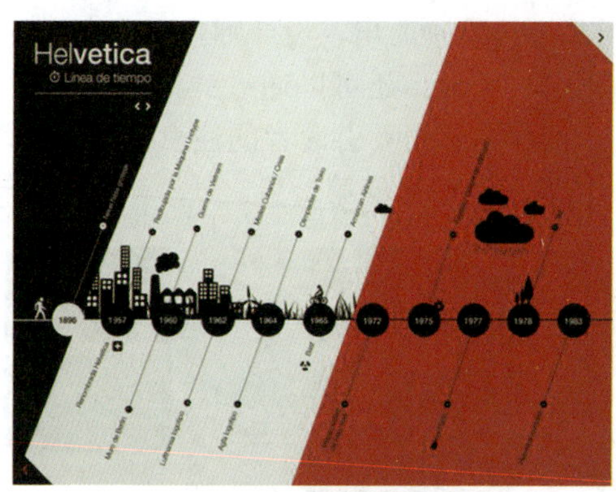


图1-33　版式形式强化效果

## 1.4.2　方案版式设计的构成法则

方案版式设计离不开艺术表现，美的形式原理是规范形式美感的基本法则，方案版式设计是根据不同的形式美构成法则来规划版面的。

### 1. 重复与交错

重复使用的元素，其形状、大小、方向都相同，从而形成稳定、整齐、统一的感觉，但过度地使用重复形式会让整个版面显得单调、乏味。在版式设计中，通常会融合交错与重叠的手法打破原有格局，使版面构成更为丰富，以吸引读者注意。图 1-34 既有点线元素的重复使用，又采用了交错与重叠的形式，使版面更具吸引力。

（a）重复形式

（b）交错形式

图1-34　重复与交错

### 2. 节奏与韵律

在方案版式设计中，节奏是在不断重复中产生的变化，也是均衡的重复，即按照一定的规则进行有序、重复的排列。如图 1-35 所示，等距离的连续排列形成一定的节奏感。韵律则是比节奏更高的律动，不管是图形、文字还是色彩，只要符合某种组织规律，所形成的视觉和心理感觉就是韵律。图 1-36 通过色彩、形状的规则排列，加强了版面的感染力，提升了方案的表现力。

图1-35　节奏感运用

图1-36　韵律感运用

### 3. 对称与均衡

对称的形式有多种，包括左右对称、上下对称、放射对称和反转对称。对称的形式虽然不同，但都会给人稳定、庄严、整齐、秩序等感觉。均衡则是一种等量不同形或同形不等量的表现形式，主要特点是稳中有动。对称与均衡是相互统一的，都是追求视觉和心理的静与定。如图 1-37 所示，画面中目录的背景色块在形成视觉对比的情况下，仍保持视觉均衡的状态，整个画面也因为色彩和规律形态的变化，使版面更加灵活生动。

图1-37　对称与均衡

### 4. 比例与适度

比例是图形的整体与部分及部分与部分之间数量的一种比例，同时也是一种用几何语言和空间关系表现现代生活和现代科学技术的抽象艺术。在方案版式设计中，通过比例的调整形成版面变化是一种很常见的构成法则，合适的比例具有一定的秩序感，能使整个版面的内容具有一定的逻辑性，并使被分割的版面产生联系，如图 1-38 所示。

（a）合适的比例（1）

（b）合适的比例（2）

**图1-38　比例与适度**

### 5. 虚实与留白

留白是指在版式设计中未放置任何图文的空间，是一种特殊的表现手法。读者在对设计方案进行阅读时，往往会忽略其中的留白。适当的留白可以使方案具有一定的节奏感和韵律感。在方案版式设计中，很多时候需要依靠留白使版面疏密有致，如图 1-39 所示。图 1-39 中的留白更加突出了主题元素，使版面形成一定的韵律感。“虚”与留白有很大的差异，且形式各异，“虚”可以为细弱的文字、图形或色彩，具体形式可依据内容来定。图 1-40 通过背景色彩的变化形成的虚实效果让版面层次更加丰富。

### 6. 变化与统一

在方案版式设计中，变化的作用在于改变编排结构，而统一则是利用规整的排列组合，避免整体显得杂乱。变化和统一之间存在着对立的空间关系，可以通过变化来丰富版式设计的结构，打破单调的格局，也可以通过统一对版面的主题内容进行巩固，以产生更好的版面编排效果，如图 1-41 所示。在图 1-41 中，方案目录的形式相互统一，整个版面编排规整，又通过色彩的变化来改变单调的格局，赋予版式设计更多生命力。

图1-39 留白的运用

图1-40 虚实的运用

图1-41 变化与统一

## 1.4.3 方案版式设计的几种方法

在方案版式设计中，不同的版式设计方法形成不同的效果。版式设计方法大致可以分为以下几种。

### 1. 多图排版构图形式

1）倒三角构图

在版面上半部分放置视觉冲击力较强的大图，并沿着作品集装订方向，自上而下逐渐减少图片数量，降低图片尺寸，呈现出来的就是倒三角构图形式。图 1-42 采用倒三角构图形式，使整个版面具有一定构成感。

2）对角线构图

在对角线的两端放置大小统一的图片，可使画面富有稳定感，不会由于图片较多而显得杂乱。图 1-43 采用对角线构图形式，使画面具有稳定感。

图1-42　倒三角构图

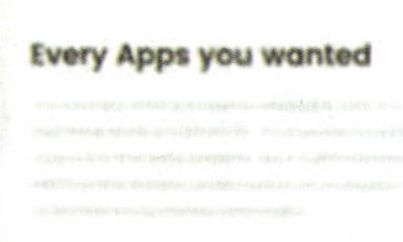


图1-43　对角线构图

## 2. 富有节奏感的构图形式

（1）将图像有机分离，如图 1-44 所示，可使整个版面富有动感。

（2）图像交错放置，可创造节奏感，体现亲和力，如图 1-45 所示。

图1-44　图像有机分离

图1-45　图像交错放置

（3）将图像排列于页面底端，将文字有节奏地放置于图像之上，可为版面增加节奏感，同时也可为版面补充适度的秩序感，如图 1-46 所示，这种构图形式常见于分析图。

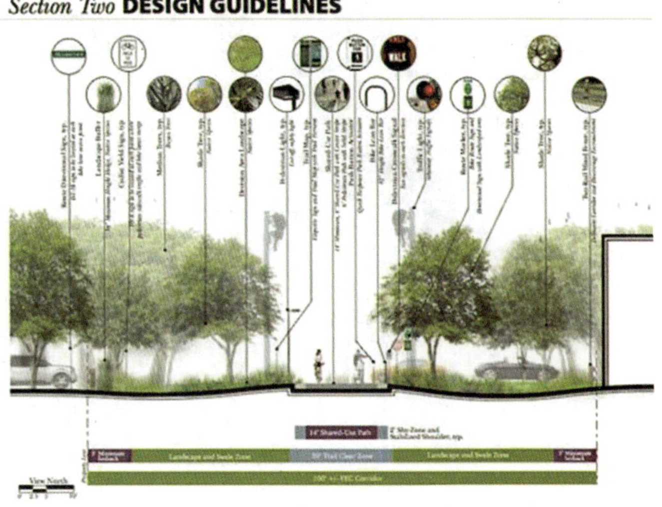


图1-46　文字置于图像之上

### 3. 整理杂乱的图文信息

（1）利用不同表现形式整理杂乱的图文信息。在进行版面设计时，通常会利用不同的表现形式编排内容，如时间轴、地图和路线图等，这些方式除了能沿着轴线清楚地引导读者的阅读顺序，还能整理文本信息，同时可以巧妙地进行版面区域分割，并赋予画面稳定性。如图 1-47 所示，其利用路线图进行设计节点分析，起到版面分割作用，让读者可以轻松了解版面内容。如图 1-48 所示，其利用循环节点的形式进行项目前期分析。

图1-47　利用路线图进行设计节点分析

图1-48　利用循环节点的形式进行项目前期分析

（2）利用配色强调轴线，进行文本信息整理。如图 1-49 所示，其利用不同的配色进行设计节点的分析，形成较强的逻辑性，且容易理解。

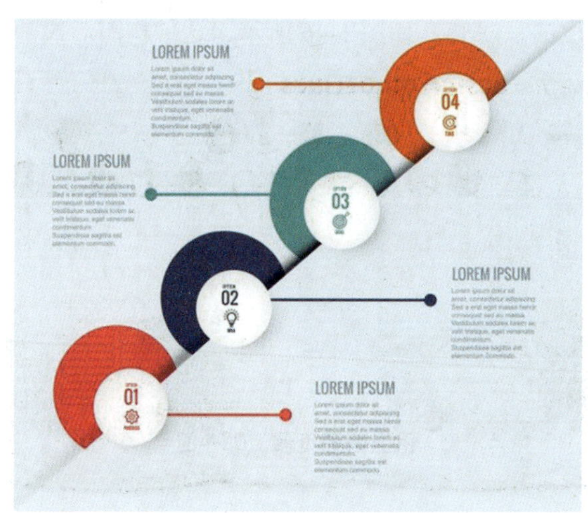


图1-49　利用配色强调轴线

（3）用凸显单张图片的方式整理杂乱信息。在图片较多时，很容易产生过度统一的效果，故而可选择自由版式构图，但自由版式构图若未经设计，往往给人凌乱感。因此，应通过适当缩放图片尺寸、增强图片强弱对比等方式突出主题。如图 1-50 和图 1-51 所示，其通过调整图片大小、增强图片强弱对比，突出整体建筑形象。

图1-50　调整图片大小

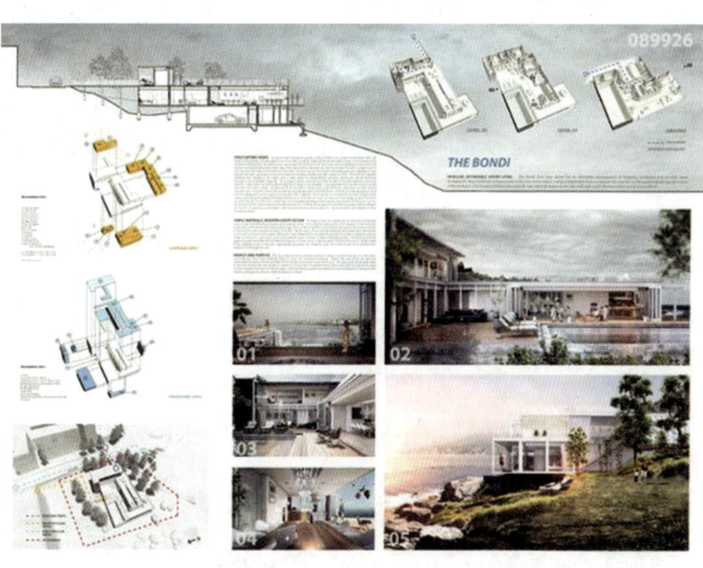


图1-51　增强图片强弱对比

## 4. 运用元素构造版面

在编排设计中，巧妙地运用三角形构图来稳定版面内容是常用的设计手法。三角形构图利用图片大小不同创造富有节奏感的版面形式，传达版式设计内在的理念。

（1）利用不同大小的图片增添版面变化，如图 1-52 所示。

（2）利用对角线构图实现版面平衡，如图 1-53 所示。

（3）利用留白活跃版面，如图 1-54 所示。

图1-52 利用不同大小的图片增添版面变化

图1-53 利用对角线构图实现版面平衡

图1-54 利用留白活跃版面

本章练习

1. 分析版式设计中所蕴含的造型元素，并依据图片形式进行相应方案版式设计练习，如图 1-55 和图 1-56 所示。

图1-55 竹叶青版式设计

图1-56 记忆12次版式设计

# 设计师必备的方案版式知识

**学习重点及目标**

- 点、线、面的运用。
- 方案版式设计的构建基础。
- 版式设计大小、分辨率。
- 主题版式设计方法。
- 打造属于自己的方案版式：方案版式的页面。

设计师掌握方案版式的版面布局可以更好地为方案版面的呈现方式加分，更好地传递设计信息。

## 2.1 版面构建的基础元素：点、线、面的故事

方案版式设计需要依据设计师原本的设计方案拟定版式设计主题，在制定的页面大小内处理构成设计的基础元素——点、线、面，调整三者之间的比例、形态、位置、色彩，以设计出符合方案的独特版式，叙述每个版面的故事。点、线、面是版式设计表达的基础语言，表达形式的不同可以传递不同的设计故事，不管设计方案如何、表现结果如何，都可以运用点、线、面进行分析。

### 2.1.1 版面构建的基础元素：点的故事

#### 1. 点是什么

点是构成设计的最基础的元素，点的形态是版面设计中所占面积相对较小的部分。在版面中，点根据出现的形式组合成不同的版面秩序，形成不同的版面设计效果，是出现频率较高的元素。

点在版式设计中是一个相对的概念，通过对比进行分辨，并没有严格意义的定义区分。点是一个较小的形态，从起点运动到终点可以形成线，如图 2-1 所示。

图2-1　点可形成线（自绘）

点可以以最简单的圆点出现，也可以以相对复杂的字体出现，它的组合方式最为灵活多变，是构成版式设计最基础、最简单的视觉元素。如图 2-2 和图 2-3 所示，版面中相同位置的点大小、形态和色彩不同，会形成不同的视觉效果，传递不同的设计需求，一个以最简单的几何形态圆点重复出现，另一个将相同位置的圆点换成文字“画”，同样形成点的视觉效果，但传递的信息却截然不同。因此，点在版面中出现的方式可以表达不同的情感，向人们传达不同的方案设计信息。

图2-2　点在版面中（自绘）

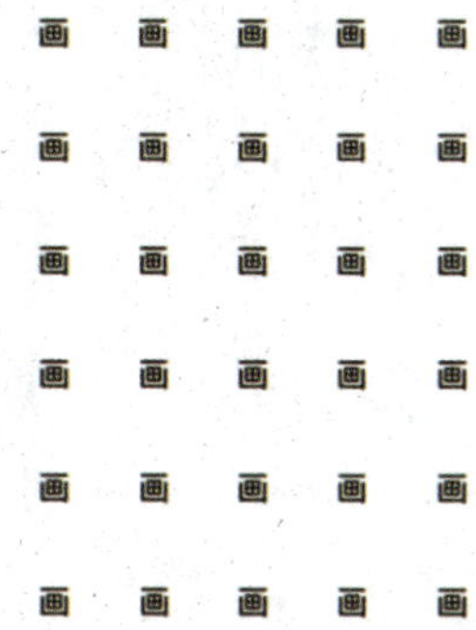

图2-3　文字在版面中（自绘）

### 2. 关于点的设计

点在方案版式设计中的使用会随着设计主题、空间、环境的变化产生变化。点具有张力、突出、点缀、装饰等功能，具有视觉引导和视觉强调作用，能够吸引和聚集读者视线。点所占面积比例不同也会形成不同的视觉效果，一个小面积的点在空间中会更突出，一个大面积的点在空间中可形成一个占比较大的面。比如，图 2-4 中的红色毛笔形态可以看成一个点，而黑色的圆形可以看成占比较大的面。点的排列方式有对比与均衡、节奏与韵律、重复与交错变化等，点的形态、大小、方向、位置在版面设计中可以产生静态感和动态感，形成严肃、庄重、活跃、轻松、甜蜜等不同的版式效果。

图2-4　水墨的年代海报设计

在方案版式设计中，点是被运用次数较多的元素，可以强调主题、平衡画面、活跃氛围，形成视觉中心，表现版式故事的主题思路。点最常见的排列形式有上下排列、左右排列、左上排列、右上排列、左下排列、右下排列、压脚排列、中心排列和自由排列等。

### 3. 点在版式设计中的运用

点在版式设计中不是孤立出现的，常常会与其他形式组合排列，丰富画面，形成完整的版面。点既可以作为标点符号使用，也可以作为版面背景使用。作为版面背景使用时，点的形态可以变化多样，同时，点还可以用来强调信息，主导视觉重点，总之点在版面中出现的形式丰富多变。

点在版式设计中有丰富的表现形式，点常常以不同的形态样子出现。图 2-5 采用了重复与变化的设计手法，将点转化为字母、圆点、符号多种形态并组合运用到版面，用人物作为整个画面的背景。图 2-6 在版面下半部分文字前面加入“点”，以引导视觉、强调信息，将信息进行有序分类和有条理呈现，引导受众阅读。图 2-7 用点作为版面背景，丰富版面内容，填充整个画面，使版面饱满且富有趣味。

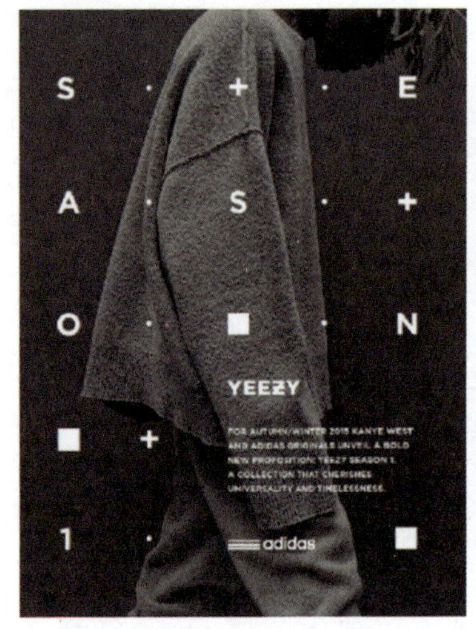


图2-5　点的形态转换

图2-6　点的强调引导

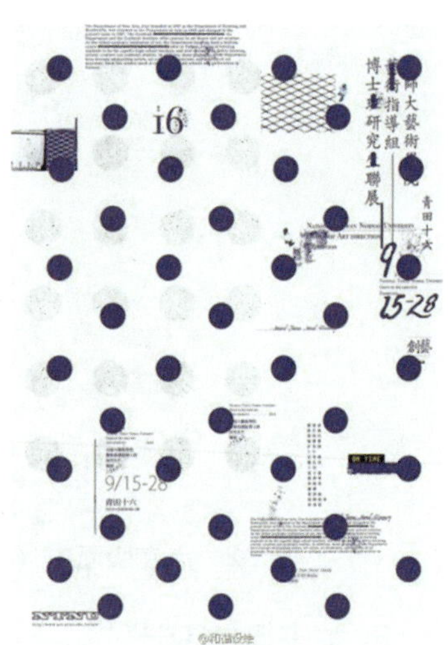


图2-7　点的重复使用

总之，点在版式设计中的形式多种多样，可以将点的形态进行各种变化，或者改变其大小、形态、位置、色彩，再依据方案版式设计的主题进行设计，以发挥点的多种功能。

## 2.1.2　版面构建的基础元素：线的故事

### 1. 线是什么

线是由点移动构成的，是版面构成的基础元素。与点相比，线具有方向、长度、粗细变化，形式更丰富。点是一个个独立的个体，而线可以将独立的点串联起来形成不同形式的线段，可传达的设计情感也更加多样。

线的表现形式包括水平线、垂直线、斜线、曲线。线的形态是非常多变的，有粗细 、虚实、曲直等，如图 2-8 所示。线也同时具有“面”的属性，空间的方向性和长度是线的主要特征。

图2-8　线的不同形态

1）水平线

水平线是沿水平方向延伸的直线，具有明确的方向，给人以无限、辽阔的空间感受。水平线有一定的指向性，能够营造稳定、力量、安静、平衡的视觉氛围。

2）垂直线

垂直线是在垂直方向延伸的直线，具有提升空间高度、平衡上下画面的视觉氛围的作用。垂直线的排列和笔直的线条，能够营造庄严、崇高、稳重、肃穆的空间感受。

3）斜线

斜线是将水平线或垂直线旋转之后得到的线条，是一种特殊形式的线条，能够营造活泼、动感、不规则的空间感受。

4）曲线

曲线是与直线不同的，它丰满、优雅、柔和、流畅、优美，且富有变化，曲线包括几何曲线和自由曲线。曲线自由活泼并富有变化，可使版面具有节奏感和韵律感。

### 2. 关于线的设计

线在方案版式设计中的表现形式多种多样，叙述不同的版面故事。线可以是单纯的直线、曲线，也可以是一系列文字的有序排列，还可以是一个图形的组合排列。每一条线都可以在方案版式设计中传递不同的信息，既可以作为单纯的装饰线条，也可以作为分割信息的线条，或是作为链接信息的线条。线还可以作为版面的整体骨架，支撑版面内容。

### 3. 线在版式设计中的运用

线在版式设计中的形式通常比较多样，与点相比更具有方向感和线型，视觉冲击力也更大。线在版面中能够正确引导传递信息，使各元素相互分离又有机联系。

图 2-9 将线以曲线形态呈现，为了表现曲线的灵动性，又对曲线进行变化，有粗细变化、颜色变化、疏密变化，类似于自然形态的山、水，也体现了主题“双生共鸣”。“鸣”字的右边用线条的变形形式，“鸟”字旁的一横用四个圆点构成横线，即用点元素形成线条设计感。如图 2-10 所示，线在版式中起到强调的作用，在“无象”下方用粗实线强调摄影的主题，告诉读者黑白摄影展开始的具体时间。如图 2-11 所示，线在版式中起链接信息的作用，将图形信息趣味地链接起来。

图2-9 中国科学技术大学海报

图2-10 “无象”黑白摄影展

图2-11 线的信息链接

如图 2-12 所示，线在版式设计中起到分割梳理信息的作用。当版面中传达的信息量过多时，需要对文字信息进行分类，找到每个信息适合的位置，用版式设计划分有效信息和重点信息。如图 2-13 所示，由海洋主题联想到水，动态的水形成起伏的波纹，线在版式中的粗细对比形成版面设计的核心，同时，颜色也选用了海的色彩。如图 2-14 所示，用趣味化线条组合成波浪、爱心、圆圈、矩形等形态，增加画面的活泼感，同时，也起到分割数字信息的作用，其中的小文字也形成不同的小线段，文字起到成段的衔接作用。

图2-12　线的分割

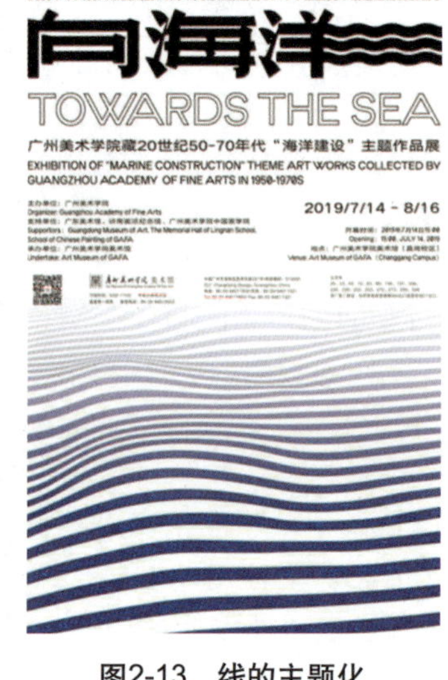


图2-13　线的主题化

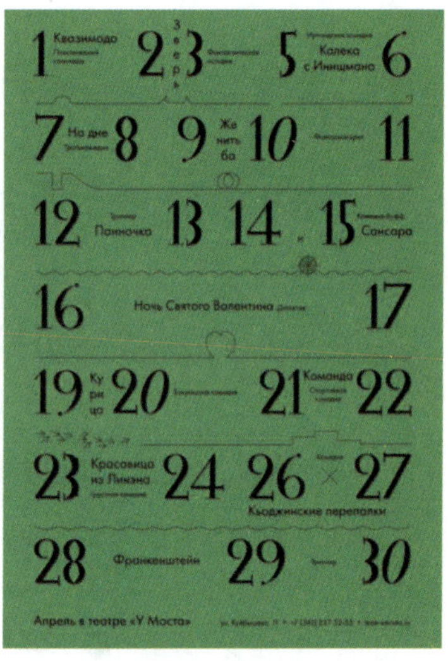


图2-14　线的趣味化

## 2.1.3　版面构建的基础元素：面的故事

### 1. 面是什么

面在版式设计中是一个相对概念，它可以是点的放大、组合，也可以是线的轨迹集合，还可以是单纯的一个形态呈现。面具有长度和宽度变化，面在版式中占比最大，有重量感和体积感，具有一定的形状变化。面有时以实体图形出现，有时以组合形式出现。

图 2-15 是点按不同的排列方式组合形成的各种面。图 2-16 用方形的点将主体图形人物头像进行大小不一的组合，拟人化处理，背景用大小一致的方形元素重复出现，形成整体统一且富于变化的视觉效果。

图 2-17 和图 2-18 都是以线为主组合形成版面中心的面，上下以文字信息进行说明。图 2-17 用相同的直线重复出现进行组合，给人规整、严谨的视觉感，下方文字信息用加粗的矩形线框单独强调，突出内容。图 2-18 以线的粗细变化及其错位形成动态感的线条，用黑白灰打造面的光感效果，上半部分文字与右下角文字加粗形成呼应，版面底部用小文字加以点缀，同样形成了一定变化，版面整体活泼生动，富有生机，充满动感与变化。

图2-15 点组成面

图2-16 点组成石膏头像

图2-17 相同线组合面

图2-18 粗细变化线组合面

面的表现形式包括直面、斜面、几何曲面、自由曲面和随机面。

1）直面

直面是较为常见的一种面，正方形、矩形都属于直面。直面给人静止、稳定、严谨、庄重、秩序的视觉感受。在版式设计中，直面可以让版面更加严谨、简洁和清晰，如图 2-19 所示。

2）斜面

斜面是在直面基础上加以变化的面，斜面可以理解为将直面对切，还可以理解为斜置的四边形、菱形、多边形等，是表现形态较为多变的面。斜面给人锐利、紧张、锋利、速度、简洁的视觉感受。在版式设计中斜面可以使版面活跃、富有变化，如图 2-20 所示。

图2-19 直面（自绘）

图2-20 斜面（自绘）

3）几何曲面

几何曲面也是常用的基础面，圆形、椭圆形等是其较为规整的形态。几何曲面给人亲近感和柔和感，同时，能在版式设计中凸显完美、对称、有弹力的心理感受，如图 2-21 所示。

图2-21 几何曲面（自绘）

4）自由曲面

自由曲面是形态变换最丰富的面，平时看到的一些图腾纹样都属于自由曲面。自由曲面同样也能增加版面的亲和力，凸显柔和、柔美、活泼、个性、优雅的心理感受，使版面信息的呈现更加趣味化，如图 2-22 所示。

图2-22 自由曲面（自绘）

5）随机面

随机面是偶然形成的面，例如，水滴落下形成的水纹、颜料挤出形成的随机面，随机面具有偶然性和自然未知性。随机面给人随意、轻松、活泼、有特色的心理感受，如图 2-23 所示。

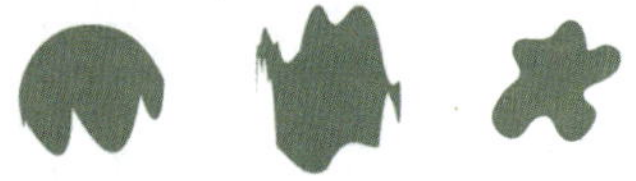

图2-23 随机面（自绘）

### 2. 关于面的设计

面是版式设计中最突出的元素，从面的形状和边缘来看，面有多种形态。面的形态变化往往能够传递不同的性格和主题，面可以是点、线的组合，也可以是一张图片、一个色块、一段文字等。面可以营造出版式设计的空间感，可以将展示的设计信息按主次进行排列，形成对比，引导视觉；面还可以填充版面，使版面更加饱满丰富，富有变化，从而传达不同的视觉感受。

### 3. 面在版式设计中的运用

在版式设计中，面的视觉冲击力要大于点和线的视觉冲击力，面具有突出的个性特征和视觉感染力，包含面自身的变化、色彩的变化、肌理的变化。根据展示的主题不同，面可以是单一形式，也可以是不同形式组合。在版式设计中，可以选择不同形态的面加以运用。图 2-24 在版面中用直面突出中心，形成对比，在白色部分加入标题文字、图案，点缀文本，同时图案形成另外一个直面，图形的线条延伸交错，形成版面的流动感。这种直面设计方式可以很好地运用在方案版式封面设计中。在图 2-25 中，主标题是“邂逅！老房子”，设计师将房子造型直接转化成面，并在色彩上与版面相呼应。主题与设计呼应是常见的方案版式设计方法，在实际设计中可以与方案主题结合运用。在图 2-26 中，与图片主题古风相呼应的图片以卷轴的自由曲线形式呈现，犹如一幅画卷慢慢打开，增加画面的意境，传达文人墨客的智慧，将传统文化体现在版面设计之中。

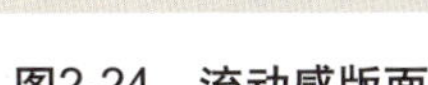
图2-24　流动感版面

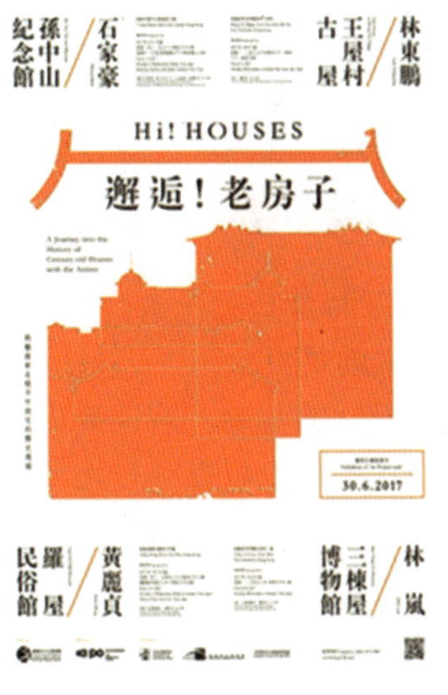


图2-25　“邂逅！老房子”版面

图2-26　卷轴自由曲线版面

## 2.1.4　点、线、面的综合运用

点、线、面都属于常见的基础元素，变幻无穷，根据设计主题的不同，可以组合出不同的风格样式，在版面设计中传递不同的版面信息。点的位置可以形成版面的视觉中心，线的方向有视线引导作用，面是版面中占比最大的元素。点在版面中有点缀和突出的作用，点和线可以对文字进行组合。点既可以是单纯的点，也可以是一个符号，或是其他形式，多个点也可以形成线或者面；线可以丰富版面层次，进行信息分级、分割版面；面可以决定版面的整体风格、样式和基调，面出现的形式可以是点的组合、线的组合，也可以是单纯的图形、色块。

如图 2-27 所示，版面中的“ ”图形可以理解为点或类型符号，多个点元素形成了一个新的面，即下半部分的版面，上半部分的文字形成版面中的线元素。如图 2-28 所示，同样的两个版面样式，都用文字作为版面的主信息，只是换一种组合方式，就形成不同的版面信息传递。

图2-27　点、线、面综合版面

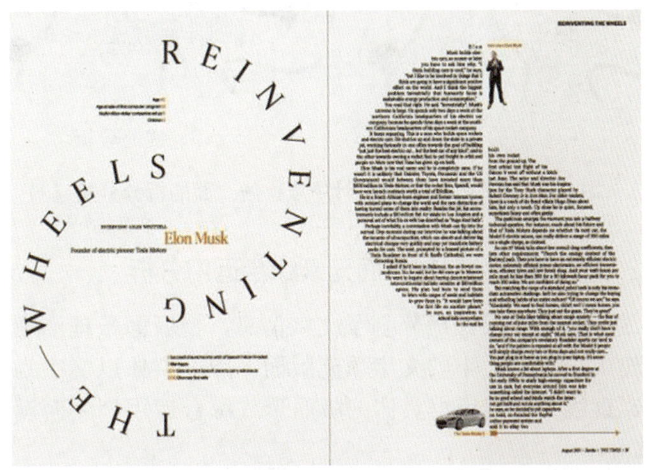


图2-28　同一形态不同组合形式的版面

总之，点、线、面是版式设计的基础元素，根据组合形式、色彩变化、肌理不同，呈现不同的版式设计效果。在方案版式设计中掌握了点、线、面的基础运用，就可以设计出丰富的版面。解读优秀作品中的点、线、面能够帮助人们快速地找到方案版式的设计方法。

## 2.1.5 优秀点、线、面版式设计分析

在版式设计的训练中，点、线、面是基础元素。分析能力除了可以用在版式设计领域，对于其他与设计相关的领域也是非常重要的。

掌握点、线、面的分析是版式设计的基础，解读分析优秀的版面设计作品，能够更好地锻炼人们的思维方式，大量阅读设计图片也可以很好地激发人们的创作灵感，从而更好地为版面设计服务，制作更加精美的版面。因此，在阅读版面时，要练习分析版面的点、线、面的构成形式。

### 1. 点、直线、曲线、面元素综合运用分析

点的形态有多种变换方式，线在其中分割、链接设计信息，局部加入文字，文字大小的区别形成不同粗细的线条，点、线、面的关系在版面中相互转换，形成版面的丰富效果，如图 2-29 所示。

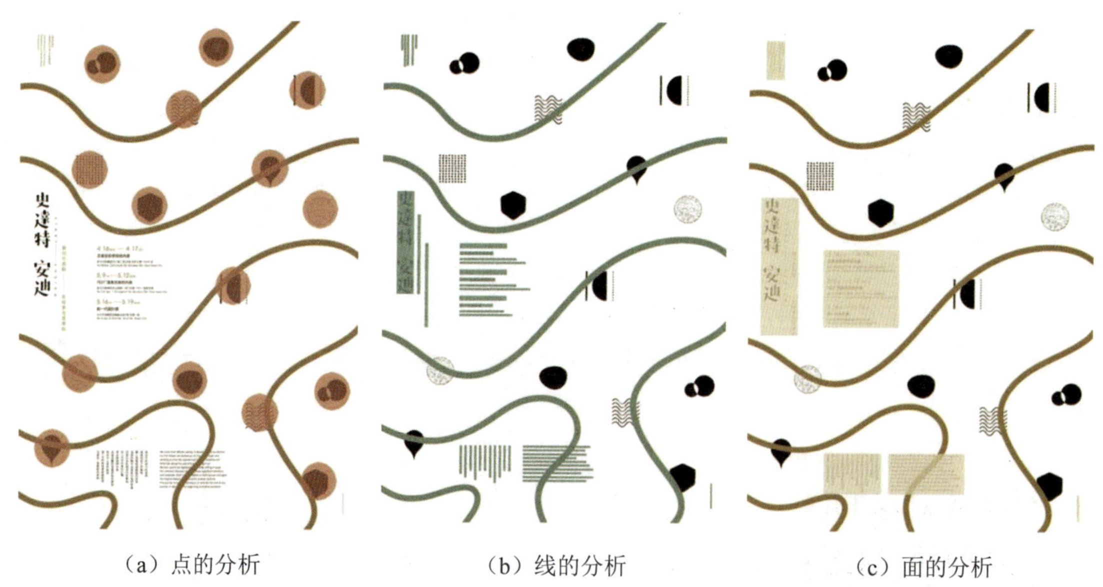


（a）点的分析　　（b）线的分析　　（c）面的分析

图2-29　版式设计中点、线、面的拆分分析（1）（学生作业：孔文文）

### 2. 点、直线、斜线、面元素综合运用分析

线在版面中很好地分割了文字信息，使版面条理清晰，点以数字形式出现，起到强调信息的作用，不同大小的文字填充版面，版面整体以文字为基础，不同的线的形式使版面更加丰富，直线、斜线根据具体的版面形式综合运用到版面设计，构成版面的整体性，如图 2-30 所示。

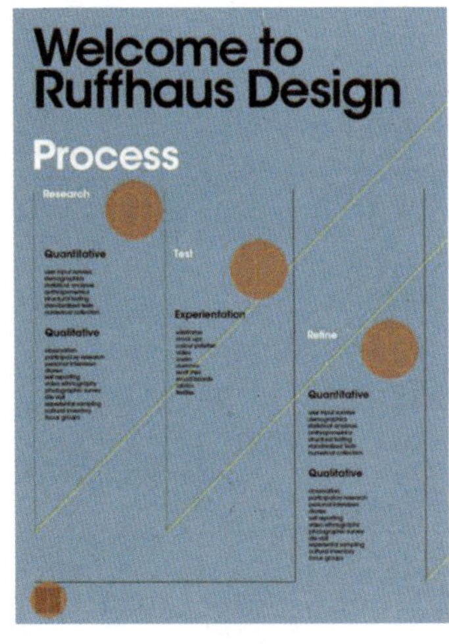


（a）点的分析

（b）直线、斜线的分析

（c）面的分析

图2-30　版式设计中点、线、面的拆分分析（2）（学生作业：孔文文）

### 3. 点、线、面元素综合运用分析

图 2-31 为面为版面主体的设计，图 2-32 为线为版面主体的设计，图 2-33 为点、线、面均衡的版面设计。

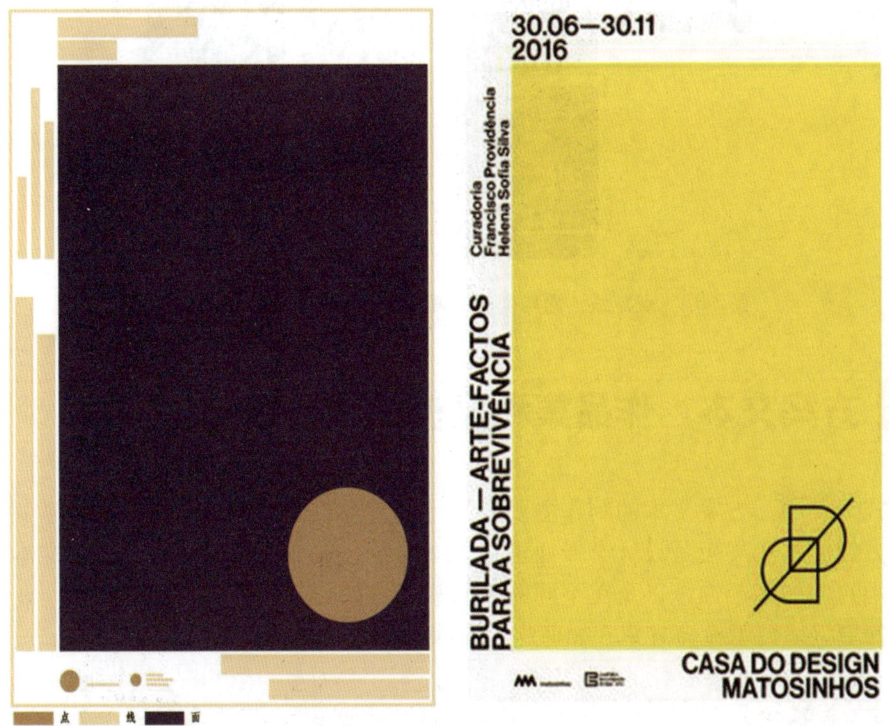


图2-31　面为版面主体的设计（学生作业：孔文文）

图2-32　线为版面主体的设计（学生作业：孔文文）

图2-33　点、线、面均衡的版面设计（学生作业：孔文文）

## 2.2　方案文本、作品集和展板的大小定制

在版式设计中，方案文本的制作主要包括环境艺术设计、风景园林、建筑学、城市规划等专业。方案文本和展板是设计类专业进行方案展示、汇报的主要途径。方案文本的制作需要注意常用尺寸的规范性，以及在不同的平面软件中如何制定版式设计的大小，在定制时需要考虑如何更好地展示设计方案？如何将设计信息高效清晰地展示给读者？

### 2.2.1　方案文本大小定制

方案文本的类型主要包括：室内设计方案文本、景观设计方案文本、建筑设计方案文本、综合作品集方案文本等。

方案文本的尺寸通常根据设计图纸的大小、展示的版面效果确定。常见的打印出图纸质方案文本大小为横版 A3，尺寸为 420mm×297mm；用平面软件制作的电脑展示 PPT 汇报方案文本通常为横板，尺寸为 1920px×1080px，也可以根据设计制定版式大小，通常设置版式大小的比例为 16 ∶ 9 较为合适。

在平面软件 Photoshop 中制定 A3 大小文件，注意要设置好单位、分辨率、颜色模式等，如图 2-34 所示，单位为毫米，分辨率通常设置为 200 ～ 300 像素 / 英寸，打印出图的颜色模式通常为 CMYK。

在平面软件 Adobe Illustrator（AI）中制定画布大小为 1920px×1080px，在 AI 软件中设置方案文本的画布可以单张建立，也可以多张建立，单位为像素，如图 2-35 所示。

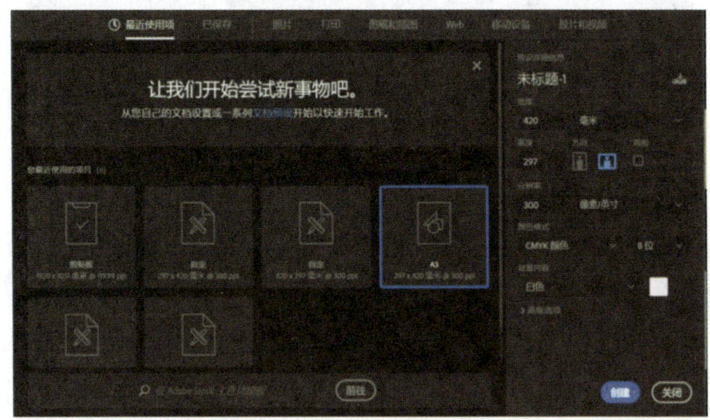


图2-34　Photoshop方案文本

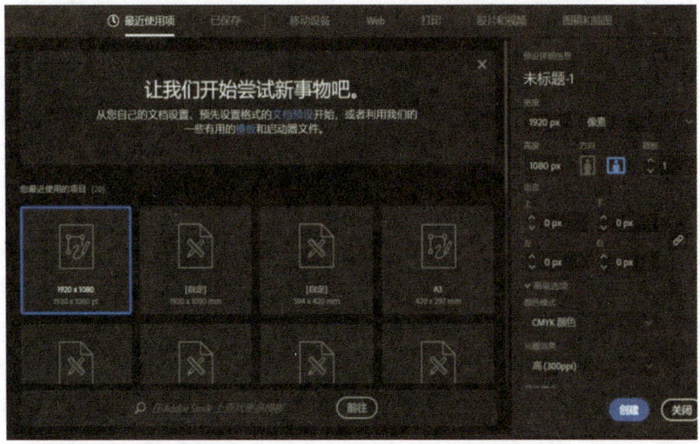


图2-35　Adobe Illustrator方案文本

## 2.2.2　作品集大小定制

作品集主要是指设计的综合方案文本制作。

打印出图的展版文本常用横版、竖版和方形版面。横版 A3 大小与 2.2.1 节方案文本的大小定制一致；竖版可以为 A4 大小，尺寸为 210mm×297mm；方形版面常见尺寸为 300mm×300mm（软件内制作方法参考 2.2.1 方案文本大小定制）。

### 2.2.3 展板大小定制

展板的类型主要包括室内设计展板和景观建筑设计展板等，展板设计需注意单位、分辨率、颜色模式等问题。

打印出图的展板文本常用竖版，有时也可根据设计要求制作横版。展板多为 A0、A1 大小，A0 尺寸为 1189mm×841mm，A1 尺寸为 841mm×594mm。

当在平面软件 Photoshop 中制定 A0 大小的文件时，需要注意单位（毫米）、分辨率、颜色模式等问题。

在平面软件 Photoshop 中制定 A1 大小的文件，如图 2-36 所示。

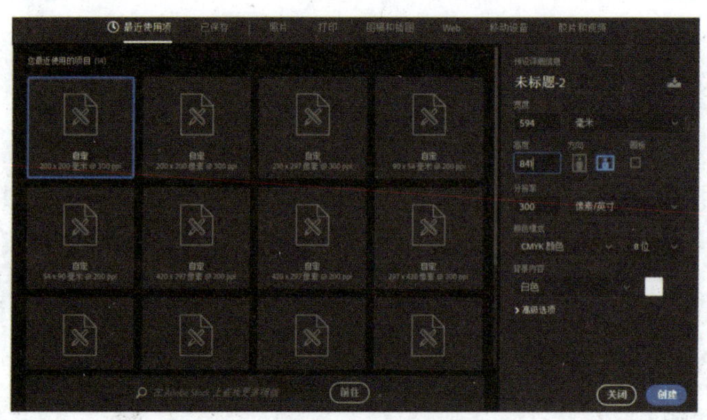


图2-36 Photoshop制定A1文件

在平面软件 Adobe Illustrator 中制定 A0 大小的画布，单位为像素，如图 2-37 所示。

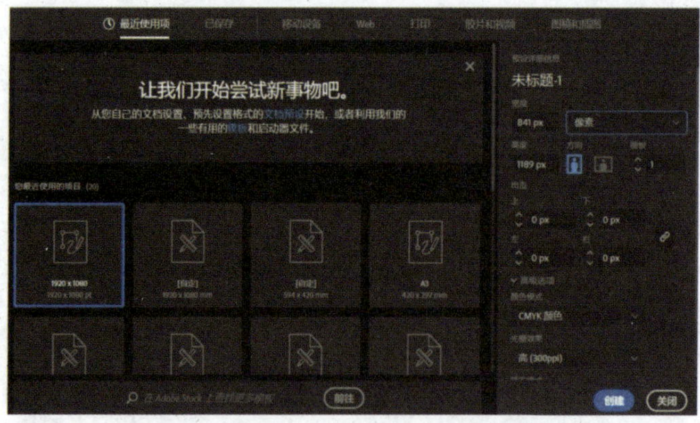


图2-37 Adobe Illustrator制定A0画布

## 2.3 根据设计方案选择版式的构图方式

方案版式设计的主要任务是传达设计信息，在进行方案版式设计之前，首先要确定设计方案的主题与风格、主要内容与次要内容，让方案版式与设计主题呼应，相得益彰。这样才能更好地呈现设计作品，形成良好的视觉构图方式。

## 2.3.1 方案版式设计前期步骤

### 1. 提取方案中的设计元素或与主题相关的符号

首先区分版面中的主体元素与次要元素，然后进行构思、梳理，厘清方案文本中内容排布的顺序和各个版面之间的关联性，列出版面设计框架。

### 2. 研究方案的主体色彩和辅助色彩

在版式设计中可运用色彩倾向进行设计，可采用与主题相关的同类色或对比色，以使方案的整体造型更加完善。

## 2.3.2 确定方案的基础构图样式

版式设计的构图样式主要包括中轴型、对称型、上下型、左右型、边角型、倾斜型、S 形、并置型和满版型 9 种。

1）中轴型

中轴型的构图样式是方案文本中较为常见的构图样式，可稳定、平衡版面。在中轴型版面中，主体图形通常采用水平或垂直方向的排列，放置在中轴线上，文案上下、左右放置。水平排列的版面稳定、庄重、宁静、含蓄；垂直排列的版面醒目、动感、肃穆。

中轴型的构图样式是中式方案文本和表现庄重、含蓄的方案文本的首选。版面如图 2-38 所示，中轴上垂直放置主体图形“白瓷”，加以白瓷文字，黑白色彩表示“水墨”，“水墨”两字从中轴拆分各取一半，增加版面的设计感，版面下方的中轴线上点缀说明文字。图 2-39 为以水墨为主题的当代艺术展，中轴中心以毛笔画出不同笔触形成直线组合，构成一个面，版面中轴线上下，加以不同大小、粗细的文字形成对比。图 2-40 在中轴线上放置立体的几何图形，并加以主题文字，轴线上下放置图形、文字丰富版面。

图2-38 中轴型版面1

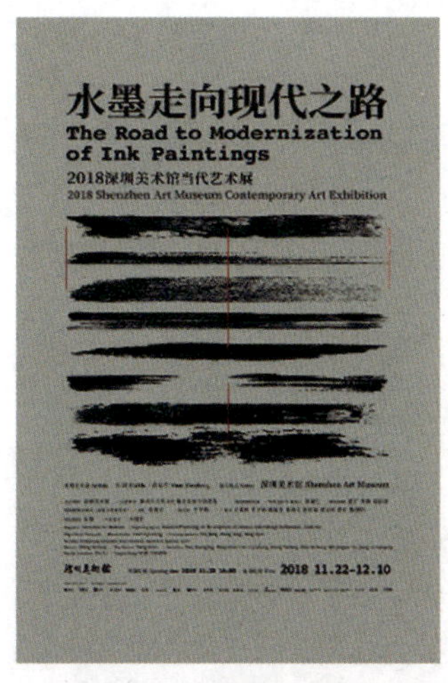

图2-39 中轴型版面2

图2-40 无形的日常中轴型版面

2）对称型

对称分为绝对对称和相对对称。绝对对称是利用轴心将设计元素上下对称、左右对称，或用其他设计手法进行对称。相对对称在版面设计中使用较多，可以避免版式的呆板、单一，在对称中形成变化，增加版面的活跃度和设计感。图 2-41 采用了相对对称，左边文字和右边人像各取一半，增加设计感。图 2-42 中的“音乐”两字通过特殊设计完全对称，英文文字镜像处理，图形左右对称。在图 2-43 中，上下黑色面位置完全对称，但上半部分的黑色面是完整的面块，下半部分的黑色面是由线组合而成，边上文字采用对角对称。

图2-41　左右对称版面

图2-42　文字左右对称版面

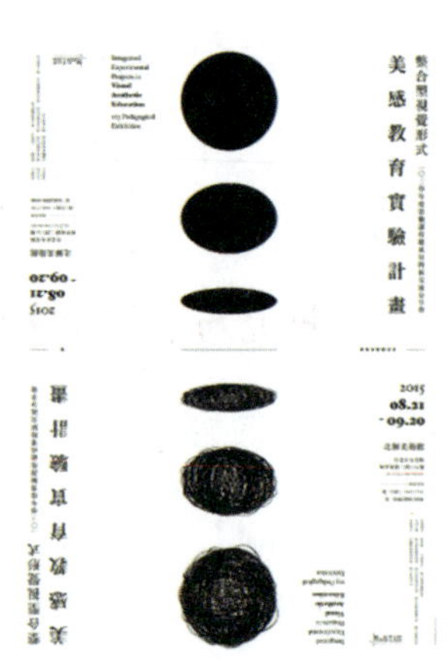


图2-43　上下对称版面

3）上下型

上下型是方案版式中最简单易用的形式，将版面分为上、下两部分，使图片和文字排列明确，直观地传递设计信息。上半部分或下半部分的图片可以是多张图片的组合也可以是单张图片，以彰显版面的活力和传递主题，形成感染力；另一部分的文字也可以有信息主次的分布，与图片内容呼应。如图 2-44 所示，版面上半部分用线模拟声波、光碟的面并以大小不一的方式排列，与“音墙”主题结合，下半部分配以说明文字。如图 2-45 所示，上半部分是具象图像车，下半部分用文字加色块组合。如图 2-46 所示，文字主题与裙摆形成“运河”，文字与图形组合。

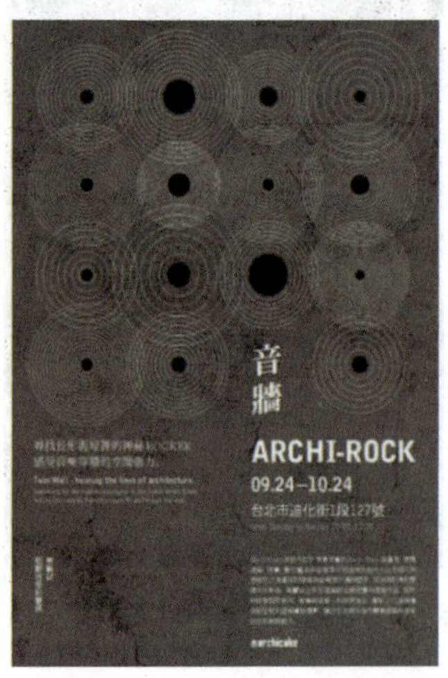


图2-44　图案上下型版面(1)

图2-45　图案上下型版面(2)

图2-46　图案上下型版面(3)

4）左右型

左右型将版式分成左、右两部分，分别放置图片或文字，图片和文字的占比可根据设计的主题进行调节。左右型构图样式能增加版面的活跃度，更好地展示设计主题。如图 2-47 所示，黑白色穿插左右，将文字拆分，添加人物图形进行趣味化处理设计。如图 2-48 所示，左边乐器与右边的五线谱都属于音乐元素，构成直观信息传达的版面。如图 2-49 所示，四个圆面叠加错位形成左右型版面。

图2-47　左右型版面(1)

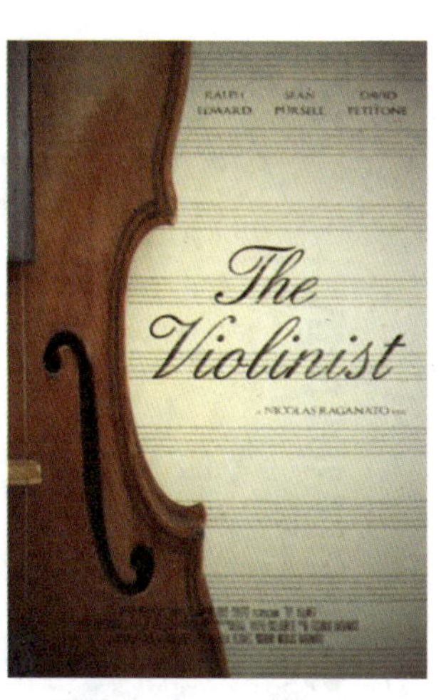


图2-48　左右型版面(2)

图2-49　左右型版面(3)

5）边角型

边角型将版面的主体元素安排在版面的四个边角，主体元素可以是图片、图形、文字，四个边角的处理方式不用完全一样，也可以对角对称，给人感觉严谨、整洁，但要注意与其他元素的视觉平衡，避免头重脚轻，注意整体版面元素比例。如图 2-50 所示，将“生”“梦”“华”“笔”四个字进行压边处理。如图 2-51 所示，中间用直面图形，四边配以大小不一的文字。如图 2-52 所示，中间是多个图形排列，四边配以文字，并将文字拆分，左边 1/3 放置，右边 2/3 放置，形成版面变化。

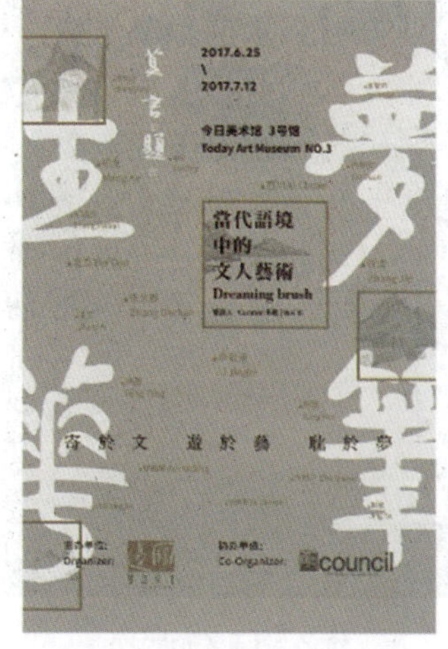


图2-50　边角型版面(1)

图2-51　边角型版面(2)

图2-52　边角型版面(3)

6）倾斜型

倾斜型将版面中的图片、文字倾斜排列，形成动感和不规则感，给人一种活泼、飞跃的心理感受，引人注目。在方案版式中，同一元素重复出现，变换角度制作封面较为常见。图 2-53 以对角分割版面，左边以图案为主，右边以色块为主，并加以主题文字和说明文字。如图 2-54 所示，彩色图形倾斜形成对角构图，具有动感，版面活泼，左边配以文字。如图 2-55 所示，右边用类似笔触的色彩倾斜排布，使平静的画面动感十足，具有流动感。

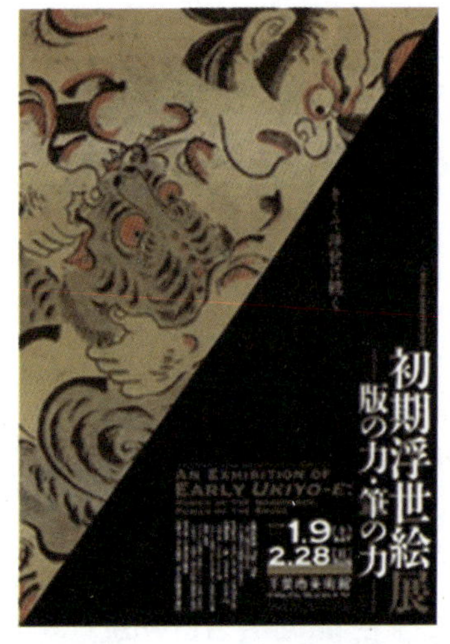


图2-53　对角分割倾斜型版面

图2-54　彩色图形倾斜型版面

图2-55　笔触色彩倾斜型版面

7）S 形

S 形是最容易辨别的版式，主体内容按照“S”形或“Z”形的走向左右分布，使视觉走向更加丰富，避免版式设计的单调，产生韵律感和节奏感，营造轻松活跃的氛围。如图 2-56 和图 2-57 所示，中间文字以“S”形左右分布，以曲线连接。如图 2-58 所示，中间文字以“Z”形左右分布，用直线和斜线连接，注重文字之间的间距设计，形成版面的韵律感和节奏感。

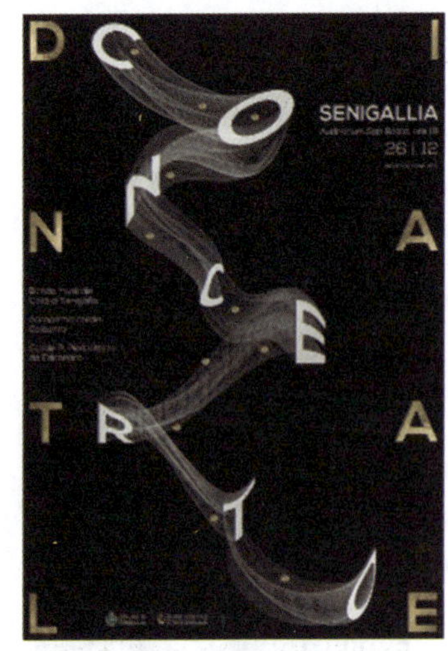


图2-56　S形版面

图2-57　天地云间S形版面

图2-58　Z形版面

8）并置型

并置型版面在图片大小一致的前提下，或重复图片内容，或改变图片内容，或改变图片上下、左右位置进行重复排列，适合方案设计中的系列设计或主体与细节设计的重复强调，版面有规律性、简洁明了，有秩序感和节奏感。如图 2-59 所示，矩形图片大小一致，改变矩形内图片内容并重复上下错落排列矩形。如图 2-60 所示，图形与文字重叠排列，在图形与文字大小基本一致的前提下，改变方向排列，在统一中形成对比，使版面有规律。或在矩形框大小完全一致的情况下改变矩形框内的内容，以图形、文字填充，形成节奏感和秩序感，如图 2-61 所示。

图2-59　矩形并置型版面

图2-60　方格形并置型版面

图2-61　矩形框并置型版面

9）满版型

满版型版面以图片信息为核心，用图片填充整体版面，视觉传达直观而强烈，舒展而层次分明，局部加以文字对图片内容进行说明和点缀。满版型图片需要注意图片清晰度，图片要能够传递主题并具有代表性。图 2-62 以宋代青绿山水画为底，体现宋画之美。图 2-63 以中国画为版面底图，体现故宫文物主题。图 2-64 运用类似蓝色水体的图形来填充整体版面，中间文字以直面为底，突出文字信息。

图2-62　“宋画”满版型版面

图2-63　“故宫”满版型版面

图2-64　“长河”满版型版面

# 2.4 版面类型与如何用比例形式优化方案版面

通常设计师在进行版式设计之前会先收集各种素材，那么处理每种素材之间的关系就需要厘清版式设计各要素之间的关系，这样才能更好地选择版式设计类型。设计师要关注设计元素在版面中的沟通作用，以及占比和面积，通过自己的设计创意更好地展示、传播设计信息，最大限度地优化版面设计。

## 2.4.1 版式设计类型

版式设计也有不同类型，在设计之前可以先根据主题确定版式类型，通过点、线、面等元素构建版面的设计信息，使版面具有个性化和趣味性，从而使版面独具亮点，脱颖而出。版式设计的类型包括标准版式设计、全图版式设计、重复版式设计、文字版式设计和散点版式设计。

1）标准版式设计

标准版式设计在室内设计和景观设计中最为常见，图片和文字简单排列，选取有代表性的图片和标题，局部出现一些说明文字和装饰图形，简单、直观地传递设计信息。图 2-65 为纯色方形版式，居中放置文字，右边放置图形，减少版面的僵硬感，版面设计的方向用安全入口图形表达，增加趣味性。图 2-66 在两个不同色彩的矩形框内，放置代表性的室内图片和景观图片，蓝紫色文字和亮黄色文字对角分布，增加版面活跃度。

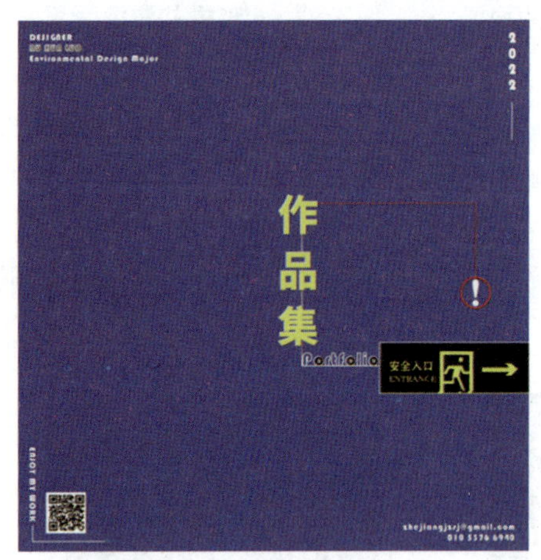


图2-65 封面（学生作业：罗如华）

图2-66 封面（学生作业：曾佳星）

2）全图版式设计

全图版式设计的视觉冲击力较强，版面主体信息的载体通常是物件的特写、创意的图片和创意组合的文字。图 2-67 以风景画薰衣草为方案封面进行设计，突出普罗旺斯的春天主题。

3）重复版式设计

重复版式设计是让同一元素重复出现，形成趣味性的版面，有鲜明的节奏感和韵律感。重复版式设计可以整体重复，只在局部更改某一个图形，这样可以产生统一且富有变化的设计效果，还可以用软件操作，将简单的图形重复使用作为版面底纹。图 2-68 选取与山水主题相关的图案作为底纹填充版面，文字底部加以直面，凸显标题文字，色调颜色也使用了重复手法。图 2-69 将多张矩形作品图片重复组合，改变黑色透明度，配以文字。

图2-67 封面（方案版式设计课程 / 全案设计师：谢磊）

图2-68 封面（自绘）

图2-69 封面（学生作业：徐辉）

4）文字版式设计

文字版式设计的主体内容都是文字，文字可以有横排、竖排、旋转、镜像的变化，图片和其他元素衬托辅助。图 2-70 以文字为版面的主体，采用居中、对称的文字排布方式，改变文字的大小、组合、角度，形成层次丰富、视觉清晰的版面。图 2-71 的版面中间以“SHAI”文字为主题，配以其他说明文字，形成独特的视觉效果，主体文字背景加入相对小的字号的文字，形成文字与文字之间的大小、色彩对比。

图2-70 软装方案封面（学生作业：罗如华）

图2-71 公园方案封面（学生作业：曹思琪）

5）散点版式设计

散点版式设计是将版面中的视觉元素无秩序排列，形成动感，在变化中寻求统一，主要以元素之间的位置关系寻找规律，避免杂乱无章，形成和谐完整的版面，凸显版面主体信息。图 2-72 以中间的平面图为中心，周边加以说明图形，阐述关于平面设计方案的设计构思，在变化中保证版面的和谐统一，正确处理各元素的位置关系，用曲线线条将“自然”和“城市”之间的分析进行连接，并加以人物图形进行表现。

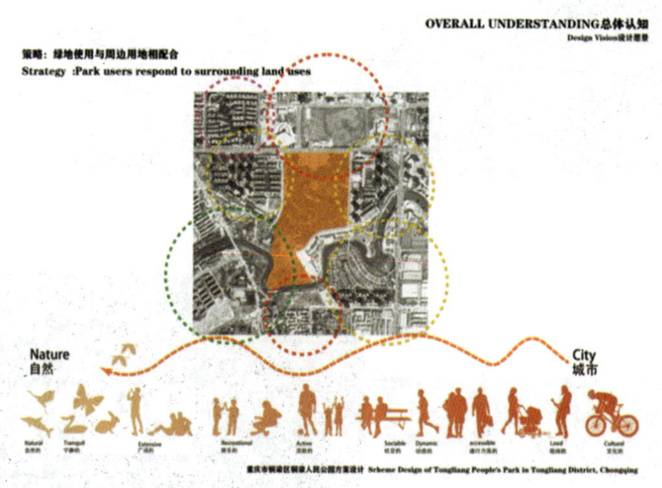


图2-72　分析图内页（学生作业：许威）

## 2.4.2　巧用比例形式优化方案版面

方案版式设计的三大要素是图片、文字、色彩。比例问题是优化版面的重要因素。版式设计根据主题会呈现不同的版式类型，优秀版式页面中的图片、文字、色彩会在设计师统筹设计之后传递展示信息。文字是设计信息传达的阐述，图片是视觉冲击的中心，也是文字内容的支撑，色彩增加视觉的可识别性和关注度。方案版面的比例主要包括图片比例 、文字比例和色彩比例。

（1）图片比例包括图片主次和图片先后顺序。而图片先后顺序为主要图形、装饰图形、标注图片和徽标（LOGO）。

方案版面中图片的主次是指在同一版面重点需要展示说明的主图与其他用来支撑说明主图的图片或是点缀装饰版面的图片之间的比例大小的选择，同时也需要考虑图片的位置变化，打造稳定、轻松、稳重的版面感受。图片展示的先后顺序是版面中的秩序，图片的顺序往往与设计的流程密切相关，整体感越强，视觉冲击力就越大。如图 2-73 所示，右边是版面中占比最大的图，是视觉中心，左上角的图是对右边展示的设计总平面图的具体区位的分析，左下角配以说明文字，版面整体主次分明。

（2）文字比例指主标题、副标题、说明文字和点缀文字间的比例。

在方案版式中，一个版面通常会出现 2 ～ 3 种不同大小的字体，这些字体用来区分传达信息的主次关系。在封面中，最大、最突出的字体是主标题，主标题不能诠释完的内容可用副标题补充说明，而与设计阐述相关的文字通常会选用相对小一号或小几号的字体，以进行信息主次的分级。当版面较空时，还可采用一些点缀文字装饰说明，点缀文字通常字号最小，形成不同的文字层次。如图 2-74 所示，“胶州印象”为主标题，选用最大字号，“青岛胶州”为副标题，字号次之，“三盛璞悦华府营销中心 / 软装深化方案 ”为说明文字，字号最小。

图2-73 儿童娱乐区内页（学生作业：徐辉、陈新耀、龚钰）

图2-74 室内方案封面（方案版式设计课程/软装设计师：李职）

（3）色彩比例是基础色彩、主角色彩、点缀色彩间的比例。

方案版式设计通常会依据设计主题确定一个版面的基础色彩，形成版面色彩的视觉初印象，其后确定版面主要使用哪些色彩来强调突出主要内容，最后选择点缀色丰富版面，通过色彩差异，形成版面视觉层次。如图 2-75 所示，版面背景色使用白色作为基础色，左边橙色为主角色，蓝绿色为点缀色。

在版式设计中保持 3 ～ 5 个对比层次是最好的，低于 3 个层次对比，版面会显得过于呆板单一、缺乏设计感；高于 5 个对比层次，版面会显得过于复杂，缺乏主次，大量的信息堆积不利于信息的传递，因此，在方案版式设计中要注意版面的适当留白。

图2-75　软装方案内页（方案版式设计课程/软装设计师：林星凤）

## 2.5 方案版式应做好的5件事

方案版式的目的是更有效地将设计信息传递给读者，引起受众注意。因此，如何利用文字、图形、色彩设计出别出心裁的版式，是需要设计师深度思考的问题。要设计出一个优秀、高效的方案版式，首先要明确客户、受众的需求，有针对性地进行调研、研究，把握主题，根据主题选择适合的元素，考虑版式类型，将设计信息更加直观地展示给受众。在方案版式设计之前，需要确定方案文本包含哪些核心页面，页面之间的逻辑关系，如何更好地展示设计方案，方案文本制作如何开始，如何为方案版式寻求最佳的视觉传达语言。

方案文本通常有五大核心页面，即方案文本封面、方案文本目录、方案文本章节页、方案文本内页、方案文本封底。

在制作方案文本之前，设计师首先要确定设计方案的完整度，整理设计方案展示的前后逻辑关系，考虑如何更好地将设计信息传递给读者，注意一定要有文字性的梳理过程，可以借助思维导图进行方案整理。思维导图框架有助于思路的梳理，在开始方案文本设计时更容易让设计师找准切入点，整套未经过梳理的设计方案在经过思维导图梳理后，将以最大效率加快排版的思维流程和缩短排版时间。

图 2-76 为室内方案册思维导图，景观方案册思维导图如图 2-77 所示。图 2-76、图 2-77 列举了大致的逻辑框架，实际操作时可以根据具体的图纸适当调整。

### 1. 封面设计

封面是甲方对方案设计的第一印象，是整个设计核心的主要体现，能够快速吸引甲方注意力，让甲方有兴趣阅读设计方案，从而促成合作，其中最关键的就是增加方案文本的吸引力。封面的设计构思，首先要确定主题，思考选取哪种构图方式、版面类型，采用哪种设计原则，以体现设计方案的新意与创意，具有一定的审美和文化内涵。图 2-78 的主题是科技与梦幻，在整体黑底上方加入月球图形，文字和图形居中对齐。图 2-79 为环境艺术设计的综合作品集，将一个建筑的剖面图居中放置在版面中心，主标题、说明文字采用不同大小的字体进行对比。

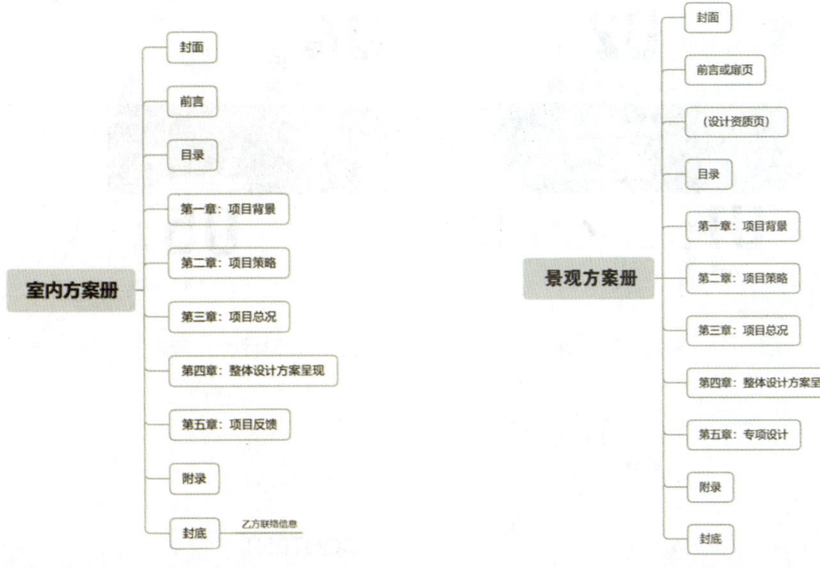


图2-76　室内方案册思维导图（自绘）　　图2-77　景观方案册思维导图（自绘）

图2-78　办公空间设计封面（学生作业：张铭铭）

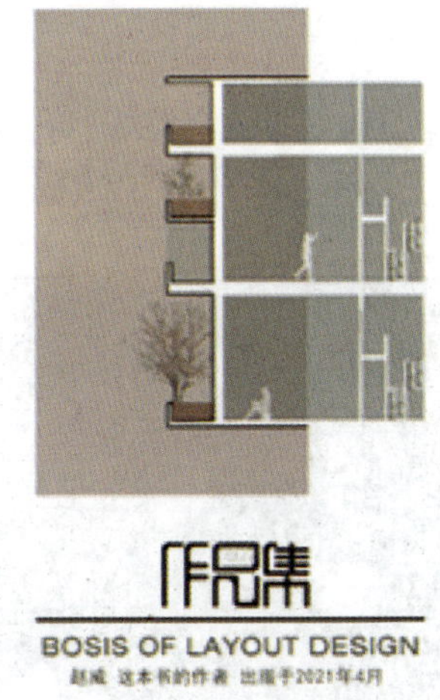


图2-79　作品集封面（学生作业：赵威）

## 2. 目录设计

目录设计首先要清楚目录需要传达哪些信息，有什么功能。目录内容包括目录名称、章节名称（章节介绍）、序号、图片、徽标（LOGO）、页码、装饰线条、图案等。在目录页面中，章的名字、章的序号可以是中文、英文、数字，版面设计可以选取一张能够代表章节内容的图片对章强调说明，图片比文字更加生动和有感染力。如图 2-80 所示，多张图片组合成直面居中放置，目录章节信息上下放置，用数字表示章节，用两个矩形框加文字具体描述章节包含内容。如图 2-81 所示，目录信息用文字加圆形倾斜放置。如图 2-82 所示，月球图片进行细节变换并分散分布，配以文字信息放置在版面中。如图 2-83 所示，多张图片垂直组合成直面，居中放置，目录章节信息左右放置，采用骨骼型构图，形成左右阅读的视觉引导。

图2-80 室内方案目录（方案版式设计课程/软装设计师：李职）

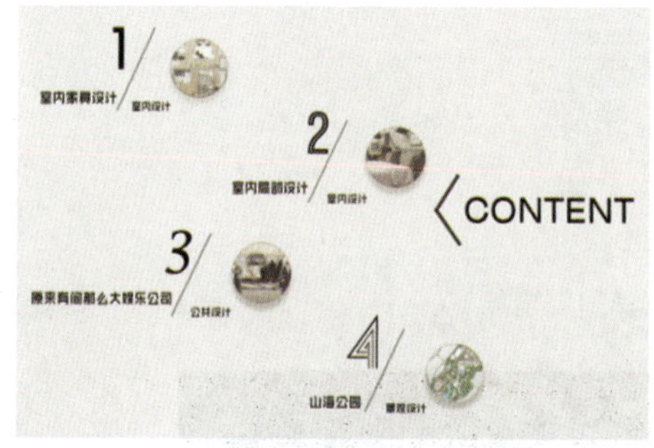


图2-81 目录页（学生作业：曹思琪）

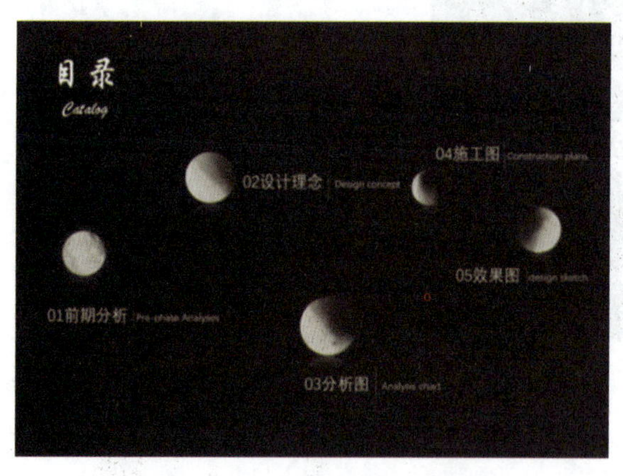


图2-82 目录页（学生作业：张铭铭）

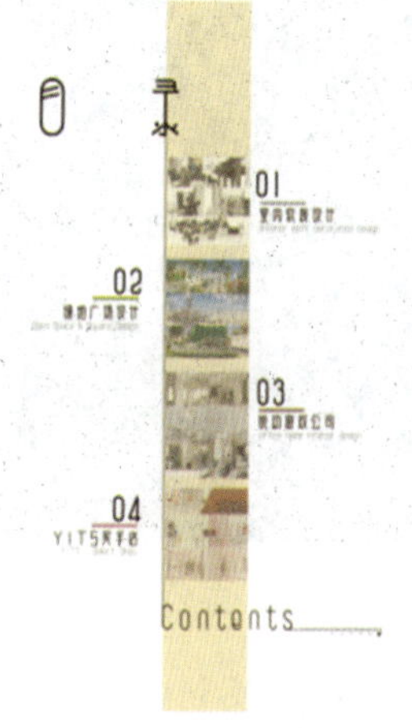


图2-83 目录页（学生作业：曹雨彤）

### 3. 章节页设计

章节页的设计可以参考目录页的设计，主题图片、字体样式可以沿用，以保证方案文本设计的整体性，不必过于复杂化，需要注意信息内容在版式页面的放置位置。图 2-84 沿用封面（见图 2-80）的风格、色彩及目录的数字样式，每个章节形式一致，只是更换主体图片及文字信息内容。图 2-85 与封面（见图 2-78）、目录（见图 2-82）的月球元素呼应。图 2-86 与目录（见图 2-83）有相同的色彩倾向，只是将图片拆分为垂直方向的组合形式，并根据章节页的不同主题更换设计图片。

（a）

（b）

图2-84　室内方案章节页（方案版式设计课程/软装设计师：李职）

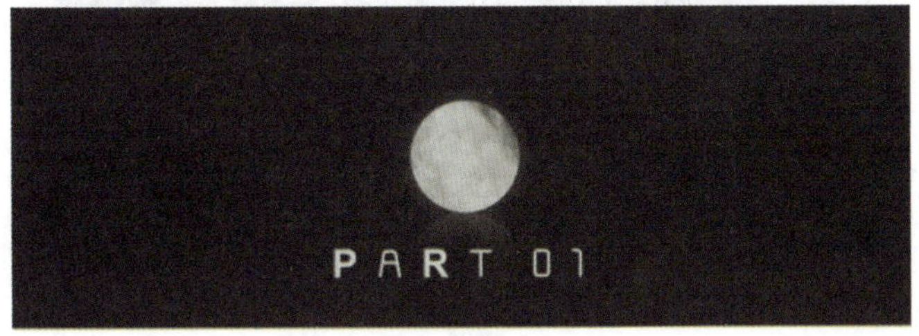


图2-85　章节页（学生作业：张铭铭）

图2-86　章节页（学生作业：曹雨彤）

### 4. 内页设计

方案文本内页一般为 15 ~ 40 页，根据设计图纸数量确定，通常室内方案文本和景观方案文本包括设计说明（前言）、设计前期调研、设计元素分析、平面图、设计分析、效果图、大样图等，内容可根据具体设计适当增减。如图 2-87 所示，效果图的图片跳跃率最高，配以两张细节示意图，用与整体色相呼应的色块对齐图片，加以文字说明。

图2-87　室内方案内页沙盘区艺术策展（方案版式设计课程/软装设计师：李职）

图 2-88 采用多张图片的成组排列方式，用矩阵网格关系展示，中间等距留白条，虽然图片大小不一致，但版面整齐，文字底部加以色块与整体版面协调组合。图 2-89 的设计理念是四个板块大小一致对齐放置作为底图，上面加以平面说明图形与有色彩变化的文字及版面主题结合。图 2-90 的植物版面，采用多张植物配置图组合，并进行重复排列构成完整版面。

### 5. 封底设计

封底设计应与封面设计风格一致，设计样式以简洁为主，包括主题图片、公司 / 学校名称等相关信息。图 2-91 和图 2-92 为学生的综合作品集，封底与封面一体考虑，其设计采用相同色彩和点、线、面的组合，形成相似版面。

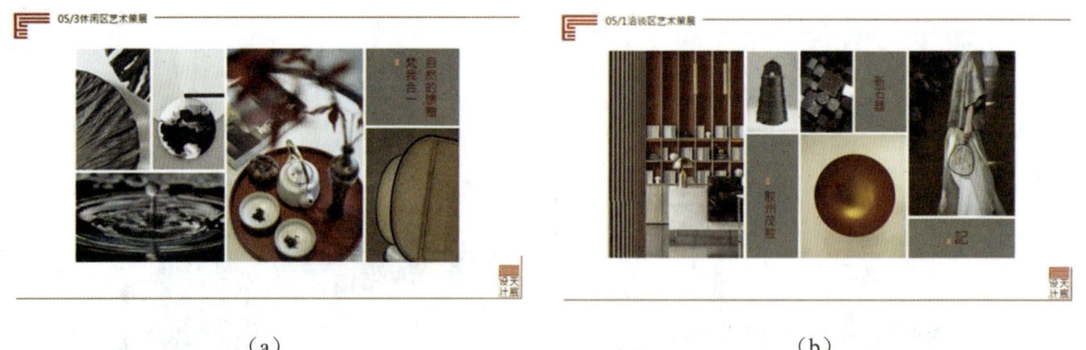


(a)　　　　(b)

图2-88　室内方案内页休闲区艺术策展与洽谈区艺术策展（方案版式设计课程 / 软装设计师：李职）

图2-89　景观内页（学生作业：徐辉）

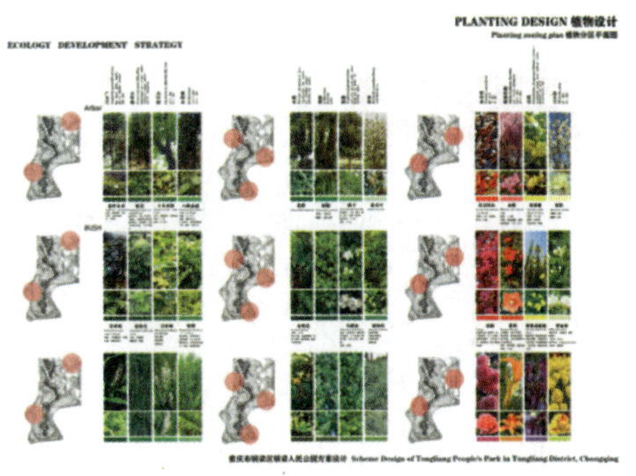


图2-90　植物配置内页（学生作业：许威）

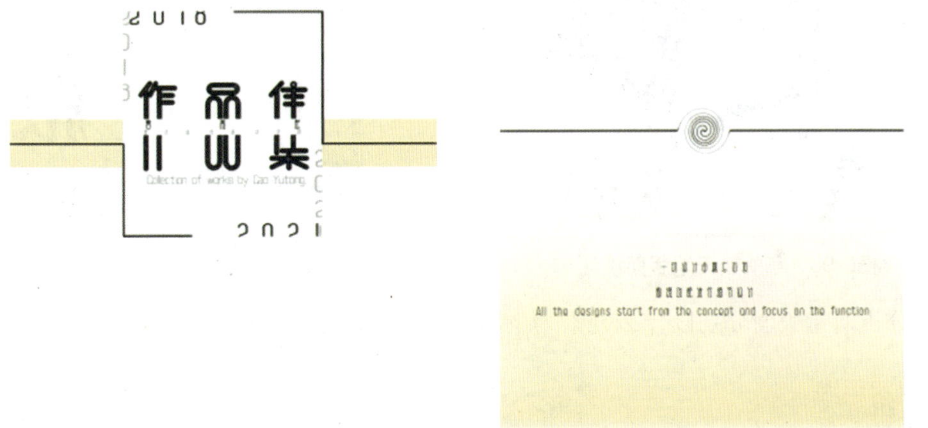


图2-91　作品集封面、封底（学生作业：曹雨彤）

图2-92　作品集封面、封底（学生作业：曹思琪）

1. 分析图 2-93 和图 2-94 的点、线、面是哪些。

图2-93 草间、天地版面设计

图2-94 承先启后版面设计

2. 分析两组版面分别以什么元素为主题，说明版式构成方式、版式类型，以及版式设计的亮点。

第一组

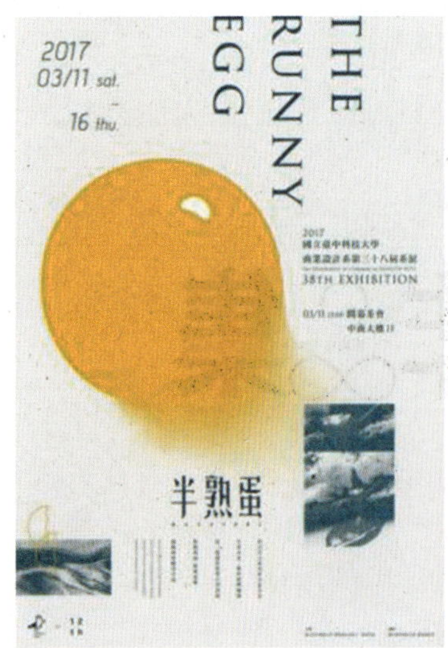

图2-95 “鸡蛋”主题版面设计

第二组

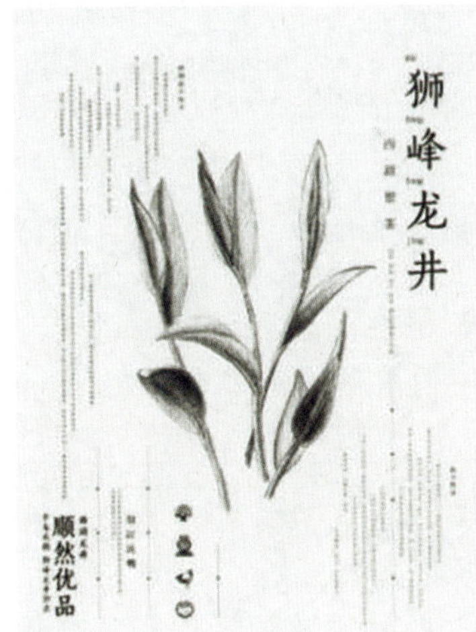


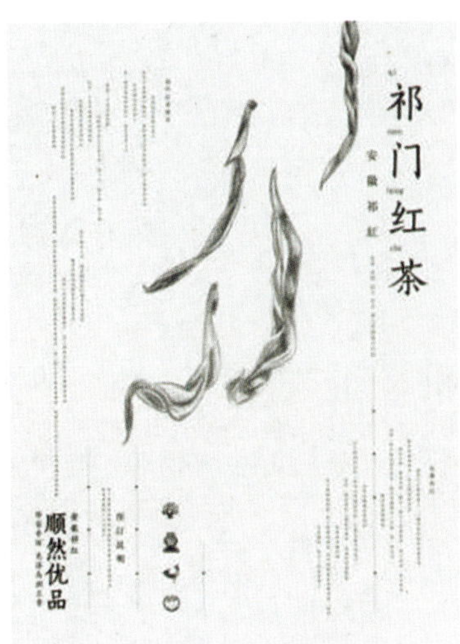


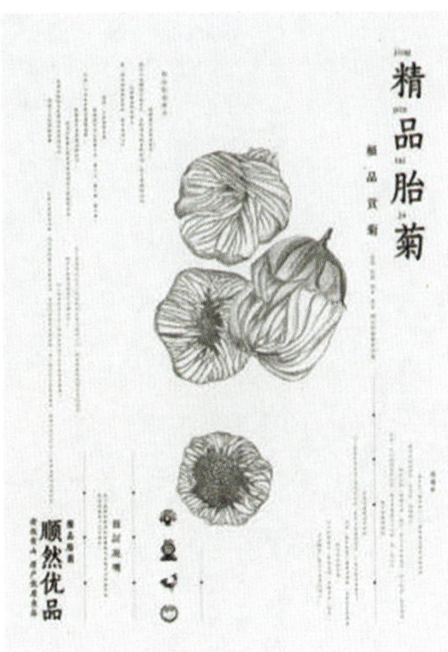


图2-96　茶类主题版面设计

# 第3章 方案版式中文字的传达

## 学习要点及目标

- 了解方案版式的文字种类。
- 方案版式的文字与主题风格。
- 文字排版的基本形式。
- 根据对象选择合适的字体。
- 方案版式的字号、行距与字间距。

方案版式设计的内容众多，其主要构成要素除文字外，还有图形、符号、线条、色彩等，版式设计中的文字不能简单地进行罗列和随机组合，需要综合考虑版式设计的主题内容，根据主题变换字体，根据内容调整字体大小、字间距、行间距等。

## 3.1 方案版式的文字与主题风格

文字风格可以确定版式设计的整体基调及构成结构，更好地为方案版面服务。

### 3.1.1 图形与文字

图形是视觉元素的构成集合，具有较强的图片感和符号感，因此在版式设计中注重图形的构成和排列方式，文字与图形的结合应灵活处理，两者结合是版式设计的主要方法。版面中图形与字体大小、字体形状、字体样式有较大的关系。图形和文字要协调统一地布局到方案版式设计中。版式设计应图文并茂，图形和字体可以是抽象或具象的，字母有很强的符号化特质，中文文字往往具象且塑造性强，对它们的处理既可以是等同的，也可以是偏重于某一方面的。如图 3-1 所示，等同平均处理的方式显得呆板且不够生动，杂乱无章的文字和图片则往往缺乏自觉性和理性美，所以图文结合应该削弱两方面的弱势，促使字形表现和字符形意兼容统一。

图3-1 “1” “2”文字图片组合版面

根据美学构成原理，合理布置文字与图像比例，可使文字紧凑、图像灵动，从而产生节奏感和层次性较强的版面设计。在版式设计中，大面积的规整文字搭配活泼的色彩图片可使装饰设计新颖生动，既可冲淡文字的规则性，也能激发读者继续阅读下去的兴趣和意愿。

## 3.1.2 直叙与均衡

方案版式设计有很强的时代性与主题性。在方案版式设计中，文字设计的构成框架是不可忽视的。现代版式设计采用大量留白和对称式构图或均衡式构图进行布局，从而给读者发挥想象的空间。如图 3-2 所示，平铺直叙的文字排版表现方式，开门见山地呈现了版式设计，文字设计并无大小、疏密之具体规定。均衡布局则以简约、匀称、以少胜多等方式进行组合，使设计字体符号化且突出主题，版面样式突出且新颖。

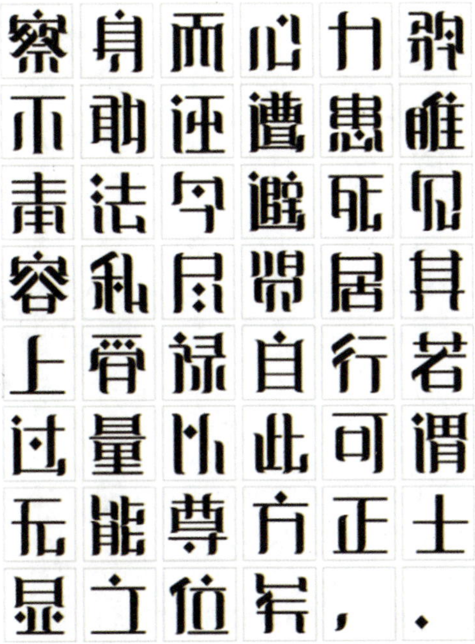

图3-2 平铺直叙的文字排版

合格的版式设计不仅是平铺直叙的图文排列，而且注重各要素的组织，以及文字应用的视觉秩序。在展示版式中，视觉中心点应该出现在版式的上半部或右上部，或者在十字交叉视觉中心点，而这几个部分称为“视觉中心点”或者“视觉焦点”。方案版式设计中的字体设计和文字构成应处在上述位置。

## 3.1.3 时尚与风趣

在网络与信息时代，信息共享能时刻把握流行时尚。版式设计中文字的艺术处理更注重对接媒体并能够以此作为主导。装饰文字常以主体变形的方式来展示内容。贴近时尚的版式设计对观赏群体的阅读心理和接受能力都有着较强的要求，注重人文关怀，强调交流效率及和谐互动。如图 3-3 所示，时尚的版式文字设计往往融入

图3-3 时尚的版式文字设计

时尚元素，更加贴近年轻群体，且正在逐渐成为众多媒体界面的主导设计风格。时尚的字体设计更加容易突出主体，此类版式设计的典型标志为图形活泼、版式新颖、风趣幽默、张扬个性等。

在有限的界面中进行时尚新颖的字体设计，既要处理大量的信息，又要体现符号化、集约化。立足于此观点，对比突出、有重点、有主题地处理设计符号、文字和图片，是优秀方案版式设计的捷径。

### 3.1.4 解构与重构

建筑方案设计及景观方案设计往往在版式设计中更加突出解构与重构这一风格来设计字体，这一设计风格简洁明快，有明确的设计特征及特点，有着较强的时代性，甚至有着超越现实主义的表现风格，体现着独特的时代魅力。具有解构与重构风格的字体，设计精巧理性，有较强的美观效果和视觉效果，表达内容多为意象或抽象，并且着重突出观念和设计主旨。

解构与重构字体设计风格也逐渐应用于其他专业版式设计中，如各类杂志、封面、网页等。现今，有些版式设计过于单一，容易让人产生乏味感和视觉疲劳感。解构与重构两种字体设计手法有着异曲同工之妙，图 3-4 将字体进行分解并将不同形体进行组合重塑，主要目的是更详尽地展示内容和设计主旨。此类排版风格立足于设计构成美学，用点、线、面基本构成元素和丰富的图文、图像进行合理的组织排列，以达到方案版式设计中字体设计的要求。

图3-4 字体分解、组合版面

### 3.1.5 立意与韵律

版式字体设计受图形及立意的限制，有什么内容的图形就有相对应的版式字体设计，若版式设计中使用深色或黑色作为底色，那么字体就应该是浅色或者白色，如图 3-5 所示。这样可以体现强烈的视觉冲击力，从而产生高雅理性的设计。图文穿插结合相得益彰，注重版式设计的节奏感。用不同的手法来处理排版文字，可给予阅读者全新的视觉感受，如图 3-6 所示。

立意打造要注重体现个性，但在创新的同时也要从传统文化中吸取营养。中式字体往往有深厚的文化底蕴及历史文脉，将其运用在版式设计中，可使版式设计的风格简约有品位且富有本土文化气息。

图3-5　有强烈的视觉冲击力和视觉对比的版面

图3-6　图文穿插版面

## 3.2 文字排版的基本形式：可读性

文字是版式设计中主要的元素，文字排版要兼顾文字的大小、内容和要义，文字排版的形式能够影响人的视觉感受和版面的构成感。文字在排版中有时可兼顾图形要求，调整其色相、明度、纯度以达到文字图形化。在版式设计中，字体的样式选择不宜过多，杂乱无章的字体样式容易使人产生视觉疲劳，要注重字体间的协调与区别。目前，字体设计排版成为创新的表现形式之一。字体编排设计不仅是视觉平面的表现形式，更是一种审美要求的体现。

### 3.2.1 文字排列的对齐方式

文字排列的对齐方式包括齐头齐尾型、齐头散尾型、居中型和自由型。

（1）齐头齐尾型：齐头齐尾型的文字排列方式会产生中庸、理性、严肃、冷静的版面视觉感受，如图 3-7 所示。

（2）齐头散尾型：齐头散尾型文字排列方式是一种介于齐头齐尾型与自由型之间的文字排列方式，有中国书法的韵味，潇洒自如，如图 3-8 所示。

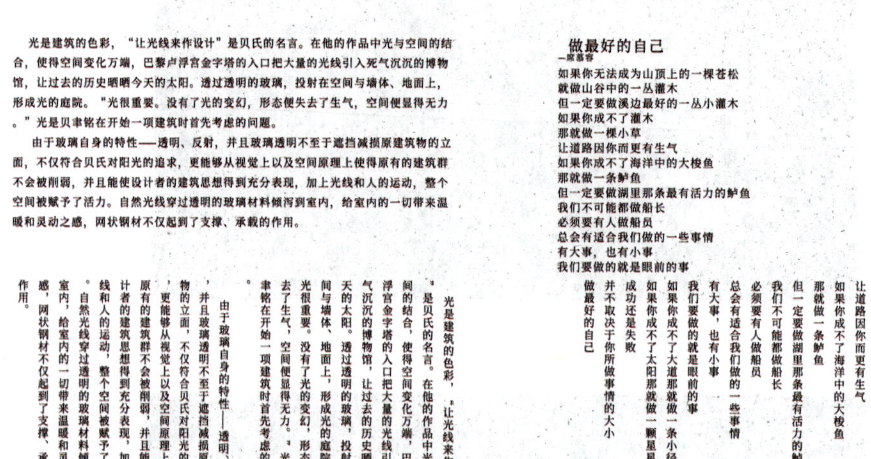

光是建筑的色彩，“让光线来作设计”是贝氏的名言。在他的作品中光与空间的结合，使得空间变化万端，巴黎卢浮宫金字塔的入口把大量的光线引入死气沉沉的博物馆，让过去的历史晒晒今天的太阳。透过透明的玻璃，投射在空间与墙体、地面上，形成光的庭院。“光很重要。没有了光的变幻，形态便失去了生气，空间便显得无力。”光是贝聿铭在开始一项建筑时首先考虑的问题。

由于玻璃自身的特性——透明、反射，并且玻璃透明不至于遮挡减损原建筑物的立面，不仅符合贝氏对阳光的追求，更能够从视觉上以及空间原理上使得原有的建筑群不会被削弱，并且能使设计者的建筑思想得到充分表现，加上光线和人的运动，整个空间被赋予了活力。自然光线穿过透明的玻璃材料倾泻到室内，给室内的一切带来温暖和灵动之感，网状钢材不仅起到了支撑、承载的作用。

做最好的自己
—席慕容
如果你无法成为山顶上的一棵苍松
就做山谷中的一丛灌木
但一定要做溪边最好的一丛小灌木
如果你成不了灌木
那就做一棵小草
让道路因你而更有生气
如果你成不了海洋中的大梭鱼
那就做一条鲈鱼
但一定要做湖里那条最有活力的鲈鱼
我们不可能都做船长
必须要有人做船员
总会有适合我们做的一些事情
有大事，也有小事
我们要做的就是眼前的事
如果你成不了大道那就做一条小径
如果你成不了太阳那就做一颗星星
成功还是失败
并不取决于你所做事情的大小
做最好的自己

图3-7　齐头齐尾型文字排列　　图3-8　齐头散尾型文字排列

（3）居中型：居中型文字排列方式给人高格调、优雅之感，如图 3-9 所示。

（4）自由型：自由型文字排列方式给人自由、活泼、轻松、可爱之感，使版面活泼，富有生机，如图 3-10 所示。

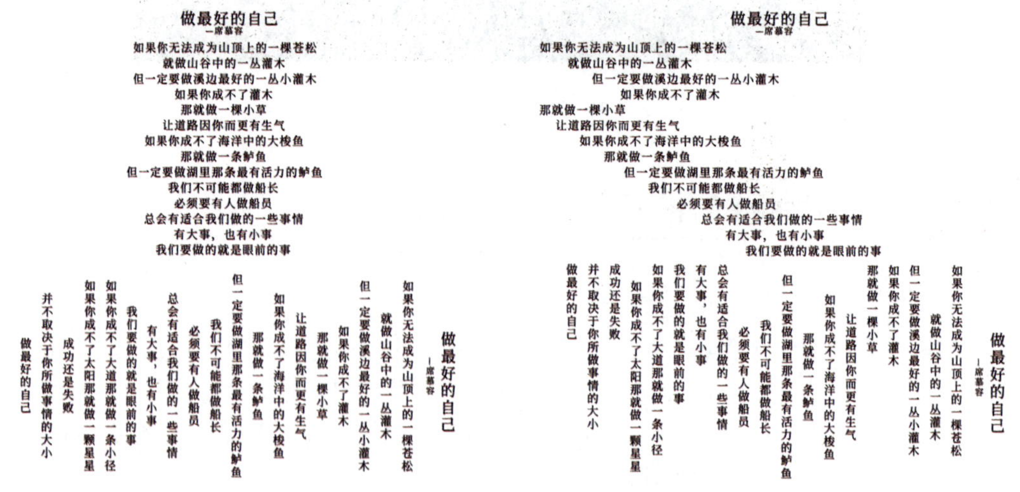

做最好的自己
—席慕容
如果你无法成为山顶上的一棵苍松
就做山谷中的一丛灌木
但一定要做溪边最好的一丛小灌木
如果你成不了灌木
那就做一棵小草
让道路因你而更有生气
如果你成不了海洋中的大梭鱼
那就做一条鲈鱼
但一定要做湖里那条最有活力的鲈鱼
我们不可能都做船长
必须要有人做船员
总会有适合我们做的一些事情
有大事，也有小事
我们要做的就是眼前的事
如果你成不了大道那就做一条小径
如果你成不了太阳那就做一颗星星
成功还是失败
并不取决于你所做事情的大小
做最好的自己

图3-9　居中型文字排列　　图3-10　自由型文字排列

文字的不同排列方式在版面中会形成不同的版式效果，从中可以感受到文字排列方式在版面中的变化，如图3-11、图3-12和图3-13所示。

图3-11　多种方式混排文字

图3-12　全部齐行排列文字

图3-13　标题居中、正文齐行排列

掌握文字的编排技巧会为版面营造不同的信息传达氛围。初学者在平时排版时可以多做尝试，找到符合主题的文字版面形式。

## 3.2.2　垂直水平式编排

垂直式编排是指版式字体设计的竖向排列，而水平式编排则是指字体设计的横向排列。

若图文结合还可以产生垂直水平分割式编排，如图 3-14 所示。垂直分割式编排往往将图片和文字上下分离，如排版的上半部分为文字，排版的下半部分为图片，反之亦然。水平分割式编排则将图片和文字左右分离。垂直水平式编排及对应的分割式编排，形式相对稳重，但是构图方式略显单一。在处理水平式编排时，图片适宜设置在左侧，右侧可合理安排文字，这样的处理方式可以减少版式的呆板单一之感。

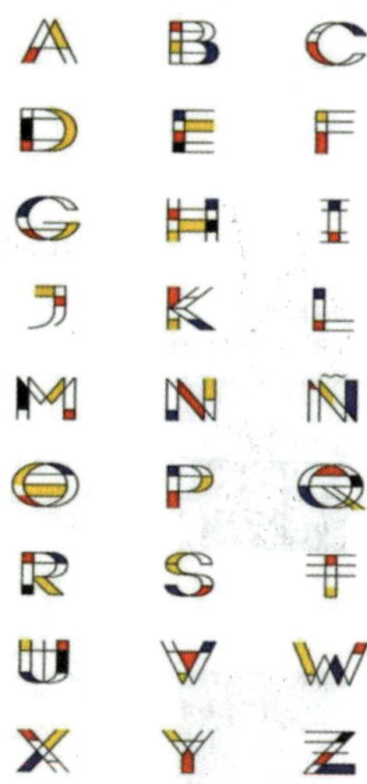


图3-14　垂直水平分割式编排

## 3.2.3　线性式编排

线性式编排是指被编排的设计字体放在一个线段的空间序列中。该线段的空间序列可以是有规律排列的，也可以是交错排列的。线性式编排不一定是垂直或水平的，可以是扭曲或弯曲的。在设计字体时，可适当在距离、大小、重叠、反复上下功夫，版式设计中的线性排列具有独特的韵律感。

## 3.2.4　渐变重复式编排

重复排列形式常见于内容与图片有重复或相似的这一类设计，往往有较强的规律感和韵律呈现，在进行版式编排时往往弱化单一个主体构图。在版式设计中，可以通过渐变图片或重复相应的设计文字，使设计元素简洁突出。

渐变重复式编排属于重复编排，但是这种形式也有独立性和自身的特点，如图 3-15 所示。渐变重复可以说是重复排列中的一种较为特殊的排列方式，其设计元素的形状大小、位置方向都按一定的规律进行变化。这种形式更容易强调设计元素的主体性，同时又不像一般重复排列那样呆板，富有一定形体和大小甚至色彩的变化。

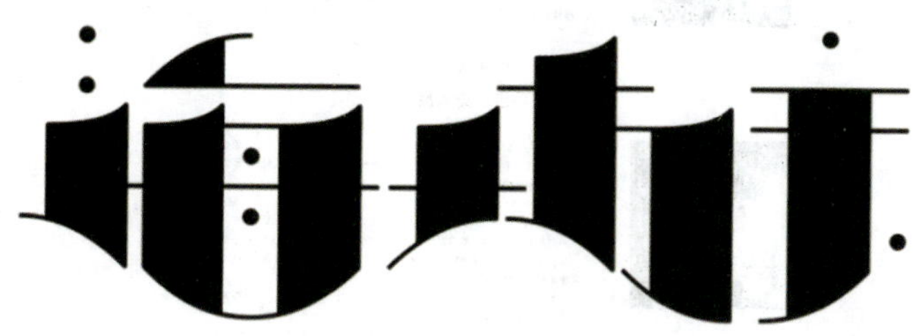

图3-15　渐变重复式编排

## 3.2.5　中心居中式编排

中心居中式编排是常见的编排形式之一。图 3-16 所示为以中心居中式为展示重点的排版方式。这一类排版的特点是均衡、集中、沉稳，是一种画面较为集中的排版方式，常常以一个中心点向外进行发散的方式进行文字编排，视觉点较为集中。其缺点是显得过于集中，艺术感和艺术性较弱。

图3-16 中心居中式编排

## 3.2.6 对称均衡式编排

对称均衡式编排能够很好地突出文化性，适于编排形式格调高、时尚感较强的作品。采用对称均衡式排版的画面平衡均匀，视觉效果较强，比较注重排列的细节和设计元素的细节。对称均衡式编排方式，顾名思义，是将各个设计字体以对称的方式进行布局，如果进行左右分列的编排，则形式感较强，而采用上下布局的形式则可使画面稳重大气。

## 3.2.7 其他编排

其他编排有重叠式、边框式、留白式和散点式等形式。

重叠式编排是将设计文字在版式设计中以竖向或横向随机的方式进行重叠和覆盖。重叠式编排形式可使各种设计字体相互错落、相互结合，使设计字体的形状色彩、大小虚实层次分明且高低有序。

边框式编排是将设计字体按照某种特殊图形进行编排，类似于构成设计中的适合纹样，此类文字编排往往出现于报纸、杂志等信息量较大的版式设计中。边框式编排有四边型、居中型、文案中心型、图形居中型、文案四周型等形式。

留白式编排往往能给人以想象的空间，也更符合意境的表现与表达。留白式编排常见于中式寓意的表现，类似于中国山水画中的留白，有一种以少胜多的装饰作用，如图3-17所示。

图3-17 留白式编排

散点式编排是以单个的点为单位，设计适合的文字样式，常以有规律的方式进行排列。其适合多种图形文字结合的情况，可使整个设计更富有情趣与活力。散点式编排要注重文字大小、主次分配和疏密均衡，以产生以形达意的视觉效果。

## 3.3 根据对象选择合适的字体：节奏

字体有属于其自身的外在特征和形体特点，各种字体都有自身独特的笔画。例如，黑体有着均匀的笔画和稳重的形态，感官上更具现代感；而宋体是常见的衬线字体，笔画粗细得当，更适于阅读和印刷，而且字体特征明显，辨识度高。字体的形态和笔画是版式设计中选择字体的关键。现在，字体逐渐形成了一个庞大的字体库，门类众多，常用的字体有几十种，统算起来可能有上百种甚至上千种字体。

### 3.3.1 衬线体类

常见的衬线体类字体为宋体、楷书系列，常用的有宋体、仿宋、新宋体等字体。衬线体类字体是指在字体笔画开始和结束时有相应的衬线装饰的字体，笔画富有粗细变化，具有较强的易读性和辨识性，如图 3-18 所示。衬线体类字形美观方正、线条流畅，魅力十足，因此常见的书籍、装帧通常使用衬线体类字体进行排版。衬线体类字体可以避免因笔画结构辨识不足发生阅读错误或阅读偏差。以宋体为例：宋体是常见的排版字体，不同类的字体形态略有差异，汉字和字母存在着不同的特征，但也存在着某些共性。衬线体类字体多用于阅读设计排版、室内和景观设计类排版等，这一类属于较为理性规整的排版样式。

图3-18 衬线体类字体

### 3.3.2 无衬线体类

无衬线体类主要以黑体系列为主，这一类字体粗细均匀，没有额外或者多余的装饰，通常字形规整，线条较为机械统一，且字体和粗细变化不大，笔画没有尖锐的转角和额外装饰。无衬线体类字体通常适于标语和重点突出的语句，以及某些装饰类较强、排版规整类的展示版面的正文。但无衬线体类的字体可能存在着某些偏差，汉字和字母也有其自身的特征。

### 3.3.3 手写体类

手写体类的字体风格多样，多为硬笔或者软笔书写出来的。汉字的手写体类型较多，形态各异，具有极强的个人特色。中国汉字是中国传统文化的结晶，文字大小不一、风格迥异且艺术性较强。字母的手写体也有特定的书写方式，具有较强的书写风格。手写体类字体的形态不够整齐划一，字体大小不均。由于书写者不同，字体很难统一。手写体类字体在正式排版中

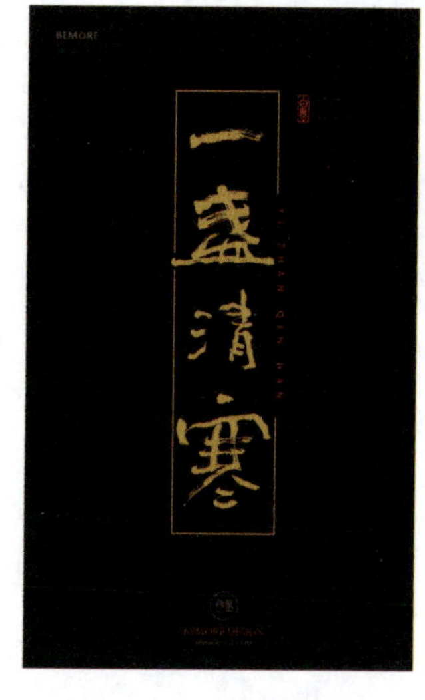


图3-19 手写体类字体

使用较少，一般适于某些特定风格的版式排版，如图 3-19 所示。

### 3.3.4 圆体类

圆体类字体大多数是将笔画圆润处理，在书写时起笔和收笔时处理圆润，文字或字母都可以使用这一风格。常见的此类字体有娃娃体、幼圆体、琥珀体、特定的艺术字体等，如图 3-20 所示，图中字体形式圆润、清晰、严肃、饱满、可爱。圆体类字体较为适于手抄报、图书封面、招贴、海报、招牌广告等的排版。圆体类字体图形化强、变形较大，但某些字形辨识度不高。图 3-21 所示为展板主标题即为圆体类字体。

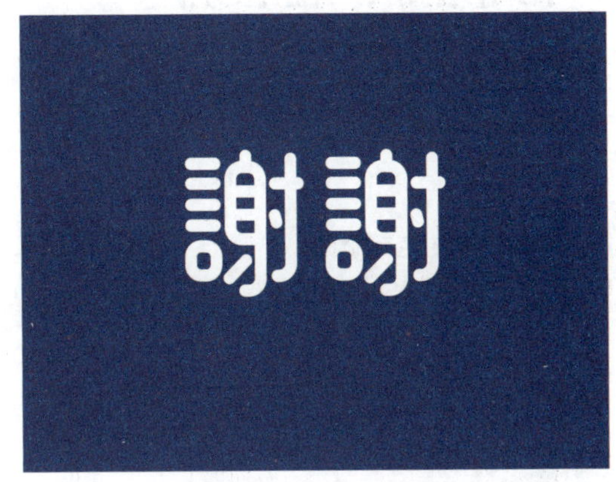


图3-20 圆体类字体

图3-21 圆体类字体

### 3.3.5 书法体类与特殊字体

书法体类的字体苍劲古朴、韵味十足，有一定的象形性和年代感。书法体类的字体往往是传统的书写体，不同的地域和时代都会对字体结构产生影响，如图 3-22 所示。中国的书法字体分为楷、行、草、篆、隶等书体，较为适于平面设计中的装饰和艺术表现。此类字体的每个字都存在着一定的差别，不同的书体结构和运笔有着很大的区别，同时繁简字体不同且书写形式多样。书法体类的字体的选择可与主题内容结合，主标题的字体在图 3-23 所示的(a)、(b) 两张图中发生了变化。

图3-22 书法体类字体

书法协会

人民团体

中国书法家协会创建于1981年5月。建立以来，书法在艺术创作、学术研究、书法教育、对外交流和组织管理等方面都有长足的发展。中国书法家协会现有团体会员35个，个人会员8000余人。中国书协机关内设办公室、组联部、研究部、展览部、外联部。下设《中国书法》杂志社、中国书法培训中心、中国书法考级中心、中国书法家协会网站、中国书法工艺发展基金和中国书法产业办公室等直属单位。

中国书法家协会的主要任务是：贯彻党的文艺路线，坚持“二为”方向和“双百”方针，继承和发扬中国书法艺术传统，在普及的基础上努力提高书法艺术水平，关心和支持国内的群众性书法活动，开展对会员的联络、协调、服务和业务指导，开展理论学术研究；举办书法展览，组织书法作品的创作与评选；主办《中国书法》杂志和《书法通讯》；开展书法教育，推动书法普及；配合党和国家重大活动开展专题活动；维护书法艺术家的创作成果和合法权益；广泛团结全国的书法家和书法爱好者，不断发展和壮大书法事业，切实作好党和政府联系书法家和书法工作者以及书法爱好者的纽带和桥梁。

（a）

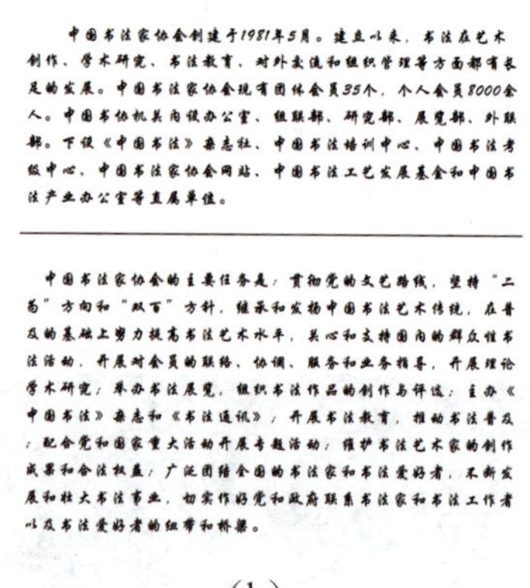

书法协会

人民团体

中国书法家协会创建于1981年5月。建立以来，书法在艺术创作、学术研究、书法教育、对外交流和组织管理等方面都有长足的发展。中国书法家协会现有团体会员35个，个人会员8000余人。中国书协机关内设办公室、组联部、研究部、展览部、外联部。下设《中国书法》杂志社、中国书法培训中心、中国书法考级中心、中国书法家协会网站、中国书法工艺发展基金和中国书法产业办公室等直属单位。

中国书法家协会的主要任务是；贯彻党的文艺路线，坚持“二为”方向和“双百”方针，继承和发扬中国书法艺术传统，在普及的基础上努力提高书法艺术水平，关心和支持国内的群众性书法活动，开展对会员的联络、协调、服务和业务指导，开展理论学术研究；举办书法展览，组织书法作品的创作与评选；主办《中国书法》杂志和《书法通讯》；开展书法教育，推动书法普及；配合党和国家重大活动开展专题活动；维护书法艺术家的创作成果和合法权益；广泛团结全国的书法家和书法爱好者，不断发展和壮大书法事业，切实作好党和政府联系书法家和书法工作者以及书法爱好者的纽带和桥梁。

（b）

**图3-23　书法协会版面中不同体类字体的选择版面**

在进行文字排版时，要考虑文字与版面内容的融合，可以将字体错位排布，从而与表现内容相结合。

## 3.4 方案版式的字号、行距与字间距

装饰字体从设计到使用有着漫长的过程且涵盖范围甚广。在排版设计中，大多数人认为字号、间距等的设计相对容易，事实则不然，方案版式的字号、行距与字间距等十分考验设计师的基本功。普通设计师即使摄入大量的排版理论知识也不能够活学活用，因此应在设计实践中多加练习。

### 3.4.1 字号影响阅读速度

字体本身的尺寸大小就是字号。在阅读过程中，每个字以点的方式进行排列，最终形成一条阅读线。字号大小设置影响阅读者的阅读速度，因此，在排版过程中应当了解阅读人群的差别，老年人和孩童的阅读速度往往比有阅读习惯的年轻人要慢一点，在排版过程中应当充分考虑字号的变化。适当的字号可以提升阅读速度，字号过大或者过小都会影响阅读速度。例如，当字体字号过大时，笔画细节就会明显，从而使阅读和观察点转移到每个字上，减慢阅读速度。

### 3.4.2 字号反映主次信息

方案排版设计要考虑阅读者的阅读习惯，大的字号能够吸引阅读者的眼球，更容易成为视觉焦点的所在。主要内容和主要信息使用较大字号更容易被注意，而制作多层次的目录和字号更容易使版面主次分明，形成对比和区分。大小字号的搭配使用，可使对比明显，如图 3-24 所示。但文字字号并不是越大越好，一味放大字体会使版面设计缺乏对比，杂乱无序，同时

也会使阅读者产生阅读压力。

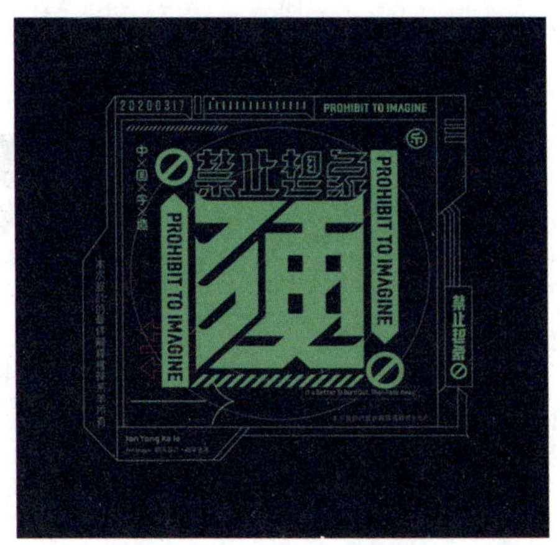


图3-24　字号反映主次信息

## 3.4.3　行距与相对距离

行距是段落上、下两行文字的疏密程度值，行距在文章中能有效地引导阅读者进行分行阅读。

文字的行距和行高是文字设计不可分割的两个方面，如果文字排版的行距是 5px，那么行高的设置是行距的 1/2 倍比较适宜。所以，合适的行距是一个相对值，其关系到字体的字号和行高值。图 3-25 为紧密行距、正常行距、疏散行距在段落文字中的版面效果，紧密行距影响阅读性和版面美观，正常行距更美观，疏散行距太空泛。在版式设计中可以根据主题调整行距。

是非成败转头空，青山依旧在，惯看秋月春风。一壶浊酒喜相逢，古今多少事，滚滚长江东逝水，浪花淘尽英雄。几度夕阳红。白发渔樵江渚上，都付笑谈中。

（a）紧密行距

是非成败转头空，青山依旧在，惯看秋月春风。一壶浊酒喜相逢，古今多少事，滚滚长江东逝水，浪花淘尽英雄。几度夕阳红。白发渔樵江渚上，都付笑谈中。

（b）正常行距

是非成败转头空，青山依旧在，惯看秋月春风。一壶浊酒喜相逢，古今多少事，滚滚长江东逝水，浪花淘尽英雄。几度夕阳红。白发渔樵江渚上，都付笑谈中。

（c）疏散行距

图3-25　不同行距在版面中的效果

## 3.4.4　行距与字间距关系

方案排版设计的字间距是文字的基础设置之一，在排版设计中利用软件直接设置的文字间距的参数值即为字间距。在排版设计中，每个文字都要设置合适的字间距，字间距过远或过近都不利于文字的读取。在方案排版设计中，调整字间距是一个庞大的、烦琐的工作。图 3-26 为不同字间距在版面中的效果。行距和字间距的相互协调也是排版设计的重中之重。

字母的排版往往会略显单薄，减少这种弊端的措施是增加文字类型和字母大小，或使用字母构成自然形态，如图 3-27 所示。在设置字体段落和字体间距时，要依据字体原有间距进行改变，让行距和字间距协调统一。

| | |
|---|---|
| 滚滚长江东逝水 | 标准字距 |
| 滚 滚 长 江 东 逝 水 | 松散字距 |
| 滚滚长江东逝水 | 紧凑字距 |

图3-26　不同字间距在版面中的效果

图3-27　字间距在版面中的设计

## 3.4.5　字体固有的字间距

每种字体都有与其相应的固有字间距，合适的字间距因字体而异，如图 3-26 所示。例如，宋体和微软雅黑两种字体形态差异比较大，将两种字体的字间距设置为 0，即为各自的默认字间距，微软雅黑字体的默认字间距较宽，而宋体字体的默认字间距则相对较为窄小，所以抛开字体来谈字间距将失去意义。不同字体的默认字间距有较大差异，在排版过程中应当注意字体的默认字间距，并有针对性地调整各类字体的默认字间距，以协调排版，如图 3-28 所示。

图3-28　不同字间距文字的组合图形

一行文字的字数以 20 ～ 30 个字较为合适。适当地增加或减少字数可以传递不同的信息。一行文字字数较多，有轻松舒畅和高格调的感觉，但要注意行距不能过于紧密，否则易造成阅读困难。一行文字字数较少，则给人以活跃和信息丰富之感，就算行距较为紧密也不会影响阅读。

1. 分析图 3-29 和图 3-30 的字体有哪些，采用了哪些文字排版方式。

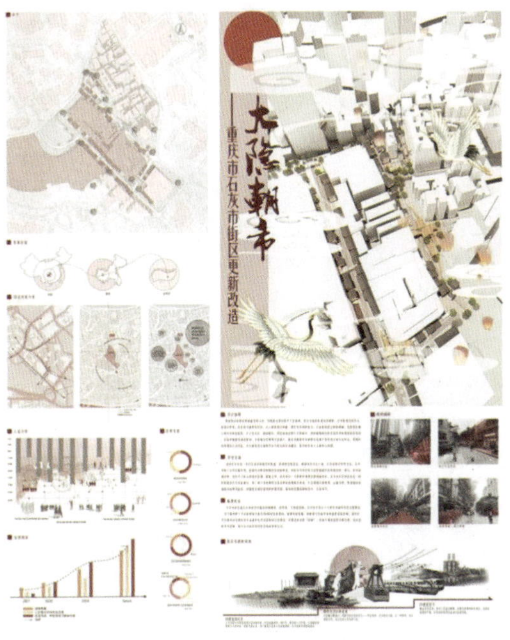


图3-29　景观展板

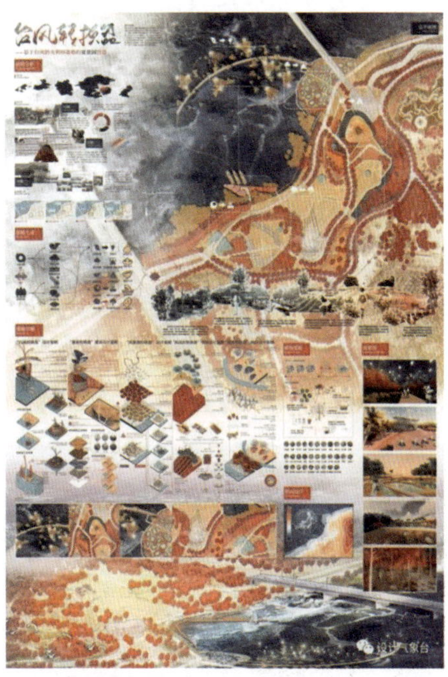

图3-30　设计气象台景观展板

2. 自己设计制作三个古风文字样式。

# 第4章 方案版式设计中色彩的传达

## 学习重点及目标

- 色彩在版式设计中的运用法则。
- 版式设计中色彩的运用法则和搭配技巧。
- 版式设计中的基础色、主角色和点缀色。
- 色彩突出主题的方式与用法。

版面设计是运用图片、文字、色彩等视觉元素，根据传达内容及设计目标，选择符合内容的视觉元素进行编排组合呈现。有设计师发现，与版面的文字、图片等视觉元素相比，版面色彩作为给人第一视觉印象的艺术魅力更为直接，常常具有先声夺人的作用，它能更快速地营造整体版面的情绪化气氛，体现版面文字的意图，引导读者注意力，并引起读者的强烈情绪反应，如图 4-1 所示。因此，版面色彩应用知识尤其值得版面设计者认真研究。

（a）活泼、绚烂、多彩

（b）沉稳、高级

图4-1　色彩的印象

## 4.1 认识色彩

一张优秀的设计作品，它的色彩搭配必定和谐得体、简洁清晰，令人赏心悦目，合理搭配的版面色彩更受读者欢迎。在版式设计过程中，怎样的色彩搭配更容易传达设计意图呢？又是什么影响我们的配色思维呢？接下来，一一为读者进行讲解。

### 4.1.1 色相环

我们通常用色轮 ( 也称作色环、色相环 ) 来理解色相，色相环如图 4-2 所示。色相环通常由原色、间色和复色组成。

原色。原色是色彩中最基本的颜色，即红色（品红）、黄色（柠檬黄）、蓝色（湖蓝）三种，是不能通过其他颜色的混合调配而得出的“基本色”。

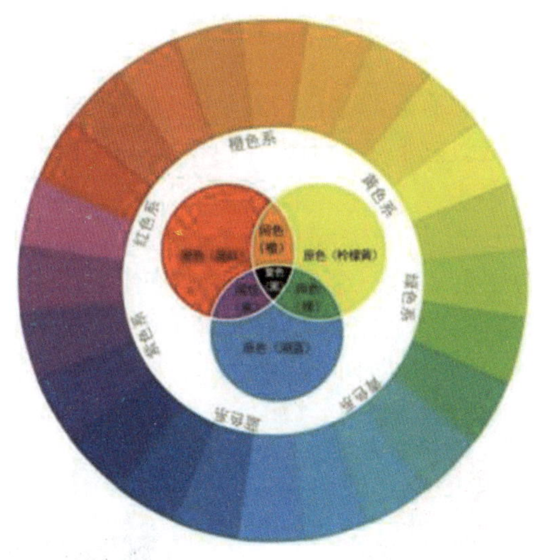


图4-2　色相环

间色。三原色中的任何两种原色等量混合调出的颜色叫间色，亦称第二次色。如，红色+蓝色=紫色、黄色+红色=橙色、黄色+蓝色=绿色。

复色：任何两种间色，或一个原色与一个间色混合调出的颜色，称第三次色。

## 4.1.2　色彩三要素

色彩可以用三种属性进行描述，即色相（H）、纯度（S）（饱和度）和明度（B）（亮度）。若涉及色彩参数的修改，常使用 HSB 模式，如图 4-3 所示。

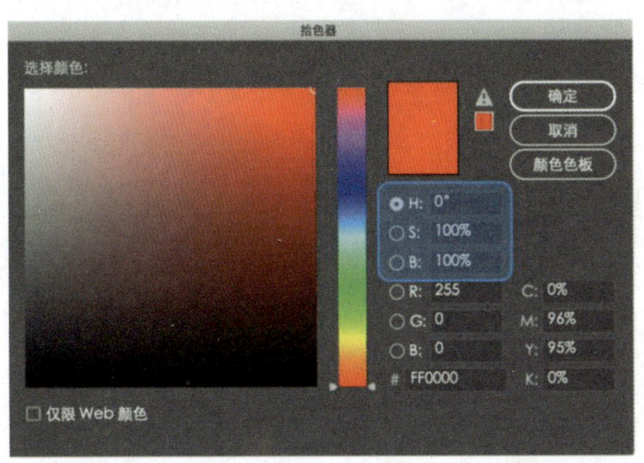

图4-3　色彩三要素

色相是指色彩的相貌，又称色调。色彩分为无彩色和有彩色。所谓无彩色就是没有色相的色彩，包括黑色、白色、灰色；有彩色是指有颜色倾向的色彩，指除黑、白、灰以外的其他颜色。

明度是指色彩的明暗、深浅程度的差别，它取决于反射光的强弱。

纯度是指色彩鲜明的饱和程度，即色彩纯净和浑浊的程度。

### 4.1.3 颜色模式：加色模式和减色模式

颜色有两种不同的性质，即有形的颜色和其他颜色。有形的颜色是物体表面的颜色，其他颜色是由光产生的颜色，通过它们可以形成加色模式（RGB）和减色模式（CMYK）两个颜色模式。

加色模式为RGB，由红光、绿光、蓝光组成，它主要用于显示器、电视或者其他设备上的图像显示，原色为红色（R）、绿色（G）、蓝色（B），如图4-4所示；CMYK为减色模式，即通过对光的减法得到的颜色，CMYK模式主要应用于印刷业，通过青色（C）、洋红色（M）、黄色（Y）三原色油墨的不同比例的叠印来表现丰富多彩的颜色，如图4-5所示。在实际印刷中，一般采用青、洋红、黄、黑（BK）四色印刷，即CMYK印刷模式。

图4-4 加色模式（RGB）

图4-5 减色模式（CMYK）

## 4.2 色彩的视觉识别性

色彩的知觉过程是眼睛在光的作用下看到物体的颜色，然后通过大脑的分辨来识别色彩。看到色彩是视觉神经组织的反映，但是感知、分析色彩都是大脑的工作。大脑除了为我们分辨视觉神经所看到的色彩关系，也会依据我们的思维方式、文化、教育、生活环境等引起一系列的心理反应。

### 4.2.1 色彩的视觉识别原理

物体本身并不具备色彩。光是色彩产生的基础，如果没有光，眼睛看不到任何色彩。人的眼睛在光的作用下看到苹果，并将此结果传输给中枢神经，中枢神经对色彩关系进行识别，再通过学习记忆，根据苹果呈现的“状态”，得出好吃或者酸涩这一类的结果，如图4-6所示，。

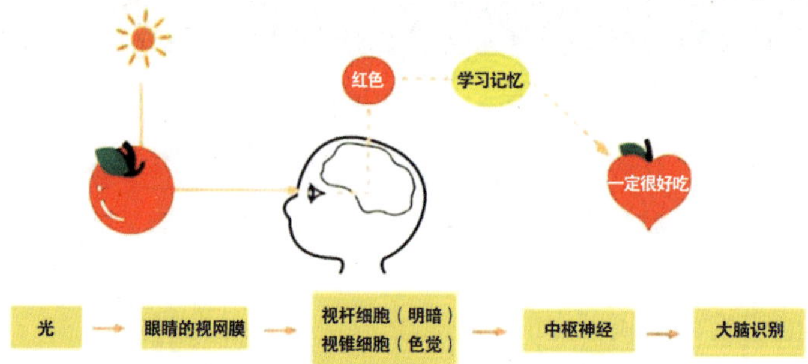


图4-6 色彩的反映

眼睛对色彩的这种由经验感觉到主观联想，再上升到理智的判断，既有共性，也有个性；既有普遍性，也有特殊性；既有必然性，也有偶然性。设计师用色应该根据具体情况具体分析，决不能随心所欲。

### 4.2.2 色彩的联想和象征

研究者表明，人类获取的信息 83% 来自视觉，11% 来自听觉，3.5% 来自嗅觉，1.5% 来自触觉，1% 来自味觉。而在来自视觉的信息中，色彩信息相伴而行，先声夺人。

#### 1. 红色——热情、喜庆、幸福、激情、中国

红色是所有色彩中视觉感觉最强烈和最有生气的色彩，它有强烈地促使人们注意和似乎凌驾于一切色彩之上的力量。它炽烈似火，壮丽似阳，热情奔放，象征热情、喜庆、幸福、激情、冲动、革命，同时又具有警觉、危险的含义。红色的特点主要表现在高纯度效果时，当其明度增大转为粉红色时，就戏剧性地变成温柔、顺从、女性的性质，如图 4-7 所示。

图4-7 红色

约翰·伊顿（Johannes Ltlen）教授研究了红色与不同色彩的搭配，在深红色的底上，红色平静下来，热度在熄灭；在蓝绿色底上，红色就像炽烈燃烧的火焰；在黄绿色底上，红色变成一个冒失的、莽撞的闯入者，激烈而又寻常；在橙色底上，红色似乎被郁积着，暗淡而无生命，好像焦干了似的，如图 4-8 所示。

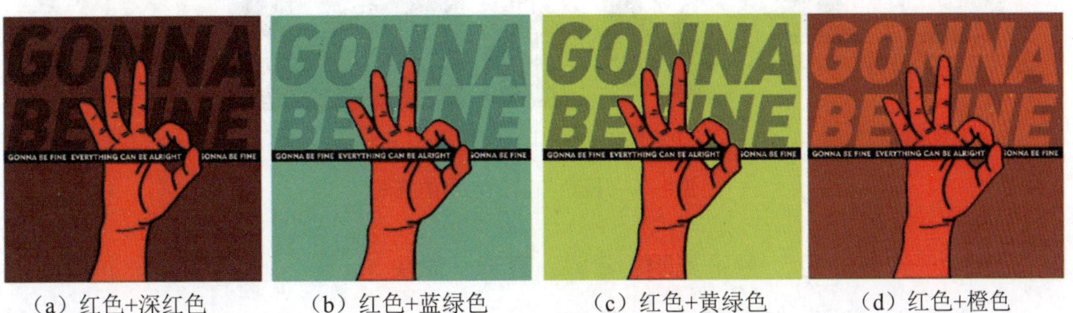


（a）红色+深红色　（b）红色+蓝绿色　（c）红色+黄绿色　（d）红色+橙色

图4-8 红色的色彩搭配

### 2. 橙色——警戒色，象征活力、青春、温馨

橙色是十分活泼的色彩，象征青春、活力、精神饱满和交谊性，它实际上没有消极的文化或感情上的联想，是所有颜色中最温暖的、最为明亮和鲜艳的，给人以年轻活泼和健康的感受，鲜艳的橙色温暖、温馨、令人陶醉，如图 4-9 所示。

图4-9　橙色

橙色混入黑色或白色，会成为一种稳重、含蓄又明快的暖色，橙色中加入较多的白色会带有一种香甜、滑腻的味道，食品包装多采用橙色，以吸引读者视线，刺激味觉系统的感应。图 4-10 为橙色与其他色彩的搭配：(a)橙色与土黄色搭配，二者色系接近，搭配起来更和谐；(b)橙色与无彩色搭配整个画面以无彩色黑白灰为主，橙色的出现，增加画面的跳跃感，层次分明，时尚醒目，让人印象深刻；(c）橙色与蓝色搭配可以形成补色对比，色彩强烈、响亮；(d）橙色和绿色搭配，对比强烈，让整个画面洋溢着一股春天的气息，给人新鲜、健康、朝气、有活力的感觉。

(a）橙色+土黄色

(b）橙色+无彩色

(c）橙色+蓝色

(d）橙色+绿色

图4-10　橙色与其他色彩的搭配

### 3. 黄色——醒目色，象征光明、希望、高贵、愉快

黄色是阳光的色彩，是亮度最高的颜色，具有扩张力，在高明度下能够保持很强的纯度，象征光明、希望、高贵。黄色有着金色的光芒，因此又象征着智慧、财富和权力，它是骄傲

的色彩。

图 4-11 为黄色的搭配应用：金灿灿的黄色象征着收获；黄色与蓝色色系搭配会产生淡雅宁静、柔和清爽的效果；黄色与红色色系搭配会让人热血沸腾，产生辉煌华丽、热烈喜庆的效果；黄色与黑色、紫色搭配，可以使黄色具有无限扩大的能量；白色在明度上与黄色接近，因此具有吞没黄色色彩特征的功能。

图4-11 黄色

### 4. 绿色——安全色，象征着平静、安全、青春、希望

绿色是大自然中最有生机的颜色，象征着平静、安全、青春、希望、健康、和平、安详、新鲜等。在大自然中，除了天空和江河、海洋的蓝色，绿色所占的面积最大，它是能使眼睛休息的色彩，如图 4-12 所示。

图4-12 绿色

黄绿色带给人们春天的气息，颇受儿童及年轻人的欢迎；蓝绿色是海洋的颜色、深绿色是森林的颜色，均有着深远、稳重、沉着、睿智等含义。在版式设计中，绿色所传达的清爽、健康、希望、生长的意象，符合了各个主题的诉求，在图 4-13 中绿色的应用给人体现了生态、清新的感受。

（a）

（b）

（c）

图4-13　绿色在版式中的应用

### 5. 蓝色——镇静色，象征和平、大海、纯洁、智慧、科技

蓝色是天空、大海的色彩，博大、深远，象征和平、永恒、安静、纯洁、理智。蓝色在现代是高科技的象征，在现代版式设计中，蓝色宁静休闲的理念常体现于高科技产品中。

蓝色代表平静、理智与纯净。浅蓝色明朗而富有朝气，为年轻人所钟爱；深蓝色沉着、稳定，是中年人普遍喜爱的色彩，充满着动人的深邃魅力。在版式设计中，设计师喜欢运用大海的蓝色来表达平静、惬意；若在蓝色中加入绿色，则又有一种森林的气息，清新里又增添一份神秘与从容，如图 4-14 所示。

图4-14　蓝色

### 6. 紫色——神秘色，象征优美、高贵、神秘、庄重

紫色是非知觉的颜色，给人印象深刻，象征优美、高贵、神秘、庄重、奢华的气质。淡紫色高雅；深紫色沉重、庄严；含浅灰色的红紫色或蓝紫色，有着类似太空、宇宙的色彩，优雅、神秘，富于时代感，广泛运用在现代生活中，如图 4-15 所示。

图4-15 紫色

约翰·伊顿教授对紫色的描述告诉我们，它可能是色相环上最消极的色彩，因为紫色是低明度的色彩，可以容纳许多淡化的层次。暗紫色加入少量的白色，就会成为优美、柔和的色彩，且白色加入得越多，紫色的层次会越丰富。家具的紫色里面加入了白色，显得浪漫而神秘，具有很强的女性特征，如图 4-16 所示。

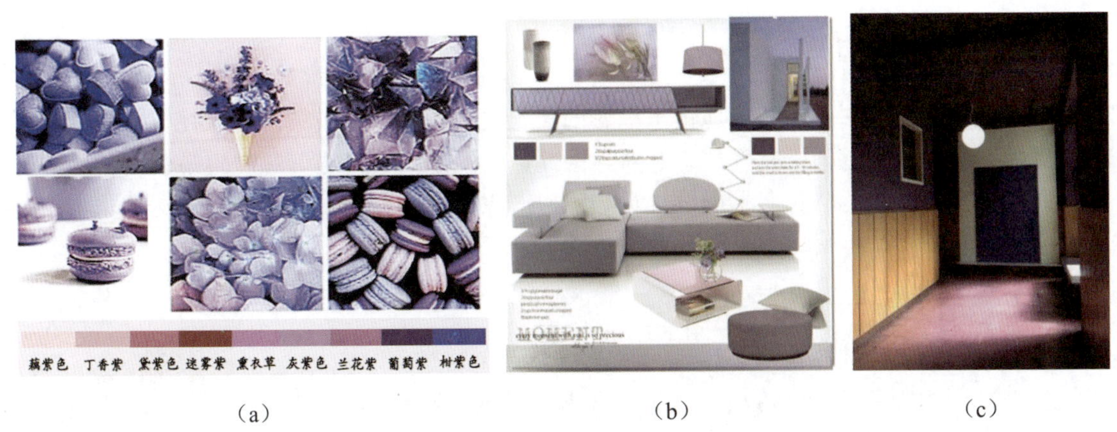


（a） （b） （c）

图4-16 紫色在版式中的应用

### 7. 黑色、白色、灰色——无彩色，象征深邃、寂静、严谨、纯洁、冷淡、高级

中国诗文讲究“绚烂至极，归于平淡”，朴素至极的黑、白二色也正是这种返璞归真、趋于平淡的美，凸显冷淡、简洁。黑色是睿智、沉稳的一种传达，白色是纯洁，灰色是含蓄，三色搭配和谐统一，如图 4-17 所示。

图4-17 无彩色（黑色、白色、灰色）

在版式设计中，常常用**黑色、白色、灰色**表示特定的主题，如冷淡、高级、怀旧、深邃、历史等。

如图 4-18 所示，用黑色、白色、灰色突出版式的内容，如干练、沉稳的家具产品，或者反对战争、呼吁和平的海报设计。黑色常作为底色引起视觉关注，在一些纪念性空间的设计和版式排版中也常用黑色或深灰色表达沉重的纪念和哀思的情绪。

（a）　　（b）

图4-18　无彩色在版式中的应用

## 4.2.3　色彩的知觉

色彩理论家夏特尔曾经明确地指出色彩的经验与情感或情绪相关，人靠视觉感知物体再到理性的记忆，而视觉则极易受情感左右，因此，神经系统在传达信息时容易受到情感的影响而发生改变。基于此，我们将探讨视觉与色彩产生的奇妙联系，以便于通过这些联系创造更美、更优质的设计作品。

### 1. 色彩的温度——冷暖

冷与暖，是人们的身体对环境温度的感受，在色彩学中，我们能根据看到的颜色感受到冷暖。根据感受到的冷暖，将色彩环上偏向温暖感受的色彩分为暖色系；将色彩环上偏向寒冷感觉的色彩分为冷色系。如图 4-19 所示，暖极为红色，色彩愈靠近暖极色感愈热；冷极为蓝色，色彩愈靠近冷极色感愈冷。色彩的冷暖既有绝对性，也有相对性，其中黄色和紫色既寒又暖，这与它们的色彩偏向及所处的环境有关，当黄色偏绿调或者蓝调时则显得冷……

图4-19　色彩的冷暖

色彩的冷暖特性如下。

暖色波长较长，暖色系的色彩饱和度愈高，温暖的特性愈明显，一般表现为热情、积极、温馨、活跃、主动，枣红色的图片和橙黄色的图片，把人笼罩在一种热情、愉悦的氛围之中，如图 4-20 所示。

冷色波长较短，冷色系的色彩亮度愈高，其特性愈明显，表现为消极、安静、放松、冷静、沉着、薄弱、清透、忧虑、沮丧、凄凉、凉爽等，如图 4-21 所示。

图4-20 暖色

图4-21 冷色

在版式设计中，通常根据主题内容及作品传递的气质和风格确定色彩冷暖。图 4-22 为餐饮海报，为了引起人的食欲和兴奋激烈的情绪，选用视觉冲击力较强的红色和黄色。图 4-23 为了传达清凉、纯净的感受，在版式设计上选用了白色和蓝色。

图4-22 暖色在版式中的应用

图4-23 冷色在版式中的应用

### 2. 色彩的情绪——兴奋与冷静

“兴奋”与“冷静”是描述情绪和心理感受的词语。若我们面对一泓碧绿的湖水，就会有一种沁人心脾之感；若我们面对如烈焰般的红唇或挂满枝头的黄澄澄的果实则会情绪高亢，激动兴奋。这便是色彩给人们呈现出来的兴奋与冷静的情绪，如图 4-24 所示。

（a）兴奋

（b）冷静

图4-24 色彩的情绪

在版式设计中，运用色彩应当结合设计作品的主题和向受众传达的情绪。丰富、高纯度的色彩给人兴奋、积极、热烈的感觉，视觉冲击力较强，如图 4-25 所示。低明度和低纯度的色彩给人忧郁、平静、慵懒的感受，在视觉上比较平和，如图 4-26 所示。

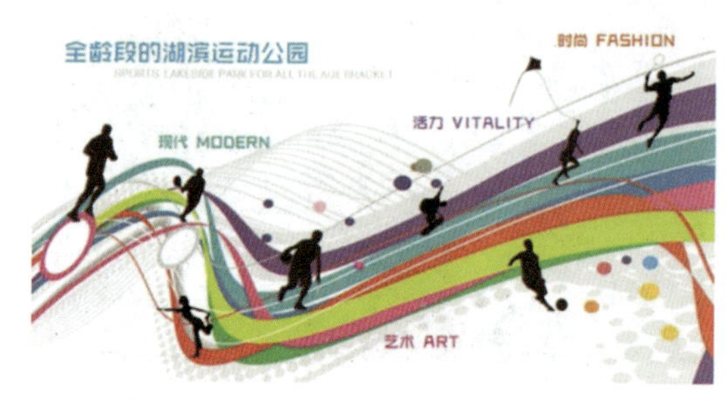

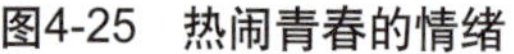

图4-25　热闹青春的情绪

图4-26　平静禅意的情绪

### 3. 色彩的空间——前进与后退

色彩的进退性是颜色的基本属性，不同的色彩会产生不同的距离感。色彩的进退感有助于图形知觉基本模式——“图像 / 背景”模式的建立，色彩的进退是提高视觉传达有效性的一种重要手段。图 4-27（a）为单色配色方案，从人物到背景颜色依次降低了色彩的明度，给人逐渐后退的印象；图 4-27（b）为人物图片与背景文字形成冷暖对比，在视觉上，暖红色近于高明度，蓝色近于背景蓝；图 4-27（c）运用了暖色（红色）、中间色（黄色）、冷色（蓝色）三色配色原理，使设计产生了前进感与后退感。

（a）单色

（b）红色+蓝色

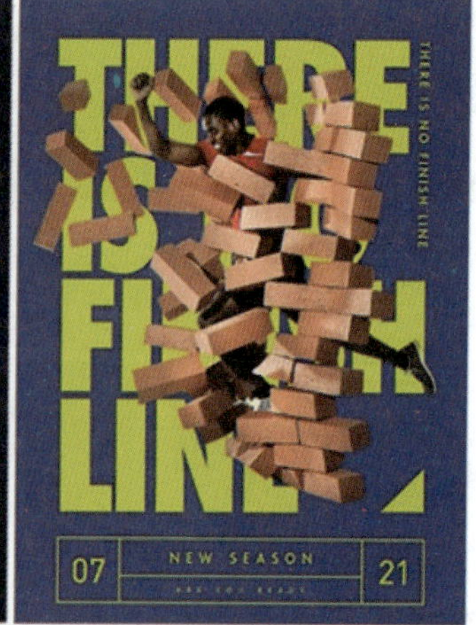


（c）红色+黄色+蓝色

图4-27　色彩的进退在版式中的应用

### 4. 色彩的体量——膨胀与收缩

色彩的膨胀与收缩，是指色彩面积或体积的大小关系，即使两个面积一样大的色块，也会在视觉对比中出现比原来大或者比原来小的现象，通常将看上去比原来大的颜色称为膨胀色，反之称为收缩色。大小相等的正方形，由于色彩差异，看上去面积不同，如图 4-28 所示。通常情况下，暖色趋于膨胀，冷色趋于收缩；白色较黑色的面积大，在视觉上有膨胀感；纯度高的色彩在视觉上有膨胀感。

在白背景衬托下的红色与蓝色，
红色感觉比蓝色离我们近，而且比蓝色大。

当白色与黑色在灰背景的衬托下，
我们感觉白色比黑色离我们近，而且比黑色大。

当高纯度的红色与低纯度的红色在白背景的衬托下，
我们发现高纯度的红色比低纯度的红色感觉离我们近，
而且比低纯度的红色面积大。

图4-28　色彩的膨胀与收缩

### 5. 色彩的重量——轻重

色彩的明度、纯度、色相都能影响色彩的轻重，其中明度影响最大。明亮色会形成上升、飘浮、轻盈的感觉，而暗色有下降、沉重、迟钝、安稳等感觉。

图 4-29（a）海报以白色为背景，周围景观为明度较高的蓝色，给人轻盈的印象；图 4-29（b）海报四周使用大面积的暗红色，中间图片部分使用大量的黑色，人物的颜色是偏暗的蓝色调，给人沉重的感官印象；图 4-29（c）海报四周使用大量的黑色与中间人物的面部形成暗和明的对比，在海报下部用灰白色突出人物的心理状态，运用色彩的轻重来突出沉重的感受。

（a）轻盈

（b）沉重

（c）均衡

图4-29　色彩的轻重

## 4.3 基础色、主角色与点缀色

主次分明、重点突出的版式设计，在色彩搭配上需遵循色彩的功能性规律。只有了解色彩的功能性，在色彩搭配过程中才能将色彩要传达的主题思想准确地表达出来。按功能色彩主要分为基础色、主角色与点缀色。

## 4.3.1 基础色

### 1. 概念

基础色又叫作背景色，是版面的基础颜色，是设计图形中的底色，在化妆中指的是肤色，如图 4-30 所示。在室内设计中是空间占比最大的色彩，它决定了空间整体的配色。环境艺术设计作品版面中的基础色，由于文字信息量大，常采用黑白色。

图4-30 基础色

### 2. 特点及应用

（1）在版式设计中，基础色最主要的作用是烘托版面的基调，突出主色及更好地体现主色的优点，帮助主色建立更完整的设计形象，在完成传达信息的同时使整个画面更加饱满。图 4-31 为乡村景观的设计，其运用牛皮纸的颜色作为版式基础色，与乡村的调性、文化符合，由此烘托出版式的主体形象。

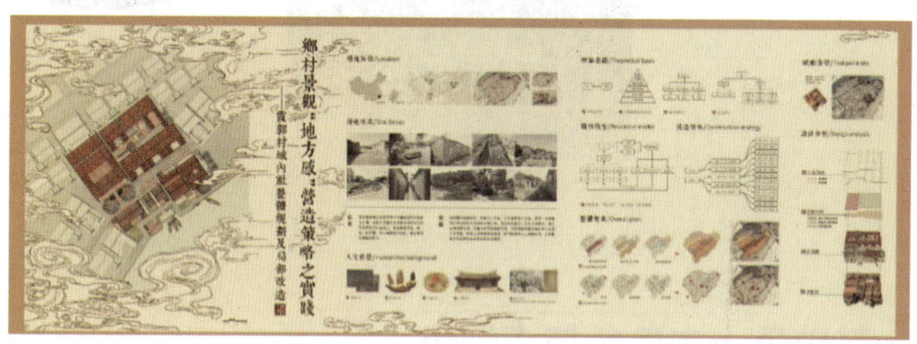


图4-31 乡村景观——基础色的应用

（2）基础色可以是一种颜色、一个色系，也可以是几种颜色的组合，有时甚至可在版面基底上添加纹饰，以突出主色的色彩、烘托整体版式的主题和氛围。

如图 4-32 所示，姑苏院子的文本封面在背景上加以传统的纹饰，既丰富了视觉，也很好地将项目的主体调性进行了烘托；图 4-33 为某地产文本，则是将项目设计图降低透明度，其背景是项目空间序列和脉络关系。

图4-32　姑苏院子

图4-33　某地产文本

## 4.3.2　主角色

### 1. 概念

主角色，顾名思义，就是占据空间中心的色彩或者整幅作品的主要色彩，它可以影响读者对整个作品的印象及作品想要传达的感受。就好比人的面貌既是区别人与人的重要因素，同时也影响留给他人的第一印象 。因此，主色可以为设计确定基调，基调也影响着作品所要传达的信息和风格。

在图 4-34（a）中，《太阳照常升起》海报的中央为女主角的妈妈，她耷拉着脑袋，在炙热的阳光下逆来顺受地走着，暗示时代的压迫和一种悲剧结局的无奈。整个版面以红色为背景，红色既是妈妈的红衣裳，是一个被命运折磨疯的女人对美的追求，也是儿子李东方在性启蒙时寻找的红天鹅绒布，还是唐雨林在被背叛后一枪开向李东方时浸染屏幕的血，更是给人希望又让人痛苦的太阳；在图 4-34（b）中，《一代宗师》的海报采用了黑白的色彩，黑白是“无”更是“有”，是具有中国传统哲学韵味的色彩，海报通过门洞的形状将主角的剪影框出，白色背景与人的剪影很好地突出了人物的形态，也给人无限的遐想。

（a）《太阳照常升起》海报

（b）《一代宗师》海报

图4-34　主角色的应用

### 2. 特点及应用

（1）主角色可以是一个颜色，也可以是单色系，是画面中面积大且纯度高的色彩。在图 4-35 中，绿色为主角色，墨绿色、红色为图片背景，褐色、柠檬黄色为点缀色，整个图片对比强烈，风格突出。

（2）当色彩面积相似时，纯度较高的色彩更夺人眼球，与更加吸引人们注意的颜色组合在一起便成为更为稳定的主色。如图 4-36 所示，其以橙红色系作为海报画面的主角色，插画式的人物形象和动物形象，配上活泼、鲜明的橙红色彩，点缀柠檬黄色、蓝色等，色彩丰富，画面统一，又不失活泼热闹。

（3）当画面的某一部分成为视觉中心的时候，视觉中心的色彩就会成为主角色。如图 4-37 所示，画面中蓝绿色占的面积虽然大，但因为红色的“KILLS!”字体及订书钉杀人流血的形象更为吸引人，构成了整个画面的视觉中心，所以红色就是此画面的主角色。

图4-35 主角色特点（1）

图4-36 主角色特点（2）

图4-37 主角色特点（3）

（4）主角色并不一定只有一种颜色，有时候也会存在双主色设计。双主色一般是两种色彩的面积等量或两种色彩的重量均衡等，可以给人留下深刻的印象。双主色的搭配，往往更具有个性。虽然在具体的版式设计应用中，构图的语言和方式有所差异，可以是垂直分割、横向分割及不规则分割，但在版面表达中缺一不可。

## 4.3.3 点缀色

### 1. 概念

点缀色是为活跃和点缀空间而存在的，可以是单一色彩也可以是多种色彩，但是从体量面积和作用上没有主角色强烈。点缀色可以装饰版面并为画面增添丰富的效果，其活泼醒目的特性能起到画龙点睛的作用。如图 4-38 所示，两幅图的主角色都为绿色，图 4-38（a）以红色作为版面点缀，并以红色上的白色图案及字体与绿色形成反差，使整个画面更加醒目、更加丰富；图 4-38（b）以绿色和白色为主，以高纯度的多种色彩作为点缀色，整个画面给人活泼、青春之感。

（a） （b）

图4-38　点缀色的应用

## 2. 特点及应用

（1）点缀色出现频率高，颜色跳跃，能很好地活跃版面，突出版面风格，如果点缀色过多，或点缀色的面积太大，就会在画面中形成特有的风格。丰富的点缀色形成活泼多彩的版面风格，如图 4-39 所示。图 4-39（a）为乌镇戏剧节的海报设计，多样的色彩很好地渲染了戏剧的热闹氛围及斑斓多彩的新世界；图 4-39（b）为某体育公园设计概念的分析，其运用多样的点缀色烘托版面中的各项活动及主题，使整个画面的效果更加生动活泼。

（a）写镇戏剧节海报　　（b）某体育公园设计

图4-39　点缀色的应用

（2）点缀色可与其他色彩形成反差，引导阅读视线，突出版面重要信息。在文字信息量较大的版面或背景色彩丰富的版面中，点缀色可引导阅读视线，如图 4-40 所示。

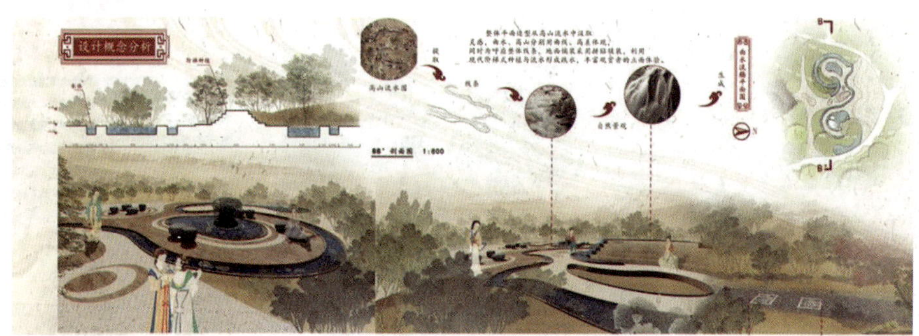

图4-40　点缀色的应用

## 4.4 影响版面色彩搭配的因素

在版式设计中，色彩作为最活跃的元素，能快速地营造版式的情绪氛围，有着先声夺人的效果。只要掌握色彩的语言，抓住色彩的不同心理感受与联想，同时灵活运用，就能取得和谐优美、令人难忘的视觉效果，创作出优秀的平面设计作品。

### 4.4.1 消费对象（受众群体）

版式设计首先要考虑色彩定位，如消费者的年龄、性别、职业、文化程度、经济状况等因素，都会影响消费者的消费行为，而色彩是产品给消费者的第一印象，因此色彩的选择很大程度上取决于产品针对的消费群体。

#### 1. 年龄

人在不同的年龄对色彩的喜好不同，如图 4-41 所示。儿童通常比较喜欢明度高、纯度较高或适中的配色组合；少年通常喜欢明度较高、纯度适中或偏低的色彩；青年人通常更喜欢明度和纯度都适中或偏低的配色；中年人比较喜欢明度与纯度都偏低的配色；老年人通常喜欢明度和纯度都非常低的配色。

图4-41　不同年龄对色彩的喜好（自绘）

因此，在设计服务不同年龄的消费对象的作品的时候，应选用合适的色彩。图 4-42（a）的海报通过图片和字体可以很明显地看出其主题是关于儿童的，使用的都是纯度和明度比较高的色彩组合；图 4-42（b）海报的主题是“摇滚青春恋习曲”，搭配的人物图片也是青年男女，使用的是纯度和明度都适中的色彩组合；图 4-42（c）海报的画面主体是一个老爷爷，整个画面色调非常暗，使用的是纯度和明度都较低的色彩组合。

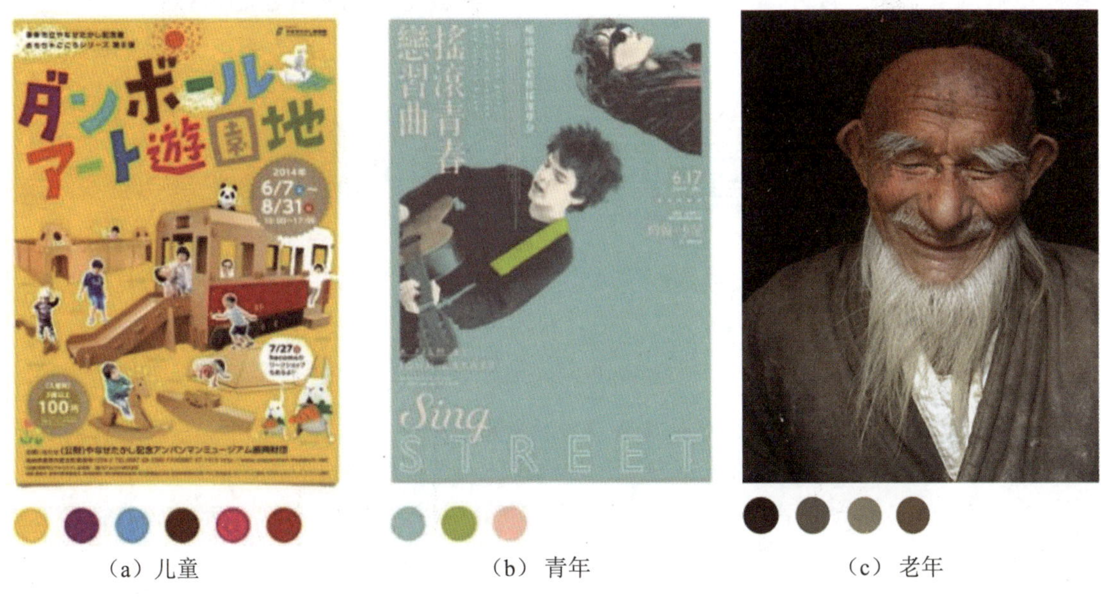


（a）儿童　　（b）青年　　（c）老年

图4-42　不同消费群体色彩版式作品

2. 性别

在通常情况下，男性比较容易接受蓝色、青色、绿色等冷色，以及黑色和灰色等无彩色；而在色调的偏好上，男性更偏向于淡浊色调、浊色调和暗色调的色彩，如图 4-43 所示。与男性相反，女性更喜好红色、橙色、紫色、粉色等暖色；而在色调的偏好上，女性更倾向于淡色调、明色调和纯色调等较为艳丽的色彩，如图 4-44 所示。

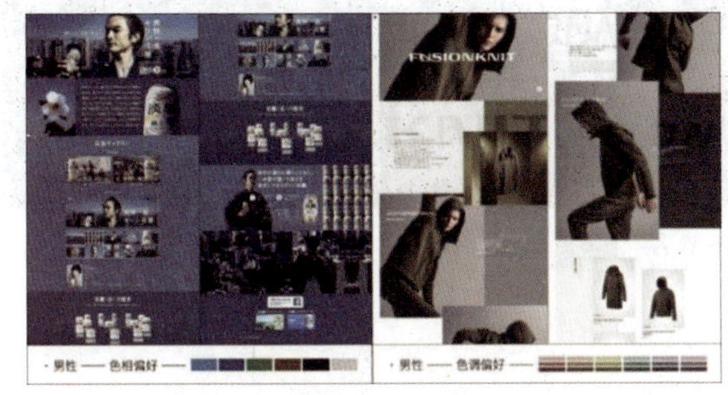


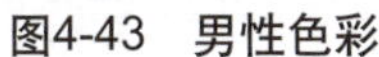

图4-43　男性色彩

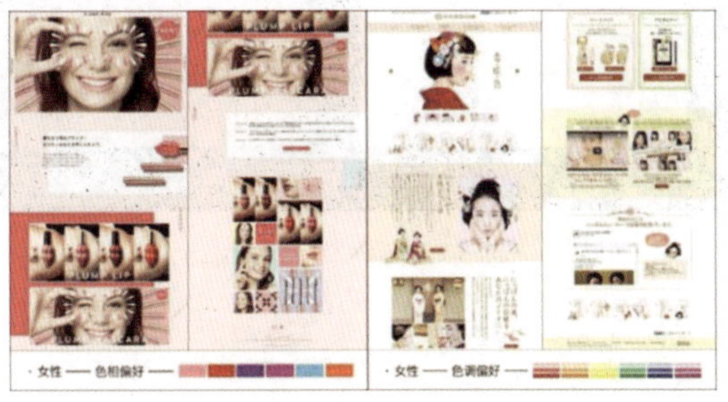


图4-44　女性色彩

### 4.4.2　项目的性质及风格

在环境设计中常根据设计项目的性质及风格选择版式设计的色彩。一般商场、儿童游乐园、体育公园等人流较大、场地活动众多的项目，多会选择色彩丰富的表达方式和纯度较高的色彩，如图 4-45 所示；而侧重于传统文化、有禅意、有韵味的设计项目，在版式设计上多采用纯度较低、明度较高的色彩，采用较为淡雅、留白较多的表达方式，如图 4-46 所示。

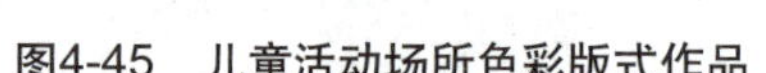

图4-45　儿童活动场所色彩版式作品

图4-46　某地产项目色彩版式作品

## 4.4.3　项目元素与理念

在版式设计中，常常从设计对象本身寻求色彩间的联系。如提取设计元素、设计对象的象征性颜色，综合设计理念及设计方案要传达的设计主题确定版式的色彩。

图 4-47 为《成都十大名小吃》书籍版式，该书介绍当地美食小吃，书籍的版式色彩主要选用中国红，一方面能很好地引起读者的注意，刺激读者的视觉神经；另一方面，与成都地区的小吃多以辣味为主相符合，版式的色彩与菜品的色彩协调一致，在视觉上将菜品的口味抢先一步传达了出来。

图4-47　《成都十大名小吃》书籍版式

图 4-48 为《长白山养生草药》书籍版式，该书主要介绍中药材的养生价值和作用。书籍版式的主色调为绿色，给人生态、健康的感受，墨绿色的封皮配上郁郁葱葱的森林，更显示出中草药生长环境的原始和健康。绿色也是提取的书籍主要产品——草药的色彩，设计的协调统一性较强。

环境设计的版式色彩也常常采用此种方法。图 4-49（a）为海绵城市的设计，选取了象征健康的绿色作为版面的主要色彩；图 4-49（b）为安徽徽州某售楼部的设计，文本及项目空间的设计，提取徽州粉墙黛瓦的灰色调作为版面的主要色彩，有效地突出了项目风格及设计元素。

图4-48 《长白山养生草药》书籍版式

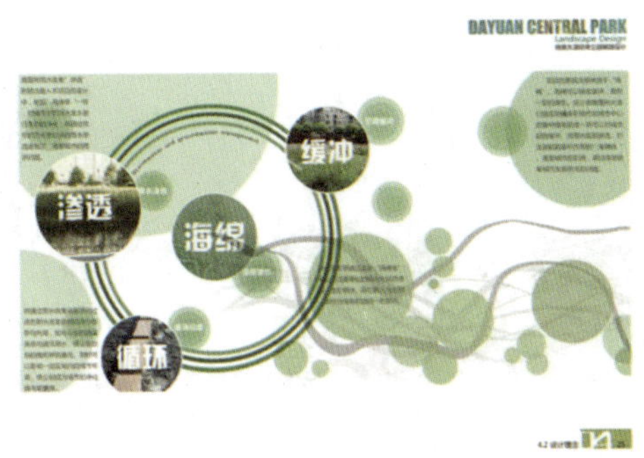


(a) 海绵城市的设计

(b) 安徽徽州某售楼部设计

图4-49 版式色彩反映主题

## 4.5 用色彩突出主题

在版面设计中，色彩的搭配与设计的主题息息相关。良好的色彩搭配可以使读者第一眼就能感受到设计主题所要表现的氛围和感觉，并强化设计要传达的信息，让读者产生心理上的共鸣，从而较好地吸引人们的注意力，引起人们的兴趣。

### 4.5.1 用色彩对比突出版式主体

色彩存在对比，将对比鲜明的色彩搭配运用，如色相、透明度、饱和度的反差，可给人以强烈的感觉。如色相对比、明暗对比和提高纯度等。当然，色彩的反差有强弱之分，强反差能让人紧张专注，弱反差能让人舒缓轻松，这要根据设计的目的、主题来灵活使用。

#### 1. 色相对比

色相环中的邻近色相和类似色相搭配运用能够增强画面的统一性和协调性，而我们所说的色相对比通常是指互补色或对比色之间的对比。图 4-50 为居住区滨水空间设计，版面提取了秦淮河上花朵的色彩，既与元素有很好的呼应，又有较为明显的色彩对比，美观清晰。

除此之外，在环境设计的分析图中，为突出重点内容常用色相差距较大的色彩进行表达。图 4-51 因为色相差距较大，具有较强的视觉冲击力。在运用色相进行对比的时候，要注意降低各个色彩的纯度及各个色彩的面积比例等。

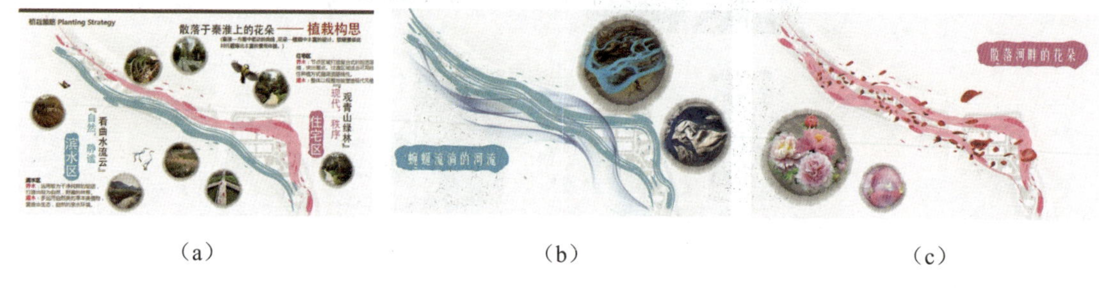


（a）　　（b）　　（c）

**图4-50　居住区滨水空间设计**

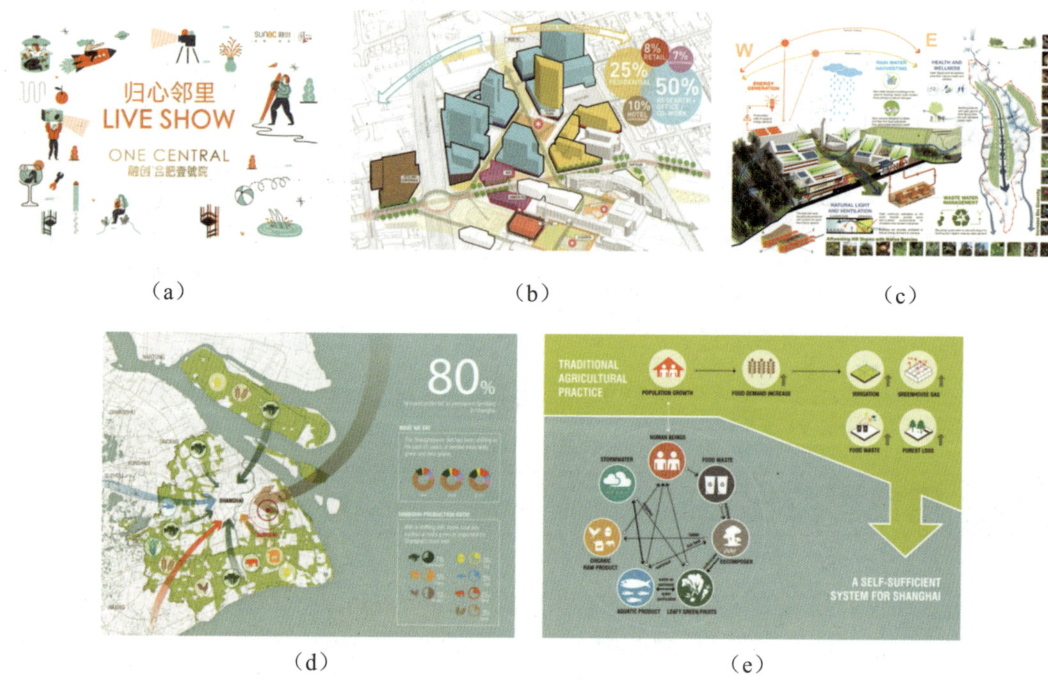


（a）　　（b）　　（c）

（d）　　（e）

**图4-51　色相对比突出主题**

## 2. 明暗对比

在版式设计中，最容易凸显视觉差异的就是明暗对比。在强调某种特定的要素时，可以在版面中添加明暗对比。

1）利用明暗对比吸引视线，突出重点

色彩中最明亮的是白色，最暗的是黑色，在环境设计作品的版式设计中，背景常与图形或文字通过明暗对比的方式突出主体内容。如图 4-52 所示，版底为黑色，文字及图形信息为灰色和白色，通过对比较好地展现了主体内容。

2）利用明暗对比增加字体及版面空间层次感

明暗对比可构成画面的纵深层次，呈现远近的对比关系，从而突出重点内容或者艺术风格。图 4-53 中的色彩的明度变化使字体、图形呈现立体感，如果将明暗关系取消，版式中的图形就会变成纯扁平状，画面的空间感就会消失，整体的效果就会偏差。

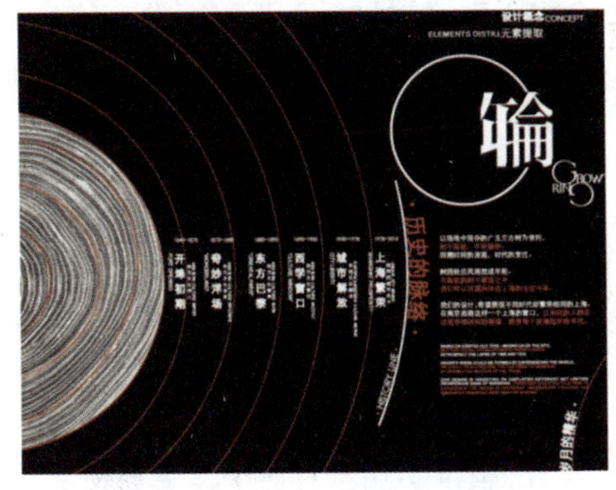


图4-52　色彩明暗对比突出重点

图4-53　色彩明暗对比突出空间感

## 3. 提高纯度

在进行配色时，有时提高重点区域的色彩纯度是最有效的方法，让主题配色鲜艳起来，并能与背景和其他内容的配色相区分时，就可以达到突出主题的目的。

图 4-54 为武汉某景观空间设计，为了突出表达重点设计区域，设计的重点内容运用了高纯度的橙色，画面重点区域表达清晰。

图4-54　武汉某景观空间设计

## 4. 有彩色和无彩色对比

在版式设计中，可通过有彩色和无彩色的明度对比来凸显主题。例如，背景色彩比较丰富，而主要内容是无彩色；或者降低背景的色彩明度，提高主体色彩的明度或纯度。只要增强色彩的差异，就能提高主题色彩的强势地位。在景观设计版面中，常利用去除背景底色的方法制作分析图。图 4-55 去除了设计主题空间图的颜色，结合彩色的剪影人物，形成比较新颖的表达形式，无色相的色彩环境更好地凸显了各个区域的设计思路。

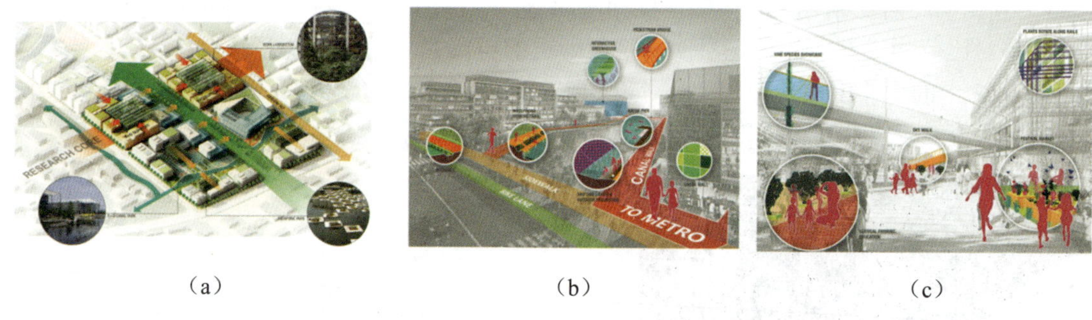

（a）　　　　（b）　　　　（c）

图4-55　有彩色和无彩色对比

## 4.5.2　用色彩协调法促进版面均衡

要表达一个主题信息，首先要确定设计主体，通过放大主体要素、缩小次要要素，让主体要素成为视觉中心，以表达主题思想。在利用此法进行色彩搭配的时候需要注意以下几个方面。

### 1. 突出主角色

色彩的主角色是配色中最主要的部分，它能使主题明显起来，形成宾主明朗、主要要素突出的关系。在配色过程中，为了改进设计单调、乏味的状况，增强活力，通常在版面局部设置强调突出的主角色彩，以起到画龙点睛的作用。如图 4-56 所示，两个图皆为旧厂房改造的设计项目，工业遗址的更新强调对土地再生能力的创造，对场地工业文明的保留发扬，版面设计选用了深锈红色作为版面的主角色，适度、适量的色彩搭配在人们的视觉上恰到好处地对空间性质进行了传达，使读者的心理上得到最大限度的美感与满足，较好地将旧工业区的面貌、元素与版面色彩进行融合。

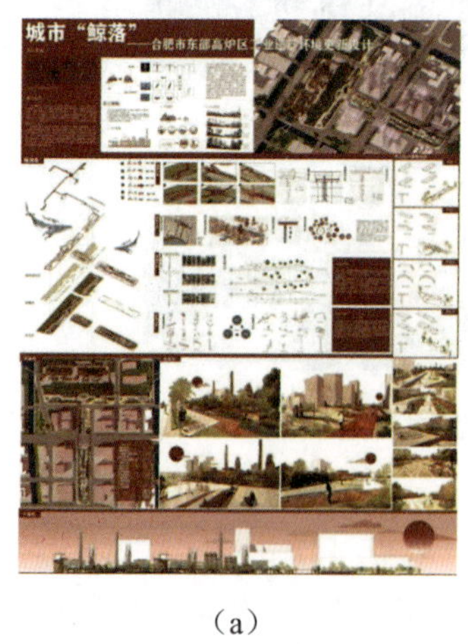

（a）

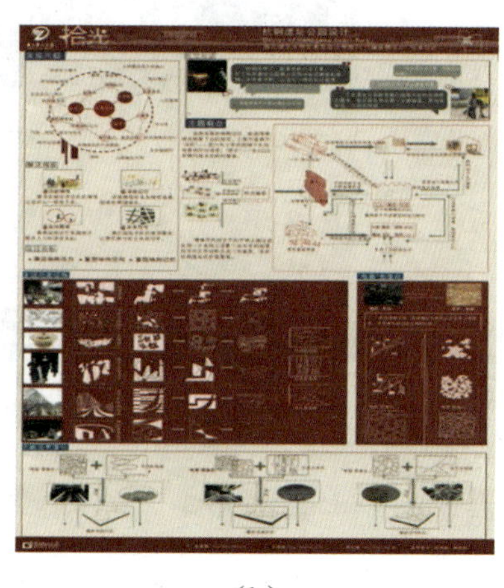

（b）

图4-56　色彩和主题相一致

### 2. 选对基础色、点缀色

基础色是色彩表现主题的基础元素，基础色需要与版式主题相匹配，在环境艺术设计作品的版式表达中，基础色以黑色、白色、灰色等无彩色最为常见。颜色的具体搭配可以根据设计主题确定。图 4-57 是未来社区的概念设计项目，版面采用蓝色作为主角色，基础色选用灰色和白色，点缀色选用与主角色彩差异较大的暖色调，如橙色、黄色、红色等，使版面色彩形成差异，整个版面的排布用色大胆而活泼。

（a）

（b）

（c）

图4-57　蓝色运用：未来社区

### 3. 根据主题选择合适的色彩关系

突出主题的色彩往往比较鲜艳，在视觉上占据有利位置，但并不是所有设计作品都采用鲜艳的颜色去突出主题。色彩的搭配及色彩纯度、明度都会影响版面主题的传达。

（1）根据色彩印象选择合适的色彩。在配色中，若主题使用素雅的色彩进行突出强调，就要对主题色以外的辅助色和点缀色稍加控制。

如版面为有文化底蕴、有禅意的风格，若选择一些色彩纯度较高的色彩显然不合适。图 4-58 为道观文化景观设计，主角色选用了朱红色，基础色采用有肌理的米黄色系，点缀色纯度较低，融合在版面里，整个版面有浓浓的文化韵味。

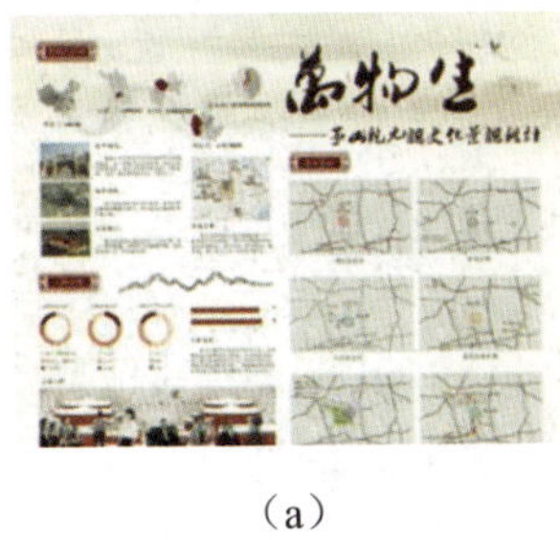

（a）

（b）

（c）

图4-58　中国红运用：万物生

（2）当设计主题和设计理念想要表达清新、明快、天真、梦幻、甜美、轻柔这类的感受时，宜选择高明度、低饱和度的色调。

图 4-59 为“小春日和”居住区景观设计，“小春日和”的意思是春日寄语、微风和煦、晴空万里，所以版面运用高明度的粉红色、蓝色、白色等作为版面的主要色彩，这些色彩给人的视觉冲击力相对弱一些，在版面上呈现空气清新、美好柔和的感受。

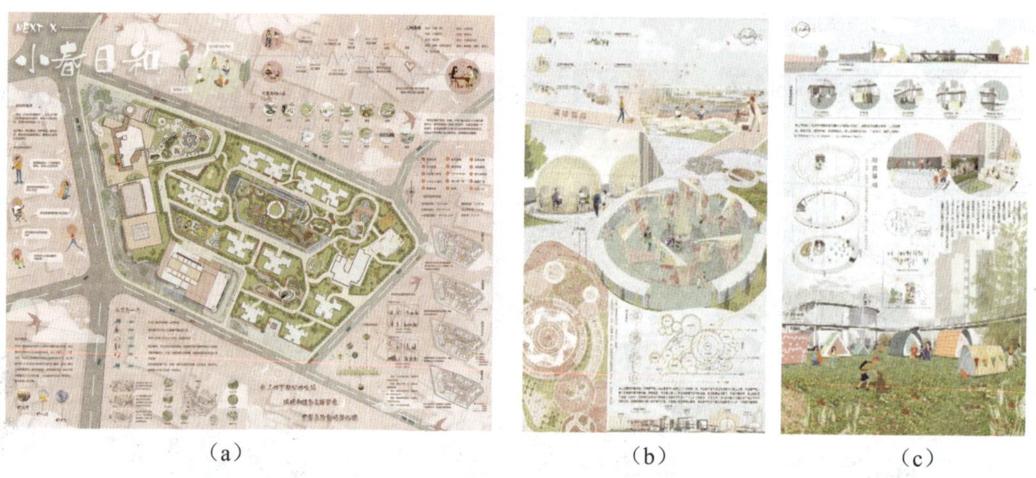


（a）　　（b）　　（c）

图4-59　高明度运用：小春日和

（3）在环境设计版式中，图纸的体量占版式的主要面积，版面构成的效果风格与单幅图纸的设计有关，如一些传统文化、古典园林场所的设计，可以运用中明度、中饱和度的牛皮纸色作为主要色彩，体现端庄、古典、辉煌的感受。图 4-60 为避暑山庄的复原设计，版面基础色就是白色，图纸采用米黄色的牛皮纸，版面如传统古画徐徐展开，很好地反映了场地的性质。

图4-60　避暑山庄的复原设计

（4）在表达严肃、庄重、朴素、厚重、传统、萧瑟等主题和感受的空间设计时，多选用低明度、低饱和度的色彩，甚至用明度较低的无彩色作为版面的主要色调。

图 4-61 所示为无垠——成都十二桥烈士墓改造项目的版式设计，项目想要体现当下社会群体的记忆断层和体验缺失，以及被忽视的纪念，因此整体运用深沉的色调与主题空间——烈士墓呼应，运用黑色、灰色等体现凝练与重现，像沉默的致辞——我们为什么注视，为什么流泪和不安？图 4-62 也是一个墓地设计，同样采用了明度较低的无彩色，版面氛围与设计空间的性质吻合度高。

（5）在表达时尚、热闹、迷幻、活力等空间主题的时候，版面的色彩多选用纯度较高、饱和度较高的色彩。图 4-63 所示为某公园式商业场所的设计文本，版面用高饱和度的色彩插画反映商业区的衣、食、住、行，烘托了商业区时尚、热闹的氛围。

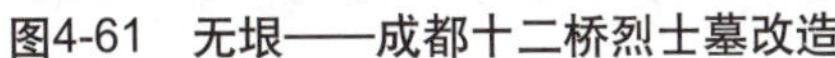

图4-61　无垠——成都十二桥烈士墓改造

图4-62　人类墓碑

（a）　（b）　（c）

图4-63　云都·未来汇文本版面

图 4-64 所示为“漫步星云”沉浸式互动体验空间设计，表述的是在各类高端技术支持下，多媒体与传感技术两者结合促使消费者选择并修改虚拟空间，方案满足现阶段多维度消费者的各项需求，沉浸式设计与星际元素的相互融合，达到交互体验的目的。其版面表达与星际、沉浸式等主题相一致。该版式设计色彩丰富，点缀白的圆点，既有效地与“星际”主题相呼应，也更好地维护了版面的秩序与统一。

（a）

（b）

图4-64　“漫步星云”沉浸式体验空间设计

## 4.5.3 用色彩构图划分版面，增强版面可读性

所谓视认性是指眼睛辨识作品要素形状的程度，可读性是指文字便于读取的程度。

增强版式设计“视认性”或“可读性”，需要考虑可读内容与环境主题的差异性。色彩对比小的组合，其视认性和可读性都会降低。为了更好地表现设计主题，采用增强版面可读性的方法有以下几种。

### 1. 用色彩引导阅读

色彩除了丰富版面、传达主题等作用外，还具有快速建立信息逻辑、引导视觉流程的作用。色彩的色相、位置、方向、形态等特征使色彩具有指引作用，也使版面的视觉流程更加清晰、流畅。

（1）在环境设计的版式设计中，图面反映的信息量通常较大，我们可以通过色彩的色相关系快速建立信息的逻辑关系，图4-65所示为功能分析图，由于场地面积大，图面通过分层和色相的差异，清晰地将场地的功能板块展示出来。

（2）对于信息量较大的版面，可通过色彩有方向感的元素、图形等建立视觉流程。如图4-66所示，由于版面要表达的内容较多，所以设计师巧妙地使用色块和图形统领各个区域，从而建立了较为清晰的视觉流程。

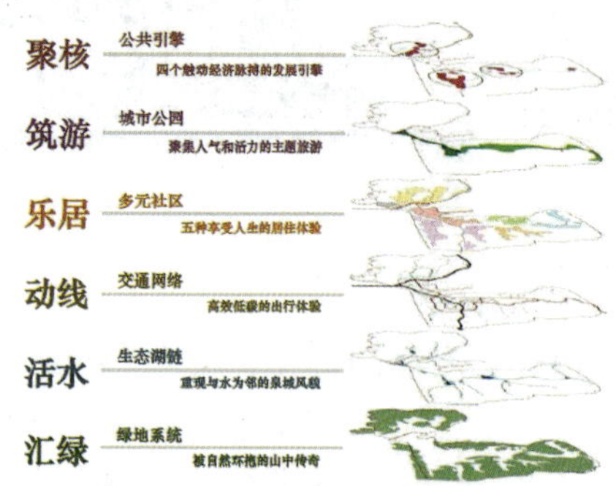


图4-65　用色彩建立逻辑关系（1）

图4-66　用色彩建立逻辑关系（2）

### 2. 从图片提取色彩

版式设计中通常会从图片中提取文字色彩。图片本身包含了丰富的色彩，最简单有效的方法就是从图片中根据版面风格选取文字颜色。图4-67所示为《北京故宫》的设计版面，“北京故宫”四个字的色彩就是从建筑彩漆上提取的；图4-68所示为乡村景观设计版面，图中的文字图标的颜色是从环境的色彩中提取运用，增强了文字、图标、图片的统一性，增加了版面的设计感。

除了吸取单一色彩作为版面字体的颜色外，版式设计还常常会利用图面色彩创造颜色渐变的字体，以形成版面的统一风格。图4-69所示为某售楼部设计版面，是一个以曲溪岛影为主题，以烛花幻影、萦回扁舟、镜月碧心、潋滟浮洲为名称的四个空间场景的售楼部文本扉页的设计，版面根据主题确定色彩，图面色彩与文字统一呼应。

### 3. 用色彩划分版面

色彩为版面的构图增添了许多魅力，用不同的底色色块可以将版面划分成多个区域，既

能美化版面，又兼具实用功能。

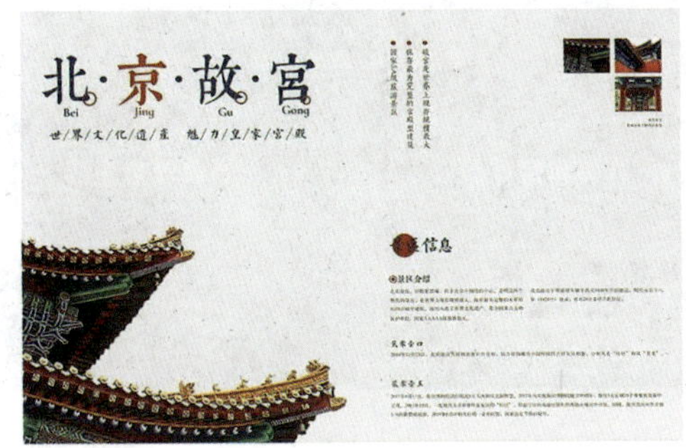


图4-67 《北京故宫》设计版面

图4-68 乡村景观设计版面

（a）烛花幻影

（b）萦回扁舟

（c）镜月碧心

（d）潋滟浮洲

图4-69 某售楼部设计版面

1）跨页版面

两个主题或者两个对比的主题，宜采用跨页设计的展现方式，可以利用不同主题的关键色来设置标题文字的颜色与底色，然后以这两种色彩为设置主轴，完成版面的设计。将两部分的色相、明度、纯度等做差异处理，从而创造出对比性，凸显主题内容，如图 4-70 所示。另外，如果将版面设置成对称的版式，能更进一步强调主题之间的对比与融合。

2）横向和纵向划分的版面

根据版面表达的内容也可以进行横向、纵向的版面划分。

根据版面讲述的主题运用相应的色块，将版面的所有内容进行横向的划分，结合色块表达，使版面设计区域内容清晰明了，如图 4-71 所示。

（a） （b）

图4-70 跨页版面应用

（a） （b）

图4-71 色彩横向版面

利用纵向构图将版面根据主题和内容进行划分，每一主题配以渲染氛围的图片，加强图文信息传达的明确性，如图 4-72 所示。

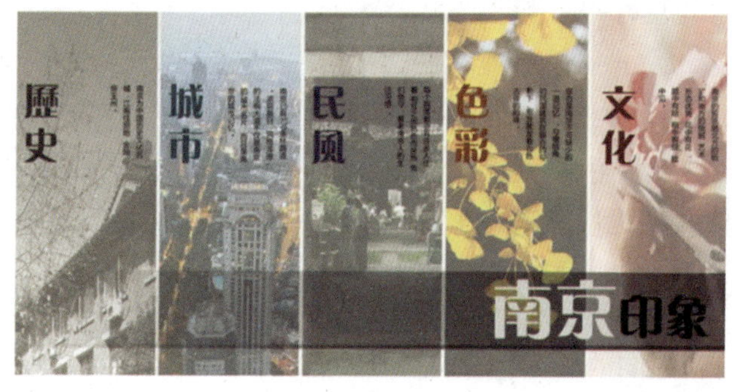


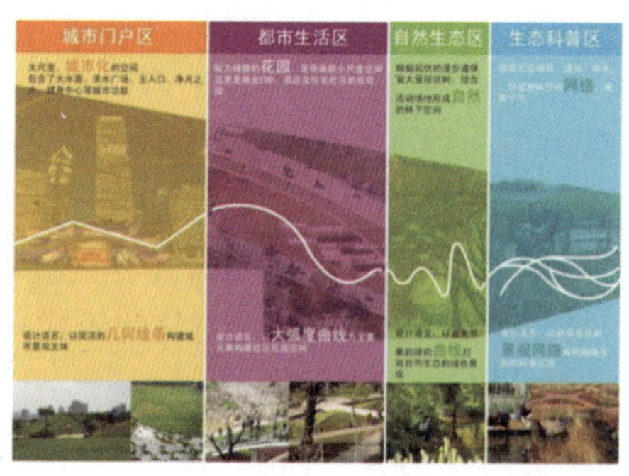


（a） （b）

图4-72 色彩纵向版面

3）错位排布的版面

使用不规则底色形状，把两个相连色块刻意错开，或者把图片与文字的位置互换，可以打破图片的规整效果。这种排版由于有一定的规律，不会对视觉流程造成太大影响。版面利用不规则色块进行切割，突出了版面各个板块的内容和主题，如图 4-73 所示。

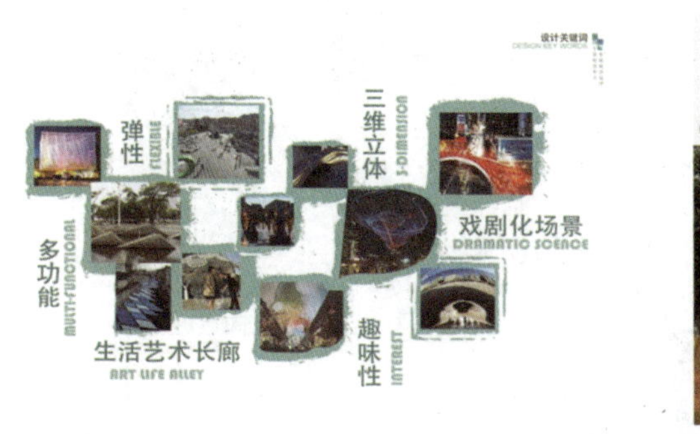


（a）

（b）

图4-73　错位排布的版面

4）网格均衡划分版面

结合构图用多种底色进行不规则的镶嵌切割，做满版背景，能够有效地分割版面中的内容区域，使版面更加灵活。虽然排版图片大小不一，但由于各个图片对齐，所以版面依然整洁，不仅如此，还可以增强画面的设计感和形式感。运用鲜艳的底色明确划分版面，形成独特的韵律美，如图 4-74 所示。

（a）

（b）

图4-74　网格均衡划分版面(1)

图 4-75 的版面则使用同一色相来划分区域，根据版式排版，以及设计素材的色彩进行排布，版面用色大胆，表现形式新颖，内容区域明确，给读者一种活跃、富有激情的感觉。值得注意的是，网格均衡划分版面在排布的时候需要考虑图面主题、设计的逻辑关系等，正确把握版面的韵律关系，可使版面主题明确，重点突出。

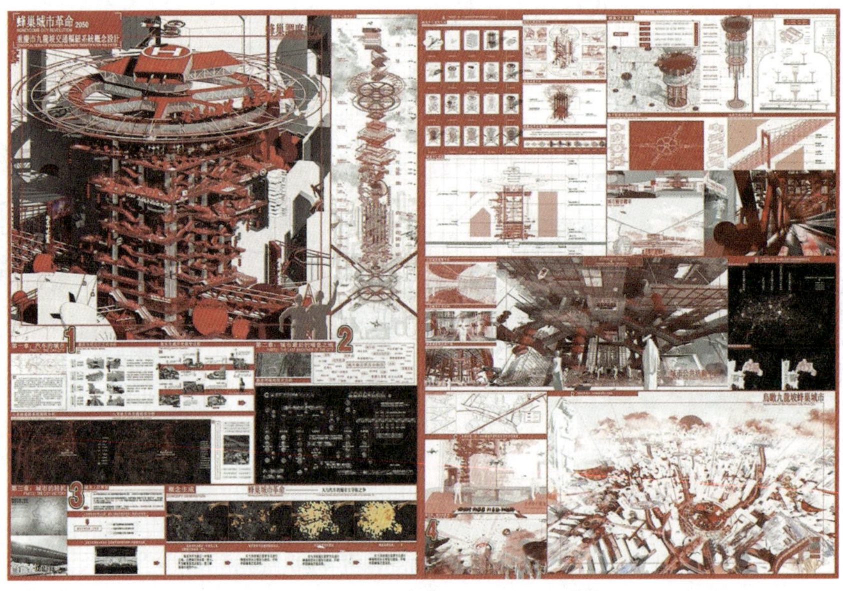


（a）

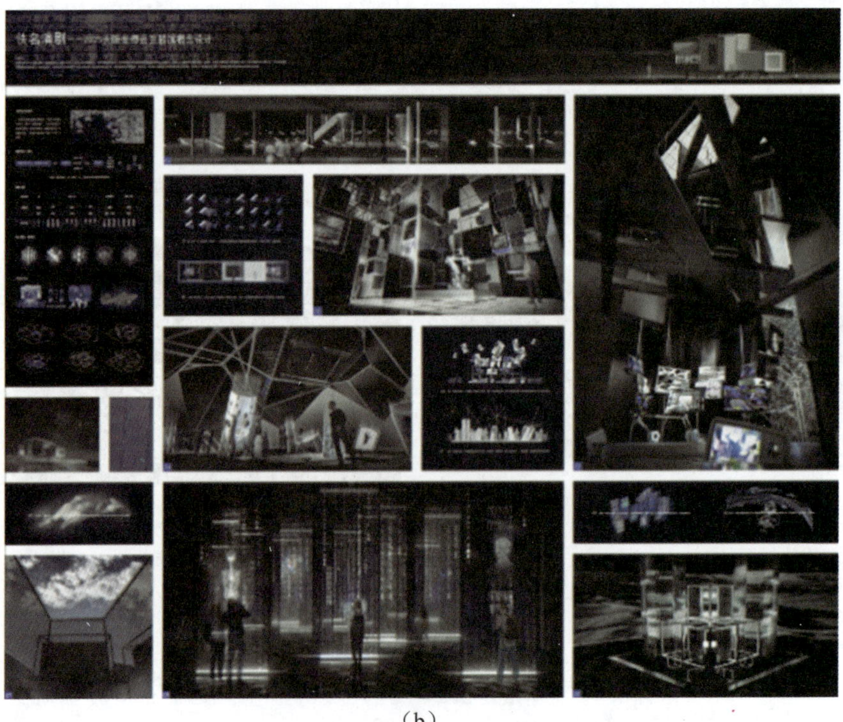

（b）

图4-75　网格均衡划分版面(2)

## 本章练习

1. 分析图 4-76 中的版式作品的色彩关系是怎么样的，分析什么是该作品版面的基础色、主角色和点缀色，分析作品选择该色彩的原因。

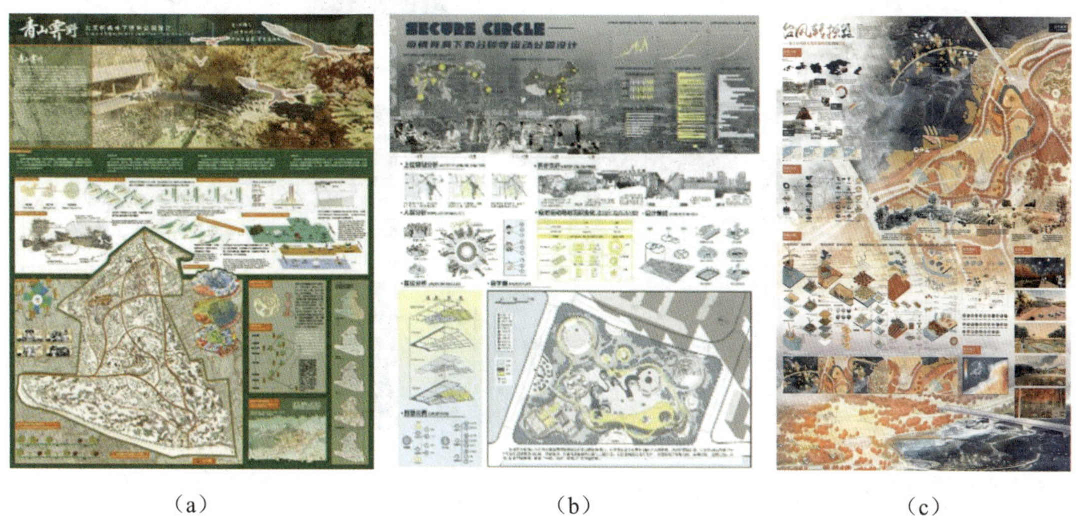


（a）（b）（c）

图4-76　展板设计

2. 分析图 4-77，为作品选择对应的主题，并说明影响版面色彩的因素，以及作品是如何突出主题的。

（1）简洁、朴素、厚重、干练。

（2）清新、明快、天真、轻柔。

（3）有文化底蕴、有禅意。

（4）时尚、热闹、活力。

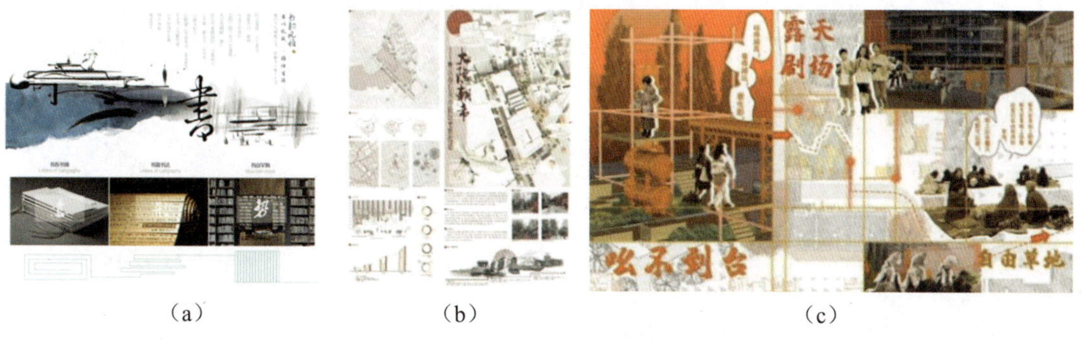


（a）（b）（c）

图4-77　主题版面

（d）（e）（f）

（g）（h）（i）

图4-77　主题版面（续）

# 第5章

# 方案版式中图片的运用

学习重点及目标

- 图片的合理选择与运用。
- 图片大小的调整与图片分辨率的调整。
- 图文混排如何处理。
- 图片的信息传达功能。
- 掌握图片在版面中的整体性。

图片是方案版式构成的重要基础，能够直观地将设计信息传达给读者。图片的视觉冲击力比文字大，是设计的灵魂，文字通常作为图片的说明阐述内容，图片能让读者获得更直观的感受，具有直观性、形象性、真实性和艺术性的特点。对于读者而言，图片可以更直接地吸引读者的注意力，虽然图片在形象吸引力上不如动画视频，却远超文字。

## 5.1 图片的选择与处理

在版面的编排上常常从图片的大小、比例、数量、层次、叠压、透明等方式上考虑。大图片占据版面面积大，常常能通过放大的清晰细节来烘托气氛，视觉冲击力强；而小图片面积小，常以多数量群集的方式出现，编排以后形成 一定的视觉流程。大小图片可以以一定的关系出现，如面积、比例、位置的强烈对比，这些对比可强化版面的视觉效果，还可以通过图片间的叠压或一些特殊效果（透明等）来制造版面的层次感。

### 5.1.1 从图片类型进行选择

图片有多种分类方式，在不同的版面中要选择不同种类的图片。图片放置的先后顺序是使方案版式更美观、更优秀的前提。

#### 1. 依据图片内容分类

在版面中，图片能够传达设计信息的主题，让读者对版式内容产生一定的联想，不同的图片反映和阐述不同的版面主题信息，不同的版面也需要不同形式的图片进行表达。在版式设计中，要掌握选择图片的技巧，灵活运用图片，注意不同图片的运用方法。图片按内容可分为写实类图片、夸张类图片、抽象类图片、符号类图片、文字类图片等。

1）写实类图片

写实类图片是直观表达主题的写实照片，在版式中给人以亲切感，内容是现实生活中的物件、景象，常作为装饰画出现在版式设计中，使设计信息简洁、直接、准确、一目了然。如图 5-1 所示，《旅读中国》的宣传海报采用当地特色风景的照片为底图，以吸引读者视线，并加以文字信息说明点缀。

2）夸张类图片

夸张类图片可使版面艺术性更强，形成鲜明对比，常通过改变原有设计元素体量突出设计主题赋予版面生动新奇的设计效果，给读者带来丰富的想象空间。图 5-2 将家具设计成气球，使其飘浮在空间。图 5-3 把人的手夸张放大，将生活中的桥梁和马路比喻为可弹奏的乐器，画面生动有趣。

(a)

(b)

(c)

图5-1　《旅读中国》海报

图5-2　家具海报

图5-3　夸张海报

3）抽象类图片

抽象类图片用概括的手法体现设计主题，使版面具有想象空间，耐人寻味。点、线、面设计元素的抽象组合，可引导读者读取信息，使版面新潮时尚，异于常规。在同等大小的情况下，抽象图形的表现力强于写实图形，这是因为简单的图形更容易记忆，人天生对简单的图形敏感。图 5-4 为写实图片的表现力与抽象图片的表现力强弱对比。图 5-5 以“浮”为主题，用曲线抽象出具有想象空间的飘浮的丝带和线网。图 5-6 表现重阳节登高望远，将山体抽象化。

张三
李四

图5-4　写实图片的表现力与抽象图片的表现力强弱对比

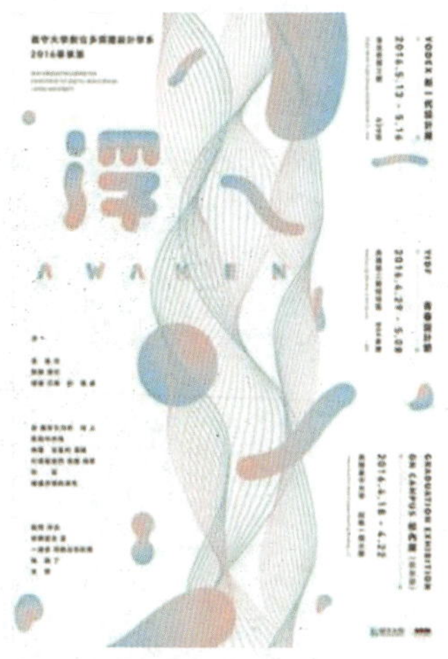


图5-5　抽象图片

图5-6　山体抽象图片

4）符号类图片

符号类图片是提取最具代表性的图形设计成图形符号，具有象征性，能清晰表达主题，高度概括、分析提炼设计事物。符号图形能引导、暗示读者产生联想，体现设计主题，帮助读者形成视觉记忆，突出图形的记忆点。第 28 届中国金鸡百花电影节海报将鸡的形态与字形结合设计出象征性的图形符号，体现海报设计的主题，如图 5-7 所示。

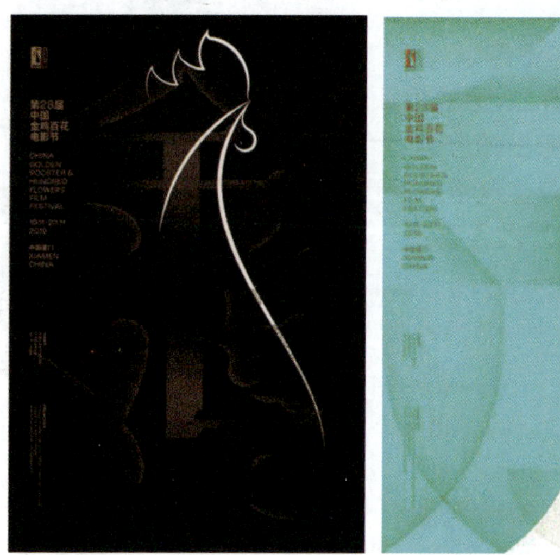

图5-7　金鸡百花电影节海报

5）文字类图片

文字类图片是指用字体设计的图片和用文字组合的图形，即用概括、变形、夸张的设计手法让字体变为一种视觉图形，如 LOGO 设计。文字组合图形是指用各种小的元素组合成文字放置在版面中，形成图形，使版面图文并茂，生动有趣，通常将常规的字体用新的艺术手法呈现。图 5-8 将徽派建筑的白墙青瓦，以及瓦顶、空斗墙、马头墙，用书法形式组合成“徽”字；图 5-9 将重庆与宁夏的特色融入文字中并进行组合；图 5-10 用文字组合成头部图形。

图5-8　文字图片化

图5-9　文字与城市特色结合

图5-10　文字图片化

## 2. 依据图片功能分类

在设计方案版式中，图片的划分更加具体和有针对性。不同功能的图片可传达不同的设计方案信息，将不同的设计思维通过版面展示给读者。好的版式设计能够提高信息的可读性，准确传达设计情感，给读者留下深刻印象。图片按功能可分为设计元素图、设计分析图、平面图、立面图和剖面图、效果图、专项图等。

1）设计元素图

设计元素图是方案设计从前期构思到过程演变再到思维生成的展示过程，是创意思维的过程推演，是设计的亮点、特色，能够表现设计的独创性和唯一性。 设计分析流程从左往右排版，将彼岸花作为设计元素提取分析，构建设计小品，如图 5-11 所示。结合草图、圆形综合展示设计落地过程，如图 5-12 所示。

图5-11　设计元素提取(1)（学生作业：向宝山）

2）设计分析图

设计分析图包括区位分析图、场地分析图、人群分析图、功能分析图、流线分析图、灯光分析图、设计草图等，主要围绕设计前期调研、设计过程、设计构思、设计呈现进行分析。如图 5-13 所示，左边是根据景观轴，用圆形图片放大设计细节，右边是依据左边的设计细节，选择更具针对性的图片，进一步说明设计内容。

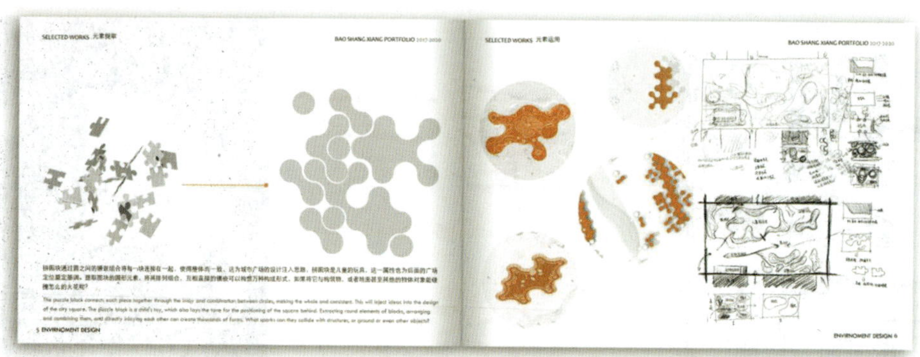

图5-12　设计元素提取(2)（学生作业：向宝山）

图5-13　分区设计（学生作业：向宝山）

3）平面图

设计的总平面图和局部设计细节平面图，是设计方案的灵魂，最能体现设计方案的完整性和设计者的能力，是在设计元素和设计分析基础上总结完善设计成果，并将其综合运用到设计图纸。设计场地的面积大小不同，相应的图纸的数量有增减变化。平面图主要是指前期平面草图和最终设计平面图。如图 5-14 所示，左边是最大的设计平面图，版面中间是设计图例、比例尺和指北针图形说明内容，版面右边是和平面相关的分析图并进行了留白处理。

4）立面图和剖面图

立面图和剖面图是平面图的立体化设计效果的展示，即将平面的图片转化为更直观、更易理解的立面细节图展示给读者。景观的剖面图可以表现设计场地的具体高差，体现场地地形，方便施工。如图 5-15 所示，立面图、剖面图与平面图放置在一起，方便读者理解版式设计。平面图可以与立面图、剖面图各占版面的一半，也可以适当缩小平面图占比，加大立面图、剖面图的占比，版面主要图纸内容清晰即可。

5）效果图

效果图是结合平面图、立面图和剖面图综合表现空间的三维图纸，效果图分为成角透视图和一点透视图，是能够让人直观欣赏设计具体空间维度的图纸，也是平面延伸出来的最终设计表现，有远近、高低、大小、材料、色彩等不同的表现方式。如图 5-16 所示，廊架空间效果图与休息区效果图大小不同，形成对比。

图5-14　总平面图（学生作业：向宝山）

图5-15　立面图（学生作业：向宝山）

图5-16　景观效果图（学生作业：向宝山）

6）专项图

专项图是针对设计细节、设计实施结构进行提前分析的局部设计图和细节设计图，通常会用一些与设计主题相关的意向图补充说明设计方案，便于后期设计、施工、管理统筹图纸。如图 5-17 为小品设计的具体图片展示，其依据是想要表现的版面氛围，裁剪图片。

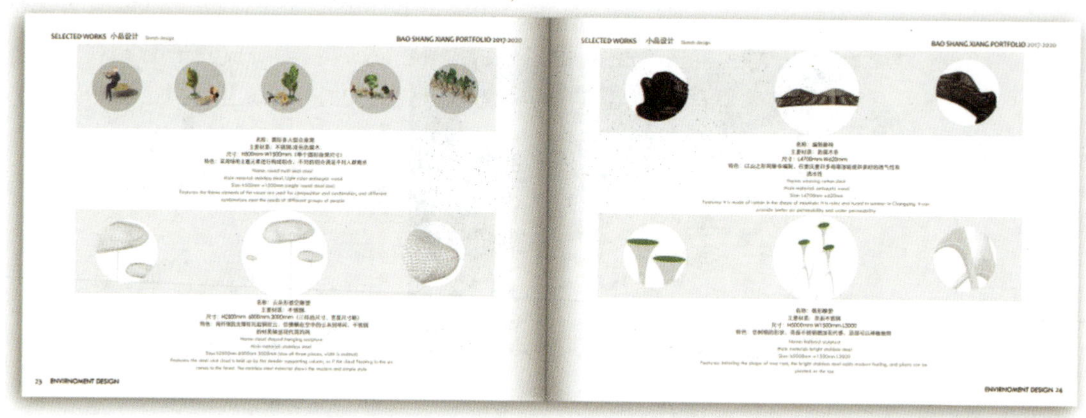

图5-17 小品设计（学生作业：向宝山）

### 3. 依据图片的处理方式分类

1）图片分辨率和图片大小处理

将图片放置在版面中通常需要对图片进行处理，通常会裁剪、放大、缩小图片的形态，在改变图片形态的过程中需要关注图片的分辨率，低质量的图片，会降低版面的品质，给人感觉不严谨、不细致。在进行排版时要选择清晰的图片，不要随意压缩图片，降低图片分辨率，分辨率通常设置为200dpi ～ 300dpi较为合适，也可根据版面图幅大小适当调整图片分辨率。图5-18所示为分辨率正常的图片和分辨率过低的图片的对比。

（a）分辨率正常的图片

（b）分辨率过低的图片

图5-18 分辨率正常的图片与分辨率过低的图片的对比（自绘）

在排版过程中对图片进行缩放时，要注意进行等比缩放，不要使图片变形。图5-19所示为原始图片与等比缩放图片和非等比缩放图片的对比。

2）图片的艺术处理

（1）具有一定视觉冲击力的图片可以更好地表达设计主题，辅以一定的文字说明，可增强版面的吸引力，因此图片在方案版式设计编排中显得非常重要。电脑软件设计的效果图或手绘的图片，有时可以直接应用，但很多时候需要优化效果，丰富设计细节，如添加背景效果等。如

图 5-20、图 5-21 所示，经过艺术处理的图片，可以更好地体现版面效果，更清晰地表达设计主题。

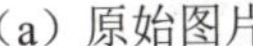

（a）原始图片

（b）等比缩放图片

（c）非等比缩放图片

**图5-19　原始图片与等比缩放图片和非等比缩放图片的对比（自绘）**

**图5-20　图片的艺术处理（1）**

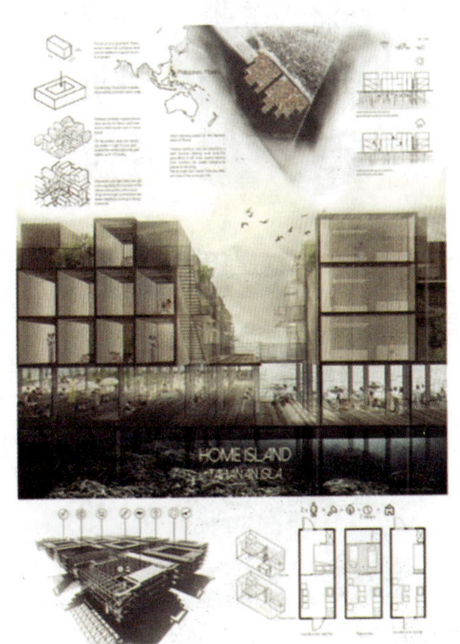


**图5-21　图片的艺术处理（2）**

（2）在方案版式设计中，图片的大小、位置、形态等直接影响整个版式的效果。图片位置的编排是方案版式设计中重要的一步，是确定其他视觉元素大小和位置的重要标准。在图片的编排中，尺寸较大的图片能产生较强的感染力，尺寸较小的图片较易成为视觉焦点，多张图片的编排形式可使版面更加丰富，可以营造相对热烈的氛围，图 5-22 所示为多张图片的同列组合形式。图 5-23 所示为自由型图片组合编排。

（3）图片的特征是图形化，图形分为具象图形和抽象图形。方案版式设计中出现的图形一般具有写实性、直观性和可识别性等特征，从距离上可以分为近景图、中景图和远景图，按照截取范围则可以分为全景图和局部图。对于不同节点的展示，我们在图片编排过程中，选择不同的图形。图 5-24 采用了全景图与局布图相结合的形式。

相对于抽象图形，具象图形在方案版式设计中的应用更为广泛，在进行方案版式设计编排的过程中，图片的选择对于效果的呈现影响较大。首先，收集与设计主题相关的图片并进行分类，选择与设计思想及效果呈现契合度高的图片，删除相对不完整的图片及关联较小的图片。其次，选择在角度、色彩、大小、空间等方面更符合版面要求的图片，注意图片效果是否能够吸引读者注意，注重版面形式美的表现，必要时可以选择线形图案及手绘图形。图 5-25 选择了线形图与效果图相结合的形式，使画面内容更加完整。

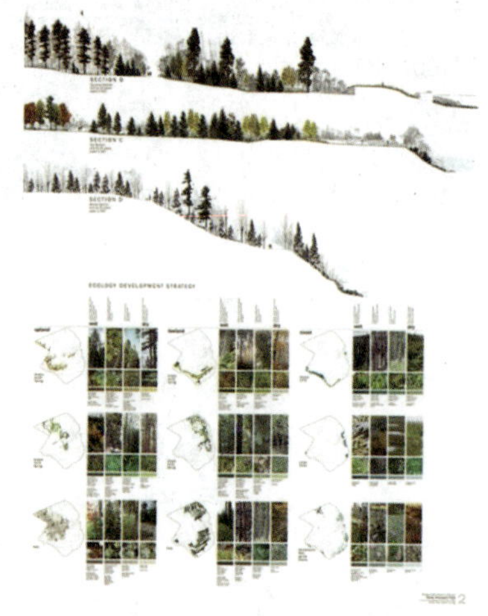

图5-22 多张图片的同列组合

图5-23 自由型图片组合

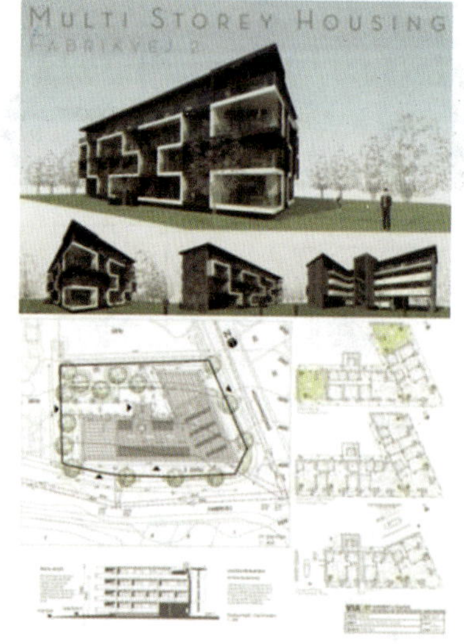


图5-24 全景图与局布图相结合

图5-25 线型图与效果图相结合

3）图文混排处理

常见的图文排版形式主要有以图为主、以文为主、图文并茂、图文填充及图文分割等。排版形式主要是由设计师的逻辑思维决定的，因此，如何更好地进行图文编排，以创造更加具有感染力的方案版式设计效果，是值得每个设计师深思的问题，如图 5-26、图 5-27 所示。

图5-26　以图为主排版

图5-27　图文并茂排版

## 5.1.2　图片的主角与配角

方案版式设计需要区分同一版面中图片的位置，分清每张图片的视觉重点。通常图片的大小可用来体现图片的重要性，较大尺寸的图片可使方案设计更加具有感染力，突出视觉焦点。方案版式设计中的每个面传达的主题都不同，因此，要选用不同的图片对其进行说明，版面中每张图片之间的关系也是设计师需要关注的重点，版面中图片的大小和图片的放置要根据图片在该版面中的地位进行调整。

图片大小的变化可以增加或减少图片在版面中的张力及地位，使版面设计更立体、更丰富。

图 5-28 为书吧室内平面图，图中的总平面图是该版面中的主角，占据版面较大面积，以最大化放置，图例说明属于配角，占据版面较小面积，左右两个设计元素形成大小对比，使版面活泼，灵动。图 5-29 为书吧效果图，图中平面图作为效果图所在空间具体位置的标示，即配角出现在版面中，局部的效果图为版面的主角，符合版面主题。

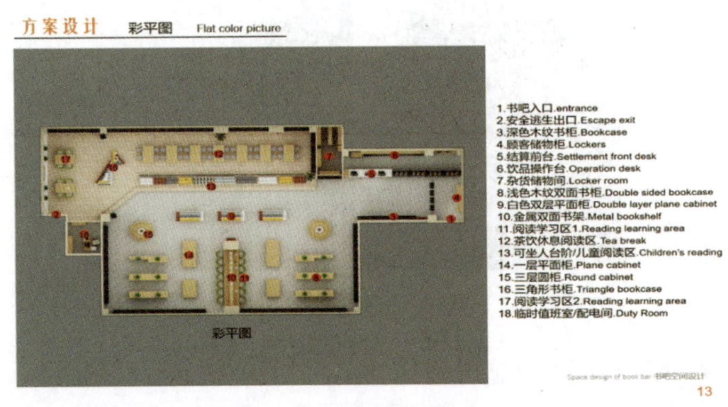


图5-28　书吧室内平面图（学生作业：陈星羽）

图5-29　书吧效果图（学生作业：陈星羽）

因此，版面中的主角图片和配角图片可以互相转换，哪个为主角、哪个为配角由版面的设计主题决定。需要注意的是当版面空白较多时，可以点缀一些小图片或者文字段落，与版面呼应。

## 5.2 图片传达与文字传达的平衡

图片与文字之间的比例关系用“图版率”表示，图版率是指相对于段落文字，图片占用版面的比率，用“%”来表示。若版面只有图片，用“视觉度”说明，视觉度是指图片视觉吸引力的强弱。如果版面全是文字的话，图版率为0，全是图的话，图版率则为100%。提高图版率可以活跃版面，增加版式的亲和力，在图版率达到50%左右时，版面亲和力急剧上升，但图版率一旦超过90%，就会让人感觉空洞乏味，单调无趣。因此，适当加入文字可以使版面活跃生动。图5-30为全图版面；图5-31（a）为纯文字版面，呆板无趣；图5-31（b）为文字加入图片的版面，亲和力明显增加。

图5-30　全图版面（学生作业：严艺霖）

图片在版面中要能够说明方案版式设计的信息。在方案版式设计中，文字通常不会占有很大篇幅，而常用大量图片去传达设计信息，文字通常作为标题、导航、告知图名、补充说明、点缀而存在。在版式设计中，图片比文字更吸引人注意，图片的视觉度往往高于文字的视觉度，在版面中增加图片或照片能够提高视觉度，让人产生兴趣，增加阅读量。

（a）纯文字版面　　　　（b）文字加入图片版面

**图5-31　纯文字版面与文字加入图片版面对比（学生作业：严艺霖）**

图 5-32 所示为整体图片与局部图片对比，图中用两张室内空间效果图做版面设计，在大的框架中采用空间局部放大特写图片，小的框架中采用全空间图片。图片面积的大小与图片中展示物体的繁简进行对比，可以增强版面的动感。

图 5-33 所示为空间应用分析，图中使用图片传递设计的主题内容，用饼状图、柱状图表示枯燥的数据，使版面设计更易被识别和读取，有利于设计信息的传递。

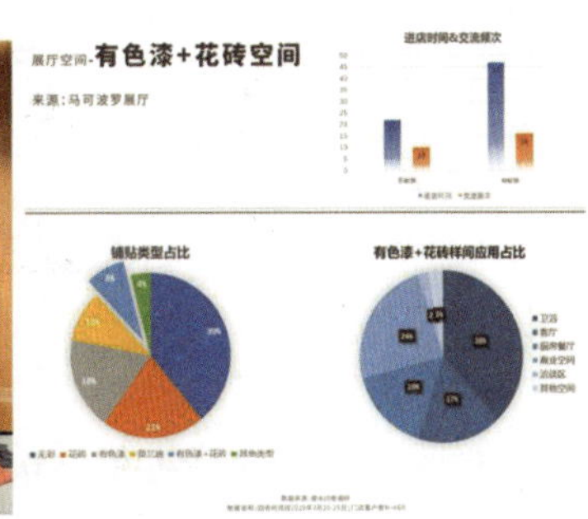


**图5-32　整体图片与局部图片对比（学生作业：严艺霖）**

**图5-33　空间应用分析（方案版式设计课程 / 软装设计师：林星凤）**

## 5.3 图片在版式设计中的类型与表现

图片在版式设计中的类型主要包括角版，挖版，出血版，圆形、多边形、三角形版。

### 1. 角版

角版是最简单、最常见的图片类型，称为方形版。角版图片在版面中工整、庄重，拘束性最强，给人严谨、冷静、高品质的印象，在方案版式设计中较为常见，能够简洁明了地展示版式设计方案图片，视觉流线清楚，版面结构紧凑鲜明。图 5-34 为家居图片在版面中的角版处理。图 5-35 的目录页设计和效果图设计也运用了角版。

图5-34　角版（自绘）

图5-35　角版在方案文本中的运用（学生作业：向宝山）

## 2. 挖版

挖版类似于抠图，即将图片的主体物展现出来，裁剪掉图片背景。在版面设计中，挖版图片较为灵活，打破图片原本的边缘，增加图片与版面的融合度，生动有趣、主体突出，表现极具张力，给人印象深刻，版面活跃、轻松。图 5-36 为家居图片的挖版处理。图 5-37 所示为插画风效果图的挖版处理。

## 3. 出血版

出血版是指有一个以上的边出血，即图片超过版面大小，没有边框的限制，版面自由，极具张力和动感，图版率高，能够拉近设计作品与读者之间的距离。出血版版面更加饱满，其情感更加突出，与角版版面相比，更富变化、更加活泼，同时，也更加具有趣味性。图 5-38 所示为家居图片的出血版处理。图 5-39 所示为是出血版在阿西达里亚平原城市设计方案中的运用。

图5-36 家居图片挖版处理（自绘）

图5-37 插画风挖版效果图（图片来源网络）

图5-38 家居图片出血版处理（自绘）

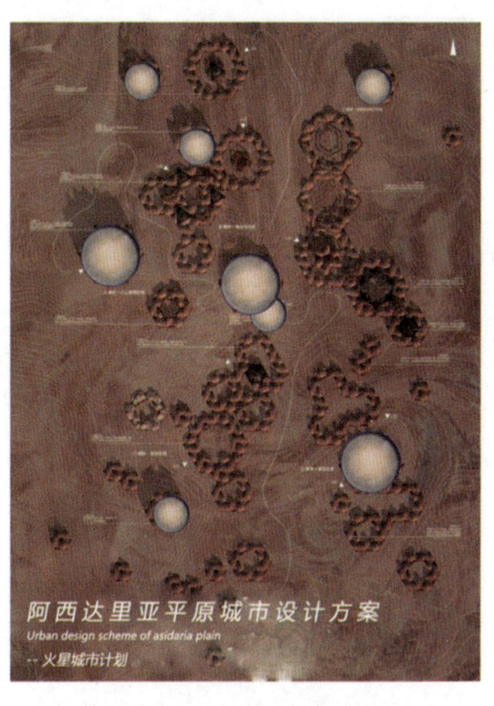


图5-39 出血版城市设计方案

## 4. 圆形、多边形、三角形版

圆形图片更加柔和，没有锐利的边缘，使版面轻松、活泼，有亲和力；多边形图片可以形成趣味的排版，比矩形更具有设计感和节奏感；三角形图片锐利、动感，使版面富有变化。图 5-40 所示为多边形组合的版面，富有动感和趣味性，同时体现出版面的节奏和韵律。图 5-41 所示为圆形图片在餐饮空间展板的运用，使画面活跃，与空间设计氛围呼应，起到了强调突出设计细节的作用。图 5-42 所示为扉页设计，将图片裁剪为三角形，使版面锐利、丰富，给人留下深刻印象。

图5-40　多边形组合版面（自绘）

图5-41　展板设计（学生作业：范琳、盛芳芳）

图5-42　扉页设计（学生作业：赵俊亨）

## 5.4　图片在方案版式中的整体性

### 5.4.1　图片在版面中的位置

在版面中，图片所在位置不同会产生不同的视觉效果，形成不同的视觉动线。图片在版面中的位置包括左侧、右侧、上方和下方。

### 1. 左侧

左侧排版主要是指将图片放置在版面左边，版面视觉点亦集中在左边，增强了版面信息的传达，并将版面划分为左右两部分，层次分明。图 5-43 所示为室内效果图，将版面中图片满版放置在右边，文字和点缀图形放置在左边。

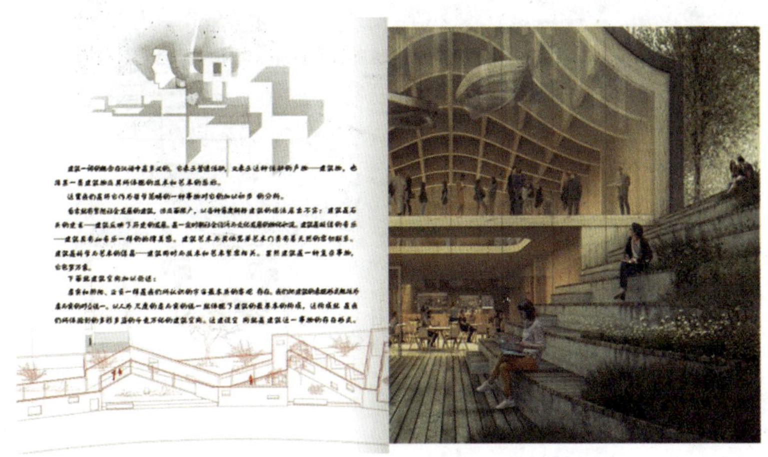

图5-43　室内效果图（学生作业：赵俊亨）

### 2. 右侧

人们的阅读习惯是从左边往右边读取信息，将图片放置在版面右边，可形成反差的版面设计，能够激发人的阅读兴趣，给人留下深刻的阅读印象，加强设计信息的传达。图 5-44 所示为软装设计，将软装大图放置在左边，集中视线，右边加以平面位置导航说明小图和文字。

（a）　（b）

图5-44　软装设计（学生作业：罗如华）

### 3. 上方

上方排版主要是指将图片放置在版面上方，符合人们的常规阅读习惯，通常上方图片吸引视线，下方文字通过规范性的编排，对图片进行补充说明，版面具有专业性和顺序性。图 5-45 所示为重庆永川三湖公园设计，将主要展示图片放置在版面的上方，并用白色文字装饰，版面下方加以文字说明，形成强烈的视觉冲击力。

图5-45　重庆永川三湖公园设计（学生作业：徐辉、陈新耀、龚钰）

### 4. 下方

下方排版主要是指图片放置在版面下方，此种排版方式主要用于文字较少的版面中，能很好地展示版面中的图片信息，版面上方的文字也能更明了地传递设计信息。图 5-46 为重点分区设计，将主要展示图片放置在版面的下方，平面图与文字放置在版面上方。

图5-46　重点分区设计（学生作业：许威）

### 5. 对角

对角排版即是在版面的左上、右下或是左下、右上放置图片，对角倾斜放置图片能够使版面形成动感和不规则感，给人一种生动活泼、天马行空的心理感受，引人注目，使版面趣味化。图 5-47 所示为景观局部效果图，将版面右边的两张效果图呈对角放置，并用文字对齐图片边缘，形成版式的整体矩阵关系。

图5-47　景观局部效果图（学生作业：向宝山）

6. 居中

版面的中心是视线最容易聚集的位置，能够最快地吸引人的视觉注意，图片放置在版面中心可以给读者留下直观的印象，文字环绕在图片周边，可衬托、凸显设计主题，使版面更加集中或者饱满。如图 5-48 所示，景观效果图居中放置在左、右版面的中间。

图5-48　景观效果图（学生作业：向宝山）

## 5.4.2　图片在版式设计中的整体性

图片在版式设计中的整体性是一个设计师对方案文本整体展示节奏的把握，包括封面、目录、章节页、内页、封底之间每张图片的前后放置关系，还要统筹应用的风格样式、构图形式等。

不同版面要选择合适样式、合适大小的图片，使图片形式和版式色彩统一，每张图片都应当成为设计信息的载体，去代替语言传递设计信息。

图 5-49 中的封底图片选择封面图片的局部作为设计元素放在版面中心，并保留彩色，封底图片中的圆形与封面文字中的圆形形成呼应关系。

图 5-50 的版面左边分为两部分，并将图片处理为圆形居中放置，上下配以小图与说明文字；版面右边图片多为对齐组合排列，组合成左右两部分并加以文字说明。

图5-49　封面与封底（学生作业：向宝山）

图5-50　方案文本内页（1）（学生作业：向宝山）

图 5-51 的分区设计版面中表现的是同一设计主题的内容，版面在形式上采用一样的排版，只是更换图纸内容，使方案文本的前后关联性更好。如果想要形成视觉上的反差，可以采用同样的图片形态，然后更换图片形态的展示顺序，例如，图 5-51（a）的版面是从左往右按圆形图片—三张剖面图图片—效果图图片的展示顺序进行排版；图 5-51（b）的版面则改为：从左往右按效果图图片—三张剖面图图片—两张效果图图片的展示顺序进行排版。在版面中图形形状一样，但更换了效果图数量，形成版面变化，并有一定连续性。

（a）

图5-51　方案文本内页（2）（学生作业：向宝山）

（b）

图5-51 方案文本内页（2）（学生作业：向宝山）（续）

如图 5-52 所示，两个版面一起排版，居中放置景观鸟瞰图，版面的四个边角放置景观平面分析图，图片上边缘对齐、四张小平面图左右对齐，使整个版面规整、简洁。

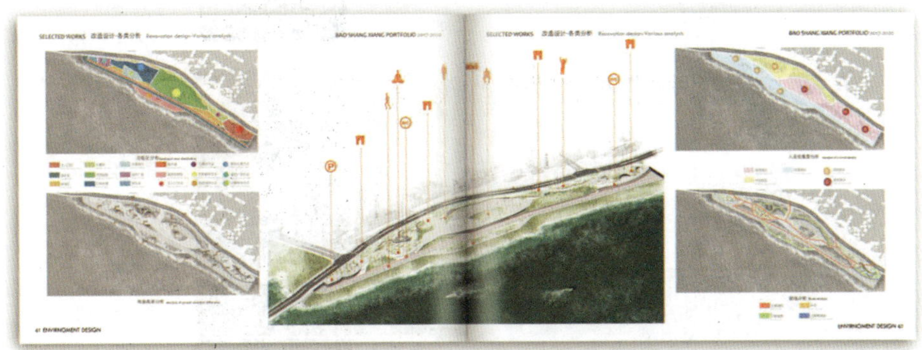

图5-52 方案文本内页（3）（学生作业：向宝山）

如图 5-53 所示，左、右两部分版面中的图片都采用上下对齐排列的方式。左边上半部分版面图片较小，三张图片等距处理，中间部分放置大图，形成跳跃，下方位置加以文字说明，右边上半部分图片进行挖版处理，中间放置两张图片并与左边版式中间大图的底部对齐，左右版面对齐，增强版面的整体感。

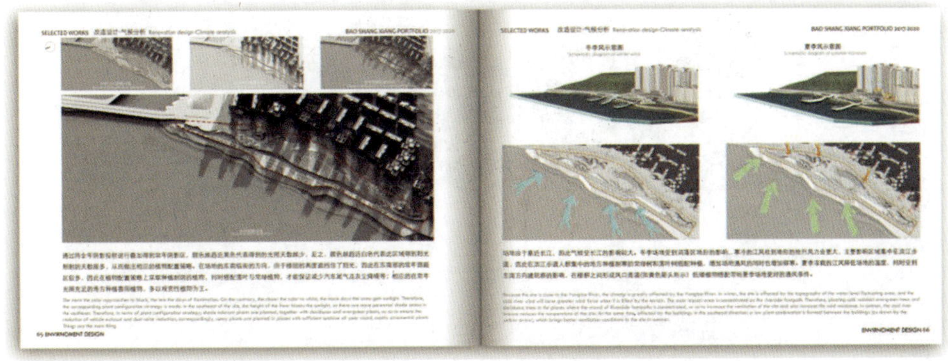

图5-53 方案文本内页（4）（学生作业：向宝山）

1. 分析景观展板中的图片主次和使用的图片处理方式（见图 5-54）。

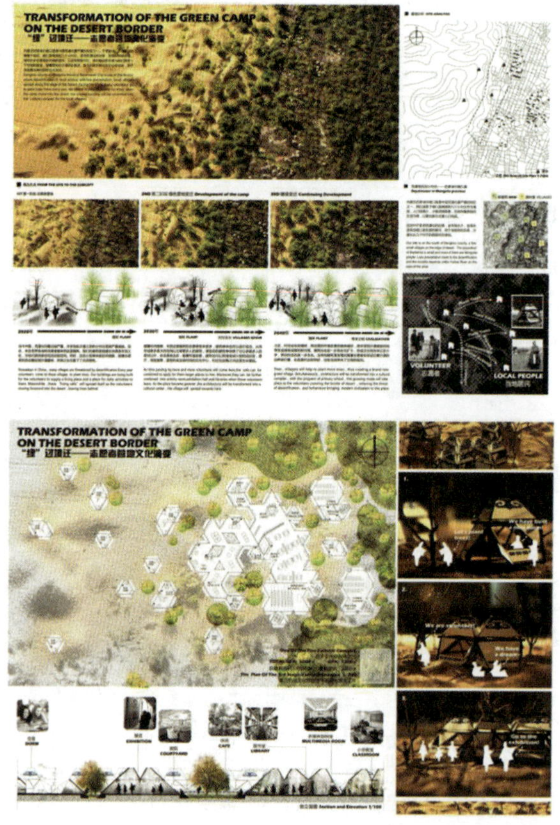


图5-54　景观展板

2. 分析建筑景观展板和公众号景观展板中的图片的类型（见图 5-55 和图 5-56）。

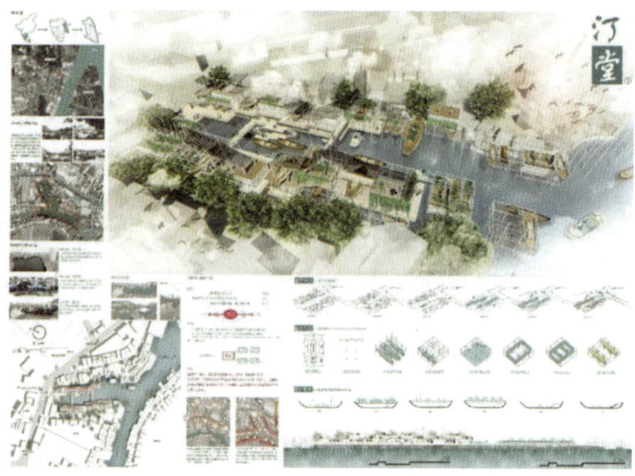


图5-55　建筑景观展板

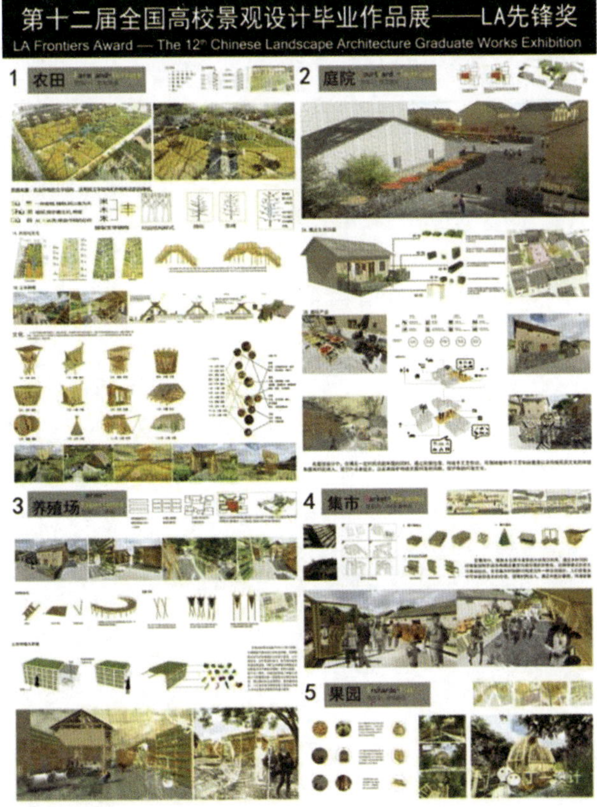


图5-56　公众号中景观展板

# 第6章

# 方案版式设计的排兵布阵

## 学习重点及目标

- 如何优化版面。
- 方案版式制作步骤。
- 各章节间的关联性。
- 方案版式设计的方法。

方案版式设计是在版面的局限下将文字、图片、色彩等视觉信息美观且有效地传达，让一个版面从空白变得饱满，对版面空间规划设计，以形成赏心悦目的设计效果。

# 6.1 方案版式设计的整体性：优化版面

## 6.1.1 方案版式的设计原则

方案版式的设计原则能够更好地控制版面的整体布局。方案版式设计原则主要包括对齐、重复、对比、平衡和成组。

### 1. 对齐

在版式设计中，对齐是最基本的原则，对齐可以使版面更加整洁明了，使传达的设计信息更有条理性，对齐包括左对齐、右对齐、居中对齐、两端对齐、顶对齐和底对齐。图 6-1 所示为公园设计说明，左边图片为两端对齐，右边文字为左对齐。图 6-2 所示为公园设计扉页，文字与图片均为居中对齐。

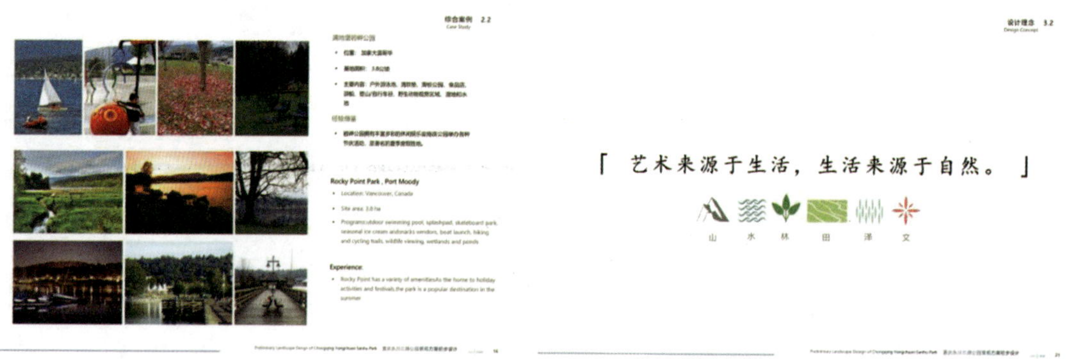


图6-1　公园设计说明　　　图6-2　公园设计扉页

### 2. 重复

重复是指在版面中重复使用同一设计元素，重复的设计元素既可以是图案，也可以是文字，按重复原则设计的版面给人整齐、规律、统一的感受。重复的设计元素既可以错位排列，也可以对齐排列，排列方式丰富多变。图 6-3 为重复设计版面，图 6-3（a）的封面使用主题文字信息进行文字重复；图 6-3（b）的目录使用多边形的图形重复，只是改变每一章节的图片内容和文字位置，在形式上保持重复一致。

（a） （b）

图6-3 重复设计版面（方案版式设计课程/软装设计师：林星凤）

### 3. 对比

对比包括版面中的面积对比、图文对比、字体对比、字号对比、色彩对比、疏密对比、粗细对比和曲直对比等，对比的原则可以根据版面内容综合运用，强化对比可以突出主题和主体信息，增强版面的活跃度并使版面更加趣味化。图 6-4 所示为公园设计分析，版面左边为图形对比、图文对比、字号对比，既活跃了版面又增加了动感；版面右边为字体对比、字号对比，增强了文字信息的可读性。

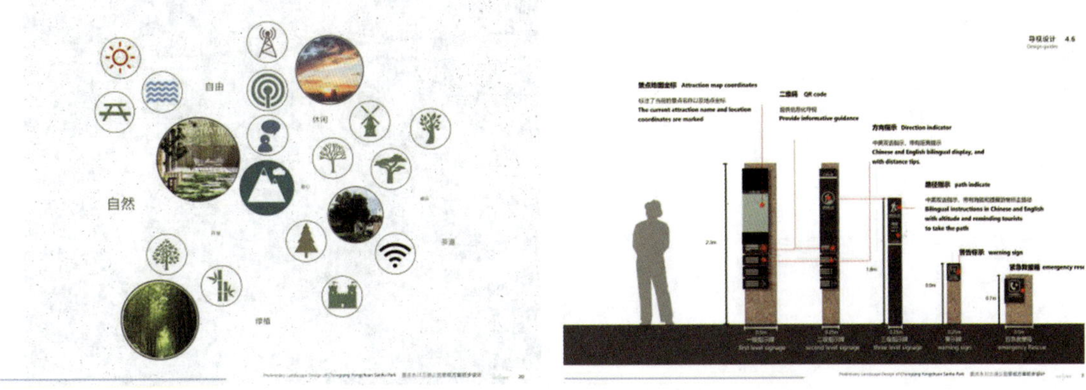


图6-4 公园设计分析（学生作业：徐辉、陈新耀、龚钰）

### 4. 平衡

平衡指版面上下、左右体量相等形状不同或体量不等形状相似的设计原则，这里说的平衡指文字、图形之间的关系，是一种心理上的稳定平衡。图 6-5 所示为公园设计剖面分析，版面上半部分的文字、图片与版面下半部分的平面图和剖面图形成视觉的上下平衡。

### 5. 成组

版面中的文字、图片、色彩的成组运用是版面设计的基础，通常是三个设计元素成组放置。成组分类放置设计信息不仅能提高信息的可识别性，还能让读者更易读懂视觉语言。另外，将传达信息成组分类也可以提高方案版面的排版效率。图 6-6 所示为章节页设计，文字、符号成组，形式一样，只更换文字信息内容就形成不同的版面设计。

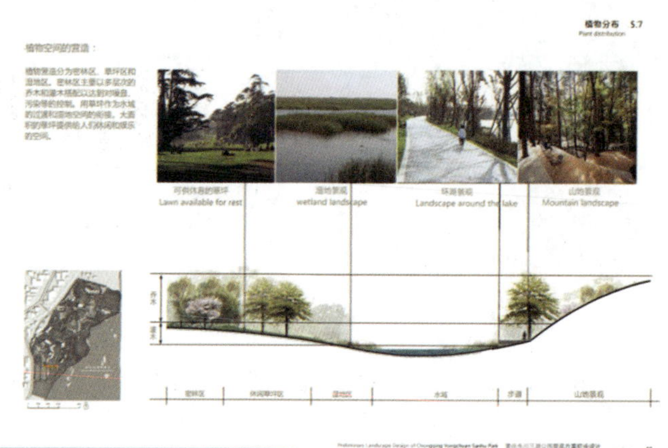


图6-5　公园设计剖面分析（学生作业：徐辉、陈新耀、龚钰）

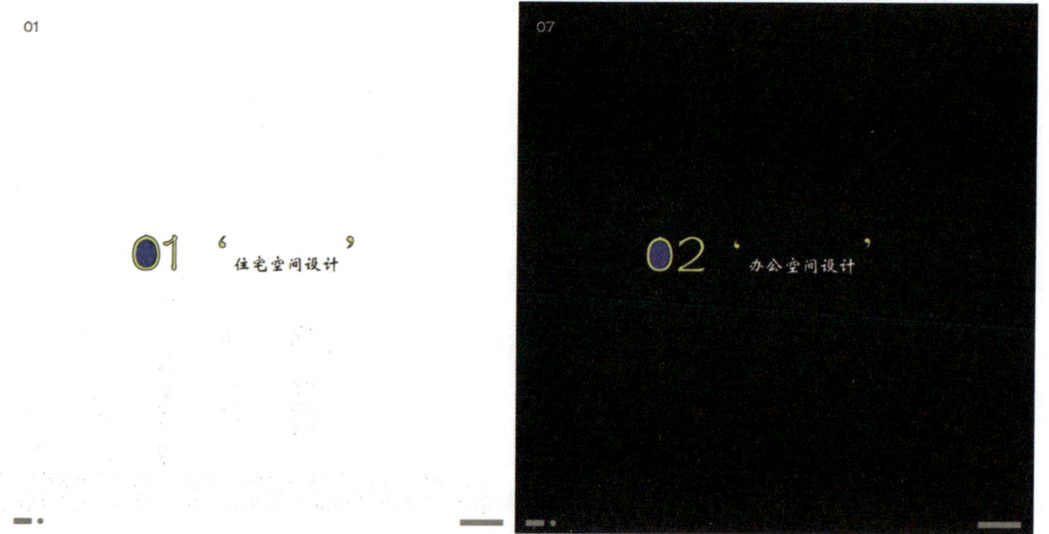


图6-6　章节页设计（学生作业：罗如华）

## 6.1.2　方案版式设计中的点、线、面运用

第 2 章专门针对点、线、面的故事进行了拆解分析，那么在具体的方案版式设计中如何更好地灵活运用点、线、面是值得思考的问题。点、线、面的综合运用是版面设计的重点，而点、线、面的灵活运用是方案版式设计中必须掌握的基础技能。

### 1. 用点、线、面说好封面故事：吸引注意力

封面设计一般选取方案文本中的效果图作为主图形，加以文字表达主题，常包含点、线、

面的关系，如图 6-7 所示。

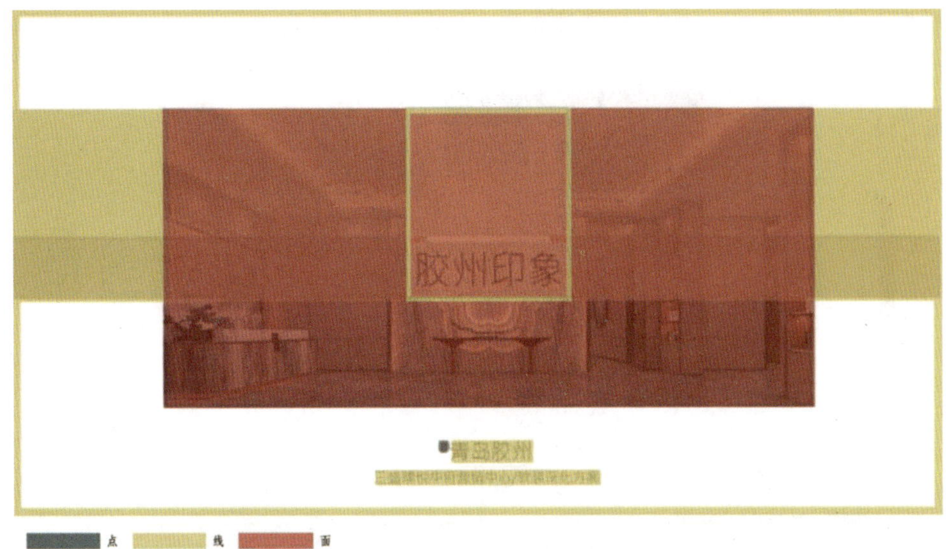


图6-7　封面（方案版式设计课程 / 软装设计师：李职）

### 2. 用点、线、面说好目录故事：逻辑清晰

目录是方案前后逻辑关系的直观表达，目录版面表达的主要设计内容包括数字、文字，有时会加以图片，常用点、线、面的对比形成目录版式的节奏，如图 6-8 所示。

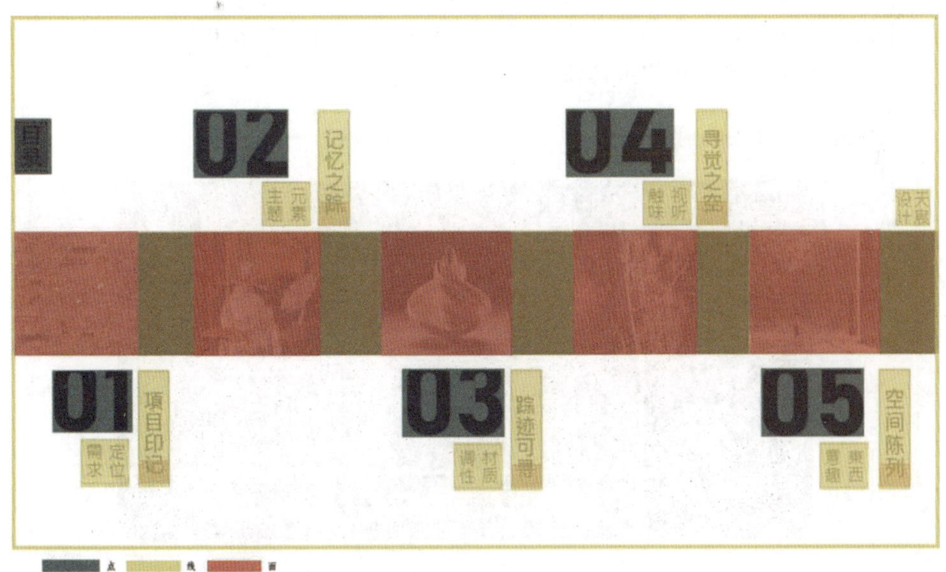


图6-8　目录（方案版式设计课程 / 软装设计师：李职）

### 3. 用点、线、面说好章节故事：章节亮点

章节页具有承上启下的作用，与目录页的设计类似，周边常以线填充版面，可在右下角

加以公司 LOGO 标志，常居中放置主要文字和图片，如图 6-9 所示。

图6-9　章节页（方案版式设计课程 / 软装设计师：李职）

### 4. 用点、线、面说好内页故事

方案版式内页中图形多为方形，且大小不一，需要根据展示的主要内容调整版面布局，以网格矩阵关系排版较好，内页四周或上、或下、或左、或右加以导航文字。图 6-10 所示为方案文本内页，页面左上方“05/2 沙盘区艺术策展”“05/3 休闲区艺术策展”为方案的导航信息，介绍本页面的主题内容；为了版面平衡，在页面右下角加上公司 LOGO，右下角在形式上与章节页面一样，增加方案版式的整体设计感，使方案版式更具美观性。

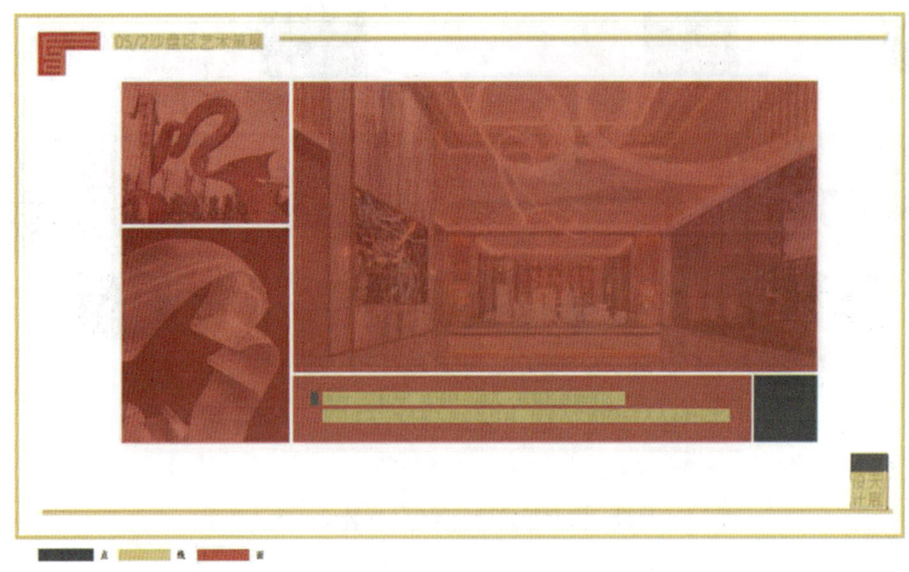


（a）

图6-10　方案文本内页（方案版式设计课程/软装设计师：李职）

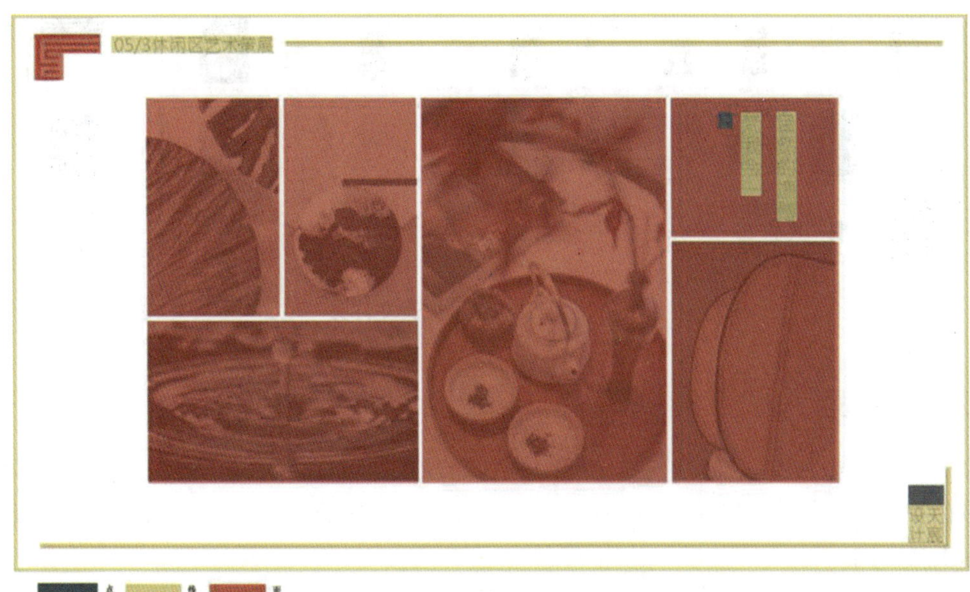

（b）

图6-10 方案文本内页（方案版式设计课程/软装设计师：李职）（续）

值得注意的是，如果内页版面内容较多，则需分页展示，不一定将所有内容展示在同一页面内，否则会使读者视觉疲劳，获取信息困难，同时设计师在表达过多的设计信息时容易混乱，从而破坏版面整体的美感，分页展示既美观，又能清晰地表达设计方案。

## 6.2 从无到有：定思路：方案版式设计如何开始

方案版式设计看似是简单的图片放置，实际上需要考虑设计方案的前后顺序，了解方案设计对象的核心表达，例如，如何开始设计，方案关注、表现的重点是什么，设计方案原本是什么风格，图形、文字、色彩三要素在版面中如何占比分布运用。

### 6.2.1 整理方案图片

在制作方案的过程中会产生很多的图纸，如果图片存储混乱不清，会增加排版工作量，打乱版式设计思维。图 6-11 所示为一个混乱的设计方案文件夹，素材图片较多，没有分类。整理方案图片主要包括以下内容。

（1）图片展示的前后顺序可以引导阅读，整体感越强，视觉冲击力就越大。

（2）打开电脑中制作方案的文件夹，整理所有方案图纸，将设计软件源文件与导出图片源文件进行分类，并且以图片所表达的内容将图片文件重新命名，如彩色总平面图、客房立面图、前台效果图等。清楚设计方案的图纸数量，以图片的表达内容为前提，分类整理图片，选取 2 ～ 3 张最能体现设计立意、中心思想的图片。

（3）思考所展示图片的顺序、图片主次，并在对应的图片文件名后标注顺序号，方便正式排版时查找相关图纸，同时为后期框架的整理制定参考思路。

图6-11　混乱的设计方案文件夹

## 6.2.2　编写设计信息

厘清设计思路是设计师进行设计之前需要做的基础准备工作，思考整理的过程能够帮助形成有创意的、独特的、有人文情怀的设计作品，展示作品独特的魅力。编写设计信息主要包括以下几方面。

（1）根据整理的图片思考设计之初关于设计落地的想法，以及想要传达说明的设计信息，重点确定设计的初衷、过程、落地。

（2）构思设计主题，整理设计前的构思资料、设计立意和前期所找的意向图等。

（3）用文字的方式来表达设计信息，整理、反思设计的整体过程。

（4）列举一些主标题命名，为版式排版做基础准备。

## 6.2.3　确定版式色彩范围

整理设计方案中出现最多的色彩，弄清楚这些色彩的类似色、对比色，为方案版式的整体色彩基调做参考，便于确定后期方案文本版面的主色。图 6-12 所示为甜品店的方案版式设计，设计方案的前期根据客户需求搜集设计意向图，并将其作为设计参照，在意向图中可以明显看到客户喜欢粉色、玫红色、米灰色、蓝色等，因此，在制作扉页时就采用了客户较为喜好的颜色，既很好地把握了客户心理，也在设计中有一定的参照，提高版面整体性，同时为确定设计思路，提高设计效率提供基础条件。

（a）空间意向图

图6-12　甜品店方案版式设计(1)（方案版式设计课程 / 陈设设计师：杰男）

（b）甜品店设计扉页

图6-12 甜品店方案版式设计设计(1)（方案版式设计课程 / 陈设设计师：杰男）（续）

## 6.3 拟主题：方案版式设计的中心思想

设计资料的整理，有助于方案的整体把握和方案版面主题的确定。从设计创作灵感和设计风格着手整理设计素材，会使版式设计更加容易，也能很好地衔接设计内容，体现方案文本的完整性，版式设计的依据就是立足方案本身。设计概念是对整个理念方案的概括，包括灵感来源、设计意向、风格定位和使用材质。

图 6-13 为一个贵州的甜品店方案版式设计，每一个城市都有自己的特色和味道，贵州少数民族居多，刺绣、挑花、蜡染、蓝印花布都是它的特色。图中甜品店的主题设计以城市为背景，确定了甜品店的口味，项目名称定为“万物有灵——旋舞”，文案为“万物有灵，述说着花儿、鸟儿、蝶儿玩耍嬉戏间流露出的五彩斑斓甜蜜的味道”。设计师根据对主题的设计联想制作封面，选用五彩斑斓的图片与粉色直面的成组方式构成版面的右边，左边以文字为主，并以不同大小的文字区别主、副标题，文字两端对齐，构成一个版面。章节页面也延续了主题的设定，找了与贵州万物相关的图片进行排版，文字色彩也沿用了封面色彩。

（a）甜品店设计封面

图6-13 甜品店方案版式设计(2)（方案版式设计课程/陈设设计师：杰男）

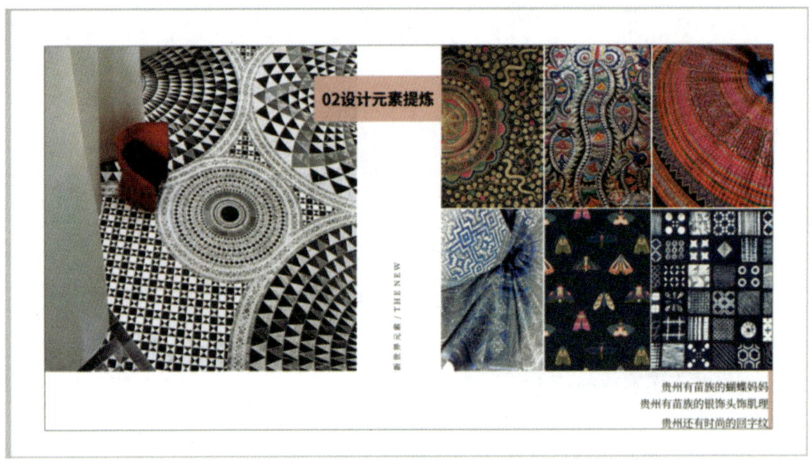


（b）甜品店设计元素提炼

**图6-13　甜品店**方案版式设计(2)**（方案版式设计课程/陈设设计师：杰男）（续）**

图 6-14 所示为重庆万州印象方案版式设计封面，其根据对万州城市的印象进行设计，字体进行了压边处理，色调进行了统一。

**图6-14　万州印象方案版式设计封面（方案版式设计课程/全案设计师：蒋启梅）**

因此，主题拟定后版面的设计方案也就基本确定了，之后可以先进行封面设计的手稿绘制，确定封面的整体风格样式，然后有序进行后续版式页面的设计工作。

## 6.4　定框架：逻辑性和各章节间的关联性

版面主题确定后即可根据整理的图片、文字信息制作思维导图，罗列设计方案包含的所有信息，有助于加强版面设计的整体逻辑性，把握方案版式展示节奏，更好地传达设计信息，同时，提高版面制作的工作效率。

在制定框架时可以查找一些与设计相关的文案，以更好地体现设计师的人文情怀和专业素养，使设计版式与众不同，具有独特性。同时丰富版面形式，从而让你的方案更加出彩。

室内方案册思维导图，如图6-15所示。制作思维导图时需注意每一章节的前后顺序，在这一阶段一定要清楚方案展示的核心页面包含的具体内容。

景观方案册思维导图，如图6-16所示。由于场地较大，景观方案册包含的图纸更多，所以要注意图纸的分类。

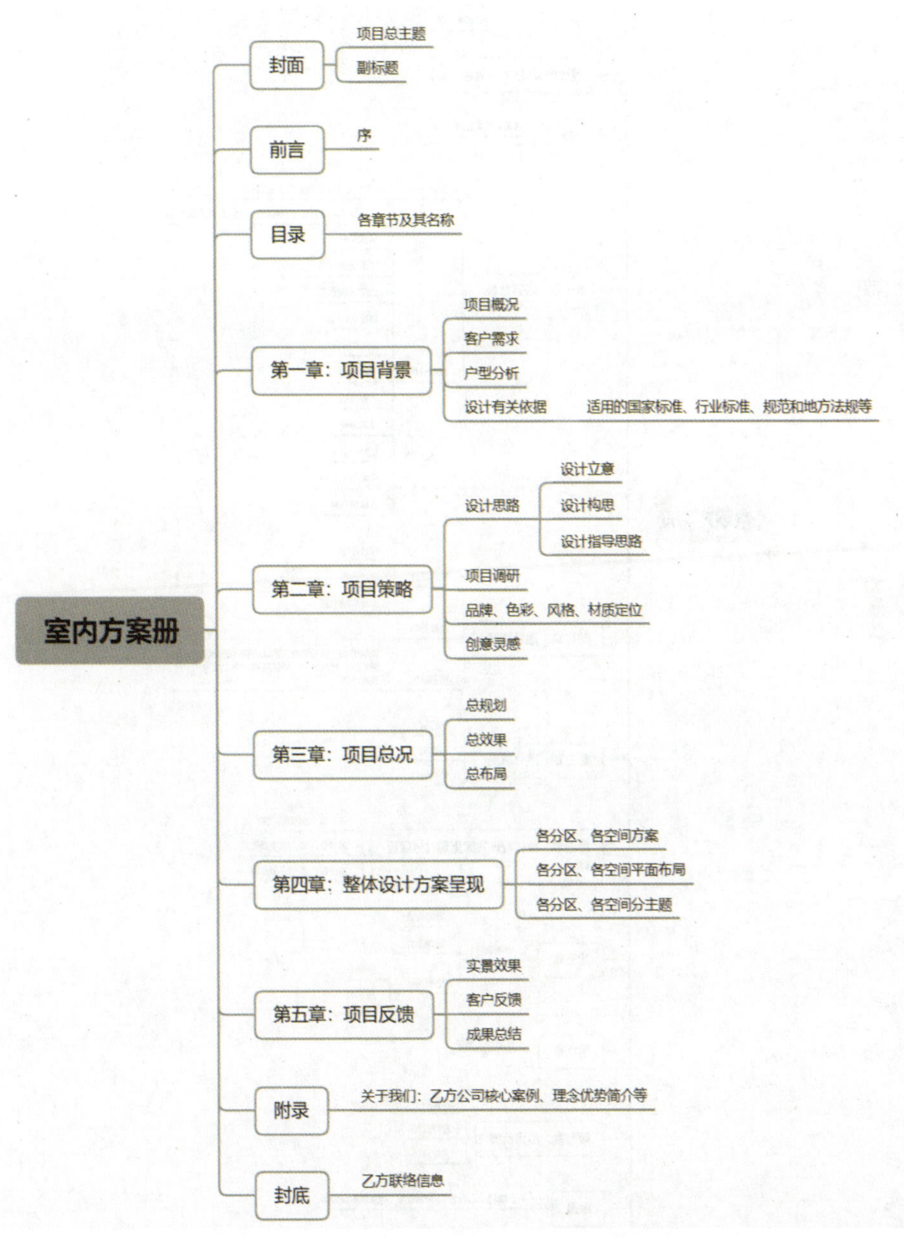


图6-15 室内方案册思维导图

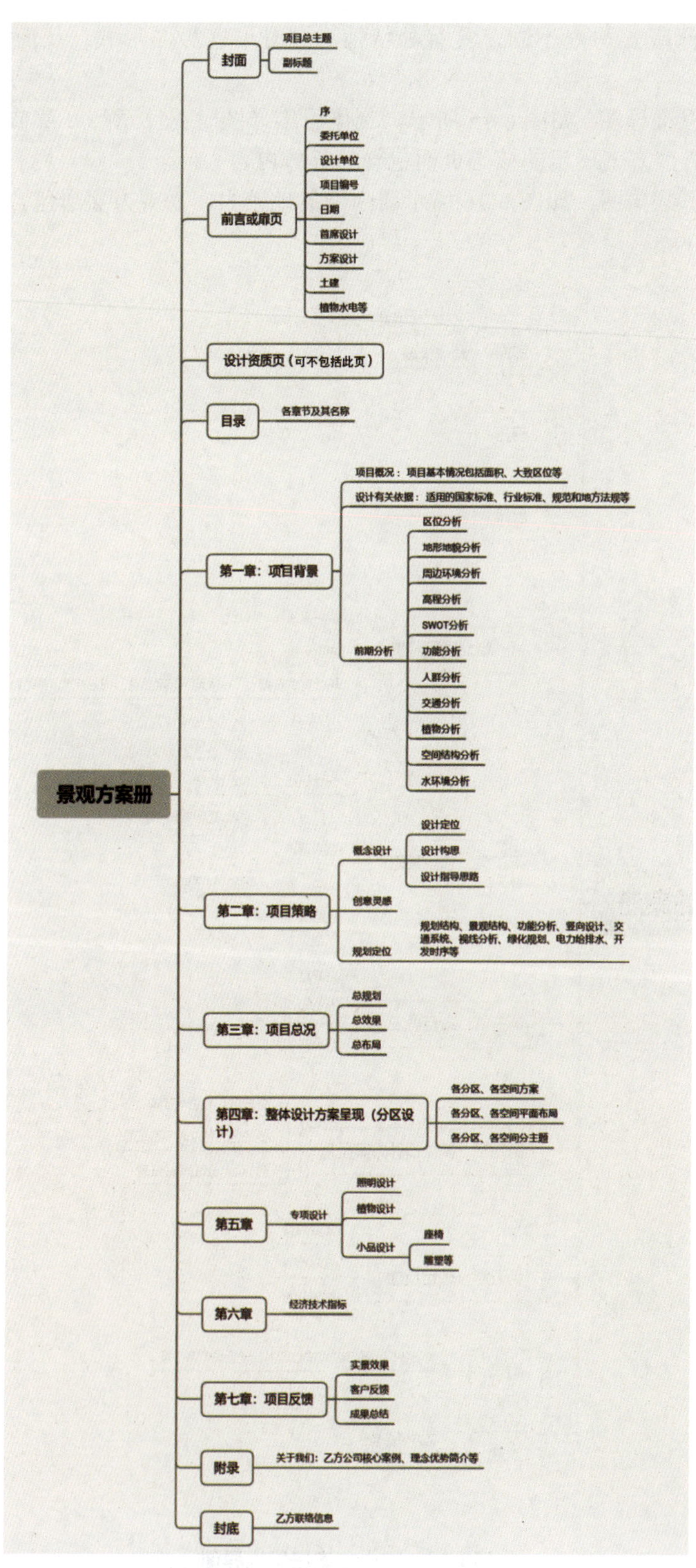


图6-16　景观方案册思维导图

框架能更好地把握设计方案所展示的内容，有条理地输出信息，有助于厘清方案文本的前后逻辑关系，最大限度地将设计方案完美展现，给设计方案加分。

框架定好，方案文本的目录就基本确定，可依据框架的中间部分开始目录版面设计的构思制作，最终目标是让方案文本目录清晰、简洁，并注意与主题的呼应关系，关注设计整体印象。

目录是思维整体逻辑性的把握，主导版式设计的整体节奏和传达分类，目录的重要性不言而喻，它是每个章和节之间前后顺序的总体呈现。每一步的解决方案都要有依据、切实可行。图 6-17 所示为甜品店的设计目录，此设计方案以贵州的蓝印花布为版面基础元素图片，等距放置粉色色块与文字组合，使用重复的手法设计章节条目，展示方案文本的前后章节内容，右边“目录”两字旋转方向，“CONTENT”用重复方法形成文字组合形式的线条。

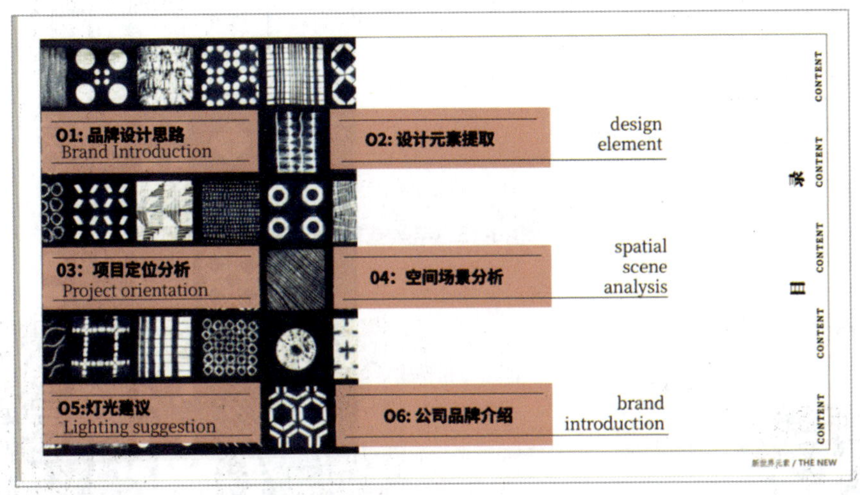


图6-17　甜品店设计目录（方案版式设计课程/陈设设计师：杰男）

## 6.5 构思落地：整合素材、绘制草图——软件制作

版式设计根据思维导图整合方案图纸、搜集素材，并用手绘的形式将构思版式绘制草图。手绘草图是版式设计必不可少的步骤，手绘更加便捷，且不受工具条件的限制，能在设计师有想法的时候快速便捷地将其设计构思表现出来，记录设计思维。

手绘大量草图可以训练版式排版的思维方式，提升设计能力，但需注意草图要标示清楚文字和图片的具体大小和位置，切记不要敷衍了事，草图的绘制应尽可能详细，详尽的草图可为后期软件排版提供参照。同等时间内，手绘草图比电脑制作更加迅速、直观。图 6-18 中的手绘草图具体到图片的大小表示、文字的具体位置及色彩倾向。手绘草图的顺序可以为封面—目录—章—内页—封底。图 6-19 所示为甜品店方案版式内页的设计。

确定图片、文字填充到版式的顺序时，需要考虑前面章节讲到的主要图形、装饰图形、标注图片、LOGO 等图片与主标题、副标题、点缀文字等各种元素之间的关系，并做到主次有序。注意，版式设计中保持 3 ～ 5 个层次对比是最合适的排版方式，同时，要注意版面的留白。

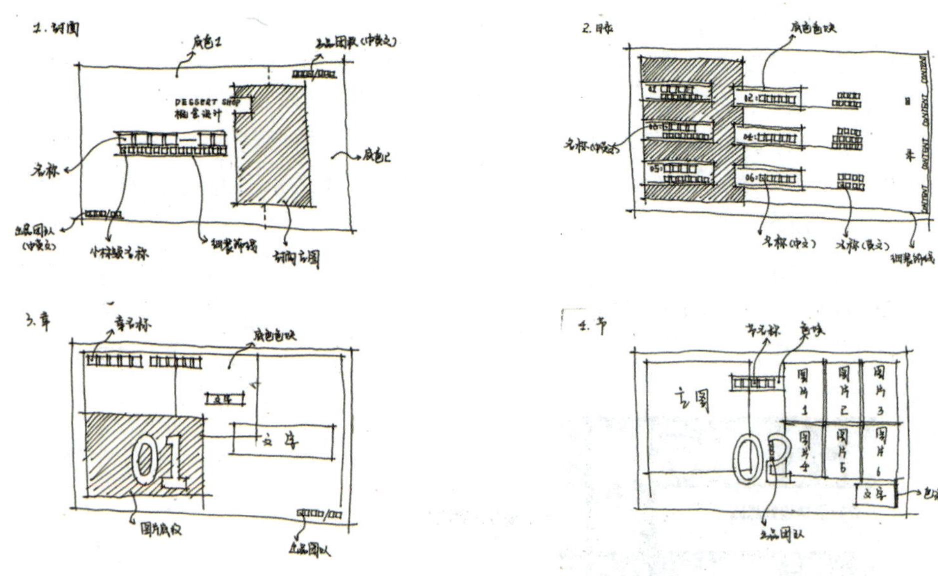

图6-18　手绘草图

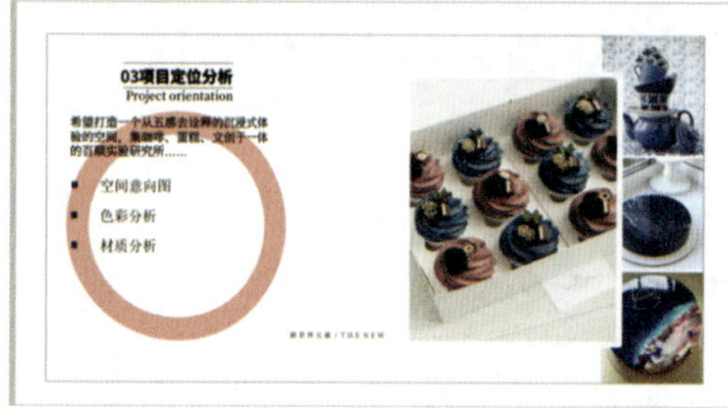

图6-19　甜品店方案版式设计内页（方案版式设计课程/陈设设计师：杰男）

# 6.6 打散重构：打造属于自己的方案版式设计

## 6.6.1 框架：方案的整体逻辑性

在本节设计课程中，学生以餐饮空间设计作业为例一步一步进行版式设计实践。

（1）梳理餐饮空间方案图片的前后顺序，提取主题元素，为封面设计确定样式和版面提供图片、色彩等素材。图 6-20 为“山水之间、绿叶之下”餐饮空间方案设计资料整理。

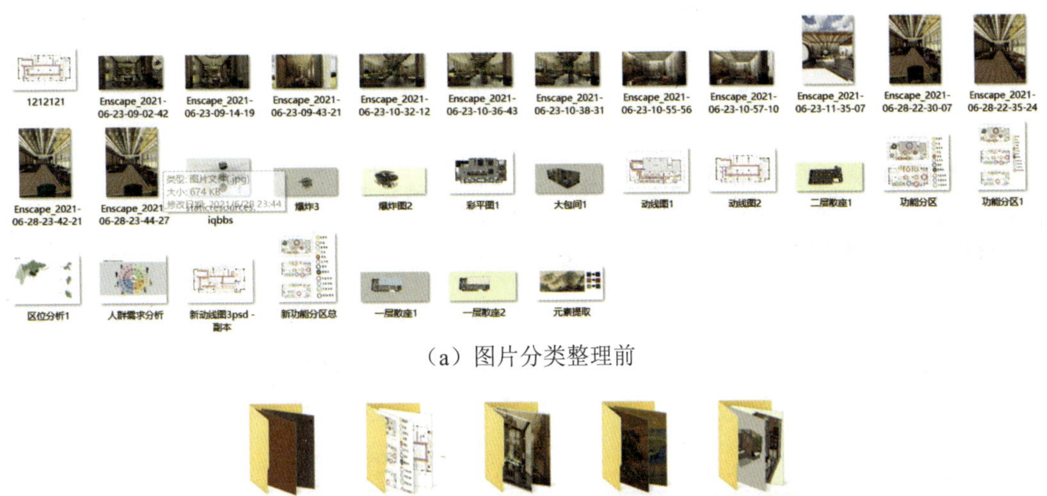


（a）图片分类整理前

（b）图片分类整理后

图6-20 “山水之间、绿叶之下”餐饮空间方案设计资料整理（学生作业：严艺霖、陶熙悦）

（2）方案框架罗列有助于梳理后期方案文本目录的逻辑关系。图 6-21 为“山水之间、绿叶之下”餐饮空间方案提纲思维导图，只简单地按顺序罗列了与设计相关的图纸，但缺乏对于主题的思考、设计文案的确定。图 6-22 为“山水之间、绿叶之下”中式轻奢风格餐厅空间方案完善思维导图，不仅有设计方案的顺序，还确立了主题，可为版面设计提供便利。没有逻辑的方案设计，给读者传达的信息十分混乱，因此，要将版面中的设计元素按逻辑思维进行有序展示，这样有利于读者接受和理解，同时也便于设计师在表达方案时掌握节奏。

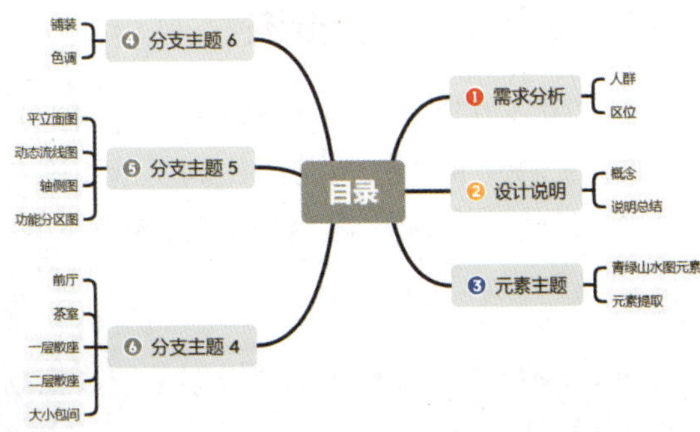


图6-21 “山水之间、绿叶之下”餐饮空间方案提纲思维导图（学生作业：严艺霖、陶熙悦）

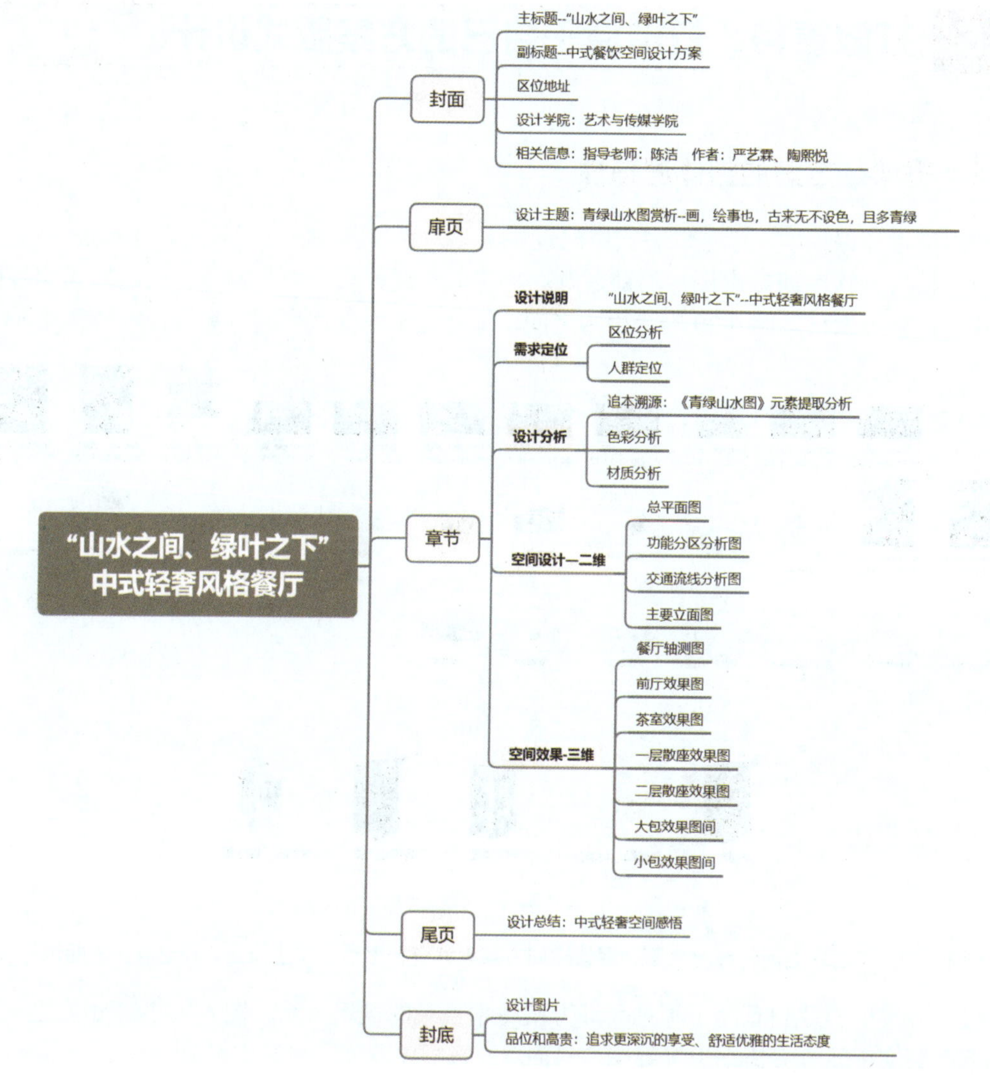


图6-22 "山水之间、绿叶之下"中式轻奢风格餐厅空间方案完善思维导图（学生作业：严艺霖、陶熙悦）

依据"山水之间、绿叶之下"餐饮空间方案框架，思考与设计方案风格接近的版面类型有哪些，再寻找适合版面主题的设计方式。

## 6.6.2 专属版式：封面呈现及设计内容推进

在框架定好后要绘制方案草图。方案草图可以在最短的时间为方案中的图片、文字等元素找到合适的排版位置，全面地把控页面版式的空间比例，草图确定后即可用软件制作方案封面。本节以室内餐饮空间设计的排版为例一步一步探寻方案版式设计。

### 1. 绘制草图

图 6-23 所示为"山水之间、绿叶之下"餐饮空间方案草图，依据前文确定的设计风格绘制草图，同等时间内手绘比电脑制作更加高效。

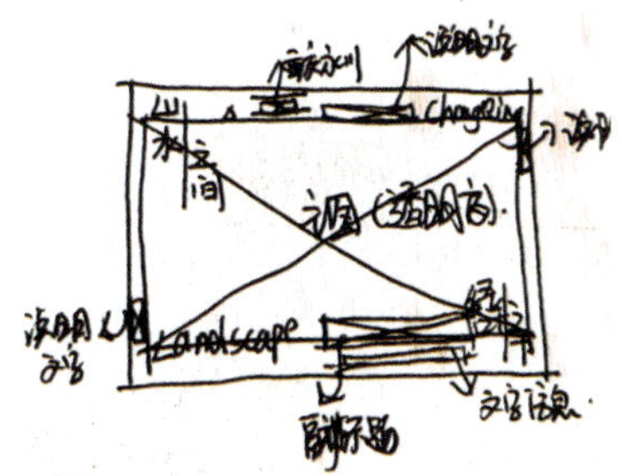

图6-23 “山水之间、绿叶之下”餐饮空间方案草图（学生作业：严艺霖、陶熙悦）

## 2. 封面呈现

首先，“山水之间、绿叶之下”餐饮空间的方案风格为中式与轻奢，因此，可在版面设计中加入历史人文理念和元素，以体现空间意境、色彩氛围、人文情怀，从而根据设计方案确定方案文本的整体调性，用封面让读者眼前一亮，形成视觉冲击力。图 6-24 所示为“山水之间、绿叶之下”餐饮空间方案封面设计最终版，版面中心位置放置方案的空间效果图，整体版面采用边角型构图，主标题“山水之间”放置在左上角，主标题“绿叶之下”放置在右下角，对角压脚放置，形成视觉平衡（红色框）;“Landscape”与“ChongQing”采用同样的设计方式;副标题放置在右下角（蓝色框），与说明信息之间用直线进行分割，为了版面平衡在左上角主标题的右边加以“重庆永川”和与“山”相呼应的三角 LOGO 图标“▲”点题，同样用直线分割信息。封面上的文字以大、中、小形式进行区别，形成跳跃，色彩选用效果图中的绿色和砖红色（此为最终确定封面，方案后面的整体调性要与之统一）。

图6-24 “山水之间、绿叶之下”餐饮空间方案封面设计最终版（学生作业：严艺霖、陶熙悦）

封面设计的版面存在多种设计尝试，图 6-25 所示为“山水之间、绿叶之下”餐饮空间方案封面设计，图 6-25（a）所示为居中构图的封面，图片和副标题居中放置，主标题文字左右平衡放置，并有一定的色彩变化，封面背景采用白色和绿色上下组合的形式，整个封面简单直接；图 6-25（b）为上下构图的封面，空间效果图对角放置，主标题居中放置在底面色彩交接处，对角放置的图片加以半线框增加图片的重量感，稳定边缘，副标题居于右上角与上半部分效果图上边缘顶对齐，说明信息放置在左下角与下半部分效果图底部对齐。

（a）

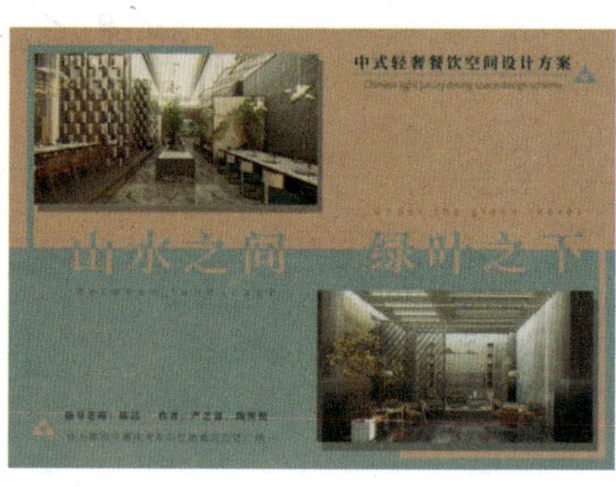


（b）

图6-25 “山水之间、绿叶之下”餐饮空间方案封面设计（学生作业：严艺霖、陶熙悦）

### 3. 设计内容推进

目录设计通常根据框架中的章节制定分项，首先，清晰地罗列出设计方案五个章节的具体内容，图 6-26 为“山水之间、绿叶之下”餐饮空间的目录设计，此图是将一张效果图分割为五个直面作为目录页面的主要图片，版面中主标题“目录”字号最大。其次，将数字和章节具体名称的字号，调小形成信息分级。再次，章节内容名称前加点状三角图标，强调信息。最后，边框居中加入与封面一样的“▲”与主题“山”呼应。

图6-26 “山水之间、绿叶之下”餐饮空间目录设计（学生作业：严艺霖、陶熙悦）

## 6.6.3 衔接：让每一个章节都有故事

版式设计的每一个章节之间的衔接用章节版面展示，章是对本节内容的概括、提炼，读者阅读章节页就能明白此章节要传达的主要设计故事。章节与章节之间的版面可以保持一样的版式样式，只需更换局部图片、位置、文字即可，以保持整体方案的协调。章节页面的设计版式相同，只改变图片和文字内容如图 6-27 所示，以达到变化中的统一。

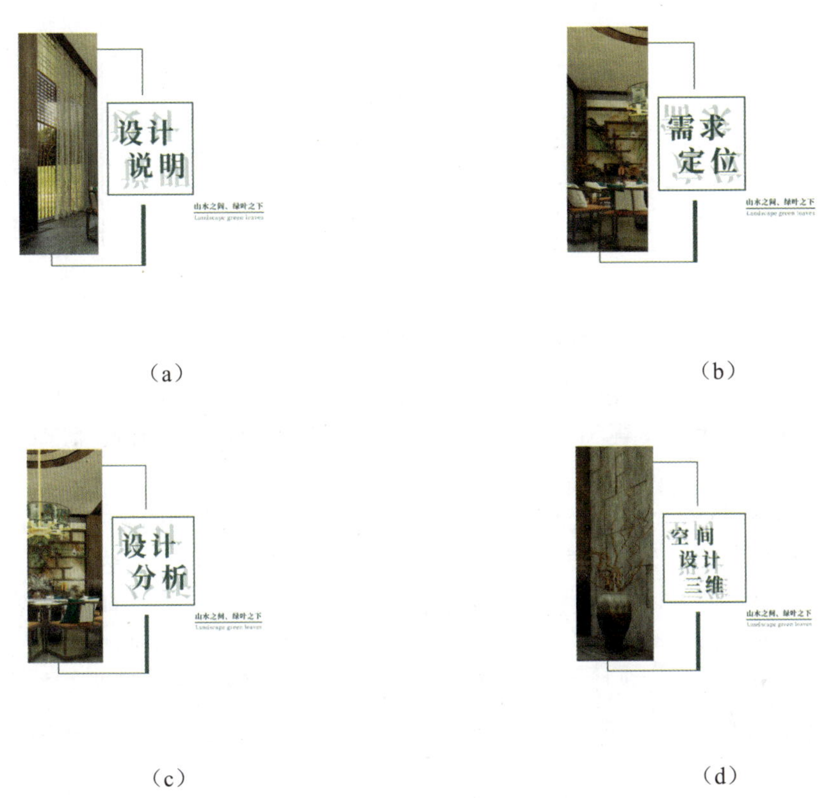


图6-27 “山水之间、绿叶之下”餐饮空间章节页设计（学生作业：严艺霖、陶熙悦）

## 6.6.4 组合：打造高大上的信息传达内页

方案版式的内页设计类似于书籍设计，内页包含的内容较多，传达的信息量较大，因此图片、文字之间的比例十分重要，以适应读者的视觉感受和心理感受。了解一些书籍版面的基本知识，有利于后期方案版式页面的排兵布阵，因此首先要弄清版心、天头、地脚、栏、切口、订口分别是什么，如图 6-28 所示。

版心：版心是内页的核心信息部分，是展示设计方案文字、图片的区域。版心的大小可以依据版面大小灵活调整。天头大、地脚小是较为常见的方案版式，这种版面规整，视觉流线清晰，方便阅读。也有地脚大于天头的方案版式，这种版面视觉重心偏上，轻松活跃。

天头：天头是版面的上端留白处，方案版面的天头区域可以设置设计方案的导航信息文字，这些信息文字可贯穿整个设计版面。

地脚：地脚是版面的下端留白处，版面的页码或是版面的信息导航也可放置于此。

订口：订口是版面装订内侧的空白处。（需要打印的方案文本）

切口：切口是版面外侧的空白处。（需要打印的方案文本）

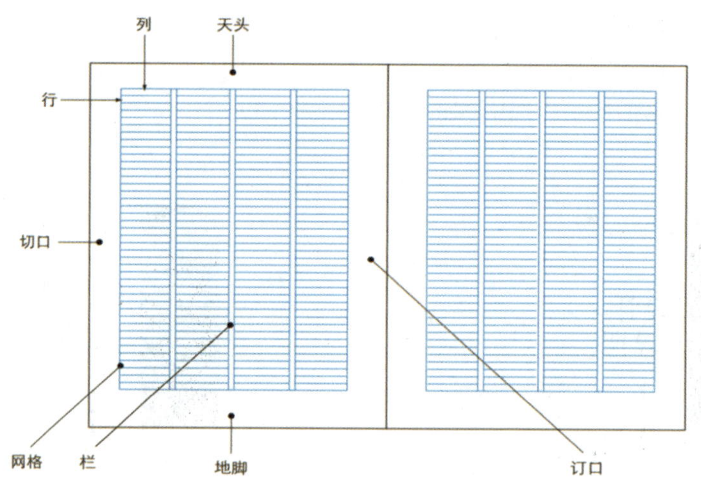


图6-28　版式内页内容各元素

值得注意的是，以上内容主要是针对书籍设计的版面介绍，在方案版式中可灵活变动，例如，在方案版式设计中，天头区域可以设置设计方案的导航信息，地脚、版面左右两边的留白也可作为内页导航，并可根据需要调整尺寸大小。

内页主要是展示设计方案的版面，根据展示内容的不同会有不同的展示样式，在内页加上导航文字，会更加利于版面主题的突出。内页设计一定要将设计信息表达清楚，分清主次，突出设计方案的设计亮点和特色。内页版面设计可使用网格约束文字、图片等内容。网格是一种重要的编排辅助手段，可依靠网格对版面的框架结构进行大致的规划。

网格可以规范版面比例和秩序，使版面风格简洁明晰，保持统一。

### 1. 内页版心的设置

内页排版首先要确定版心，内页版面大小通常为1920px×1080px，考虑天头和地脚的比例关系，天头留白120px、地脚留白60px，左右等距留白60px，剩余区域为版心，图6-29所示为方案版式内页的设计方式，蓝色方格为60px×60px，红色框代表版心（AI制作版面）。

### 2. 制作网格

网格的行数、列数、间距根据需求自行调节，5行、8列较为常见，网格间的间距通常为10px ～ 15px，制作时可根据需要调整，此处涉及的只是常见方法，图6-30为方案版式网格制作。

内页的设计主要依据思维导图进行，主体内容和主体色彩沿用封面、目录的整体调性，内页中的导航文字和方案说明文字要保持统一。图6-31的导航内容放置在版面左上角，前加“▲”与主题“山”呼应，后面为“主标题＋章节内容＋页面名称”的组合，字体最小。为了使版面平衡，右下角加以“副标题”，空白处加以直线填充（红色框）。设计说明页采用左右版面，左边为文字说明，右边图片分割成大小一样的方块增加设计感，页面标题与说明文字在字号大小上进行区别。空间材料页采用居中构图，“空间材料”与“03”对角平衡呼应（红色框）。

图6-29　方案版式内页设计方式（自绘）

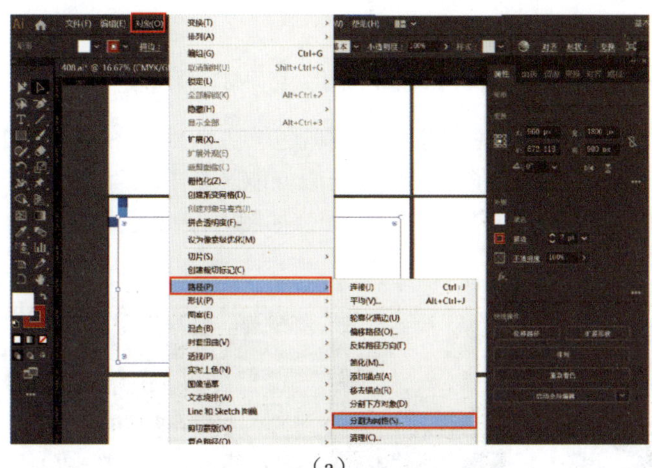

（a）

分割为网格

| 行 | | 列 | |
|---|---|---|---|
| 数量（N）： | 5 | 数量（O）： | 8 |
| 高度（H）： | 170.4 px | 宽度（W）： | 214.5 px |
| 栏间距（G）： | 12 px | 间距（E）： | 12 px |
| 总计（T）： | 900 px | 总计（O）： | 1800 px |

☐ 添加参考线（D）

☑ 预览（P）　确定　取消

（b）

（c）

图6-30　方案版式网格制作（自绘）

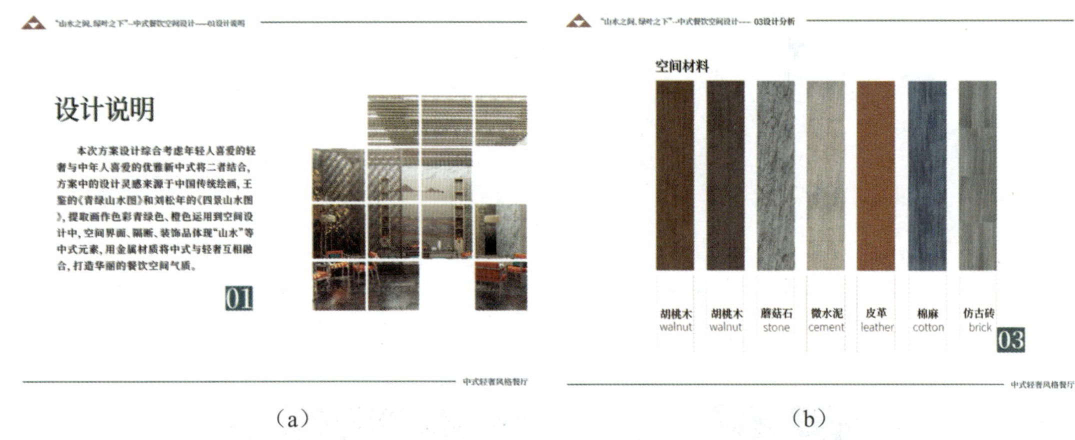
（a）　（b）

图6-31　“山水之间、绿叶之下”餐饮空间设计说明、空间材料页设计（学生作业：严艺霖、陶熙悦）

效果图版面设计采用左右分割构图，页面既包含主图效果图，又有辅助说明的轴测图和平面位置示意图，通过三张图片的排版让人一眼就能区分出主角图片与配角图片（红色框），版面中的文字也注意区分字号的大小（蓝色框），如图6-32所示。

图6-32　“山水之间、绿叶之下”餐饮空间茶室效果图版面设计（学生作业：严艺霖、陶熙悦）

大包间效果图的版面设计与图6-32的版面设计保持形式统一，以提取的效果图的颜色作为主色，重心居左，如图6-33所示。

小包间效果图的版面设计与图6-32的版面设计保持形式统一，但改变了版面标题文字和图片，保证了方案文本的整体性延伸，如图6-34所示。

内页的设计一定要分清版面的主要内容和次要内容，版面以突出设计主题为主，不需要过于复杂。

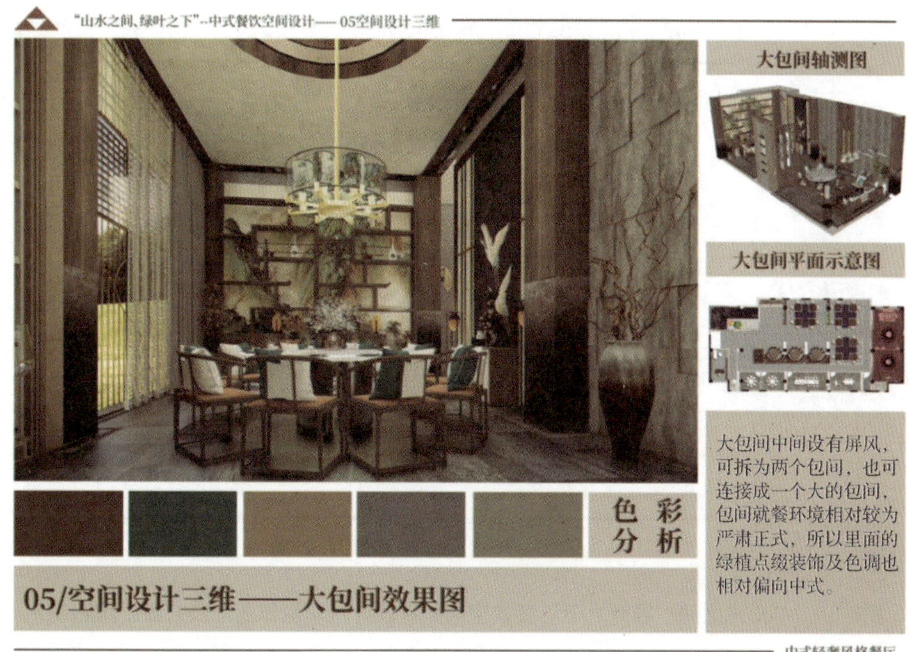


图6-33 “山水之间、绿叶之下”餐饮空间大包间效果图版面设计（学生作业：严艺霖、陶熙悦）

图6-34 “山水之间、绿叶之下”餐饮空间小包间效果图版面设计（学生作业：严艺霖、陶熙悦）

封底设计选择与封面一样的图片，只改变了图片两边的文字内容，并缩小图片居中放置，上下加以简单的线条和“▲”，以保证封底与封面的风格统一，如图 6-35 所示。

图6-35 “山水之间、绿叶之下”餐饮空间封底设计（学生作业：严艺霖、陶熙悦）

方案版式内页设计需要保持版面调性的统一，重点突出设计主题和设计主体。所有版式设计完成后通常会整体地检查一遍，检查版面是否存在问题，若版面存在问题则要及时调整，从而使版面设计更加完整和完善。

## 6.6.5 化繁为简：矩阵关系练习

本书所涉及的矩阵关系主要是一种版面制作的思维方式，虽然不同的主题、设计需求、样式、色彩、图片大小会使版面产生不同的变化，设计者无法完全掌握所有版式设计变化，但设计的思维可以通过大量的训练提高。良好的网格矩阵关系能够产生不同的规范版面，避免版面散乱、主次不分，使版面拥有良好的阅读顺序，从而更高效地展示设计方案。

同样的图片在版式设计中的不同排版，产生了不同的效果，图 6-36 为色彩分析方案版式内页的设计，图 6-36（b）的版式相较于图 6-36（a）的版式，其主体更加突出，视觉流程更加舒适。

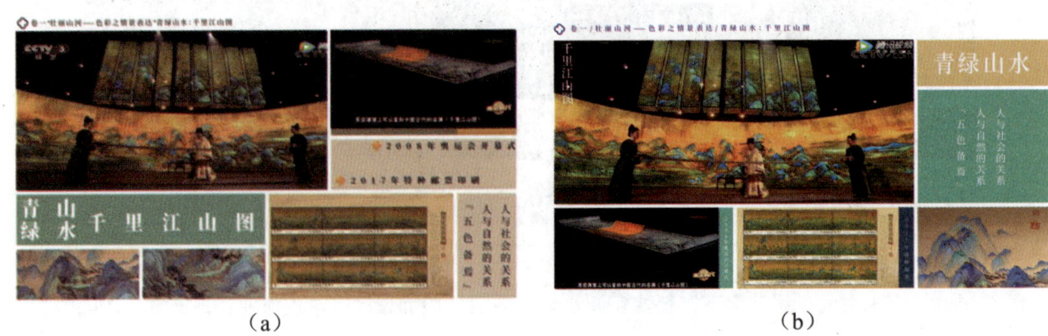


（a） （b）

图6-36 色彩分析方案版式内页设计（自绘）

图 6-37 所示为方案版式文本内页的设计在确定版心以后，在版面中用网格制作一些矩阵关系的框架，再将每一个小格子链接合并，清楚地分清版面的主次位置，然后填充图片和文字，增加细节，网格的边界可以依据需求有一定的变化。网格的链接合并要考虑本页版面准备放置的内容，不是空想，要分清展示内容的主次。

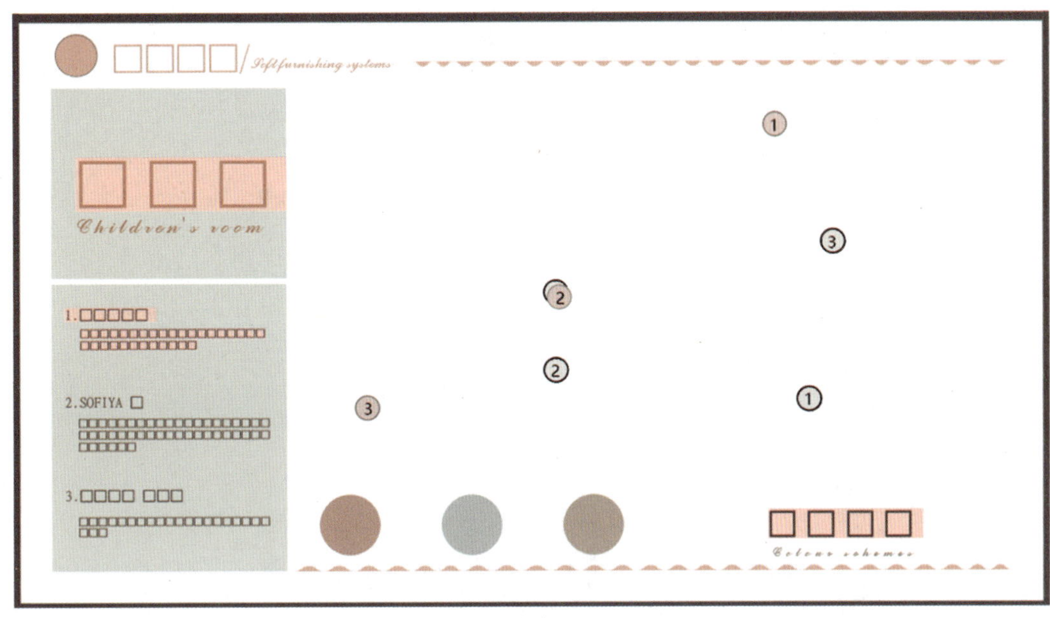


（a）

（b）

**图6-37　方案版式文本内页设计（方案版式设计课程 / 全案设计师：谢磊）**

网格的链接需注意整体关系，多制作网格版面，在大脑中形成矩阵关系有助于排版效率的提升，形成版式设计思维。

方案版式内页网格设计，如图 6-38 所示。

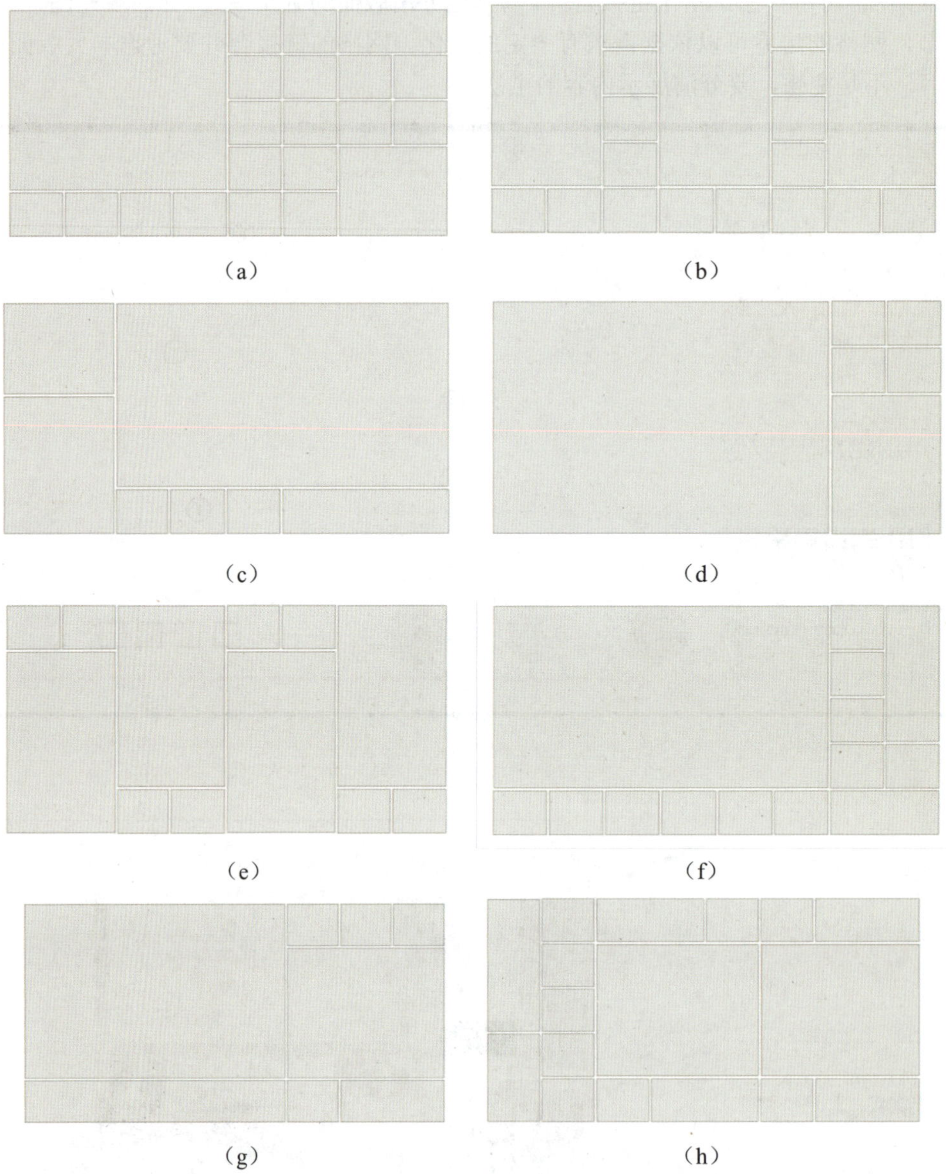

（a）　（b）

（c）　（d）

（e）　（f）

（g）　（h）

图6-38　方案版式内页网格设计

1. 找一套方案制作思维导图。
2. 选取思维导图方案分析，绘制 4 张网格版面。

# 室内设计方案版式

学习重点及目标

- 方案版式图纸内容。
- 方案版式排版逻辑。
- 室内设计方案文本制作。

室内设计方案版式是环境设计专业常涉及的版面形式，方案的最终呈现，需要方案文本去传递设计构思和设计过程，最终实现设计落地等。

## 7.1 室内设计方案版式图纸

室内设计一般包括功能性空间设计、展示类空间设计和装置类空间设计三个方面，常见的室内设计方案一般包括住宅空间设计、办公空间设计、展示空间设计及餐饮空间设计。完整的室内空间设计方案版式内容一般是按照封面、目录、场地认知（城市区位、资源优势、视线分析、场地勘察、光照分析、品牌分析等）、概念设计（设计立意、设计定位、元素提取、设计主题等）、方案设计（总平面图、平面布点、功能分区、动线分析、分区设计、意向分析等）、专项设计等步骤进行排版的。

根据室内设计方案思维导图分析（见图7-1），可将室内设计方案版式图纸分为场地认知图纸、概念设计图纸、方案设计图纸和专项设计图纸四个板块，接下来，就从这四个板块进行室内方案版式图纸内容的分析。

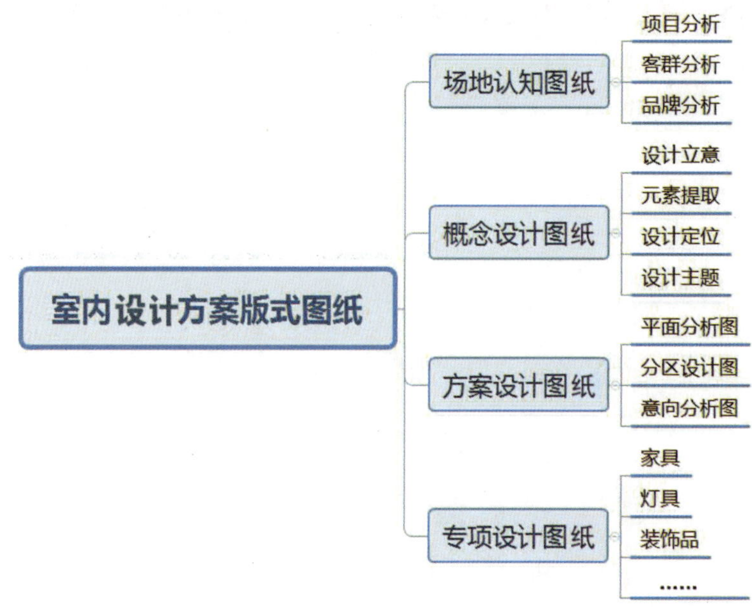


图7-1　室内设计方案思维导图分析（自绘）

### 7.1.1 场地认知图纸

场地认知即对设计场地的调研分析，室内设计项目一般是在已有的建筑中进行设计规划的，首先需要对建筑物和建筑物的周边进行调研分析，包括项目分析、品牌分析、客群分析等，如图 7-2 所示。设计场地处于某个特定的区域，具备自己独特的社会特征，室内设计不仅要跟建筑物结合，而且要与周边环境有联系，因此，正确分析周边环境对场地认知非常重要。

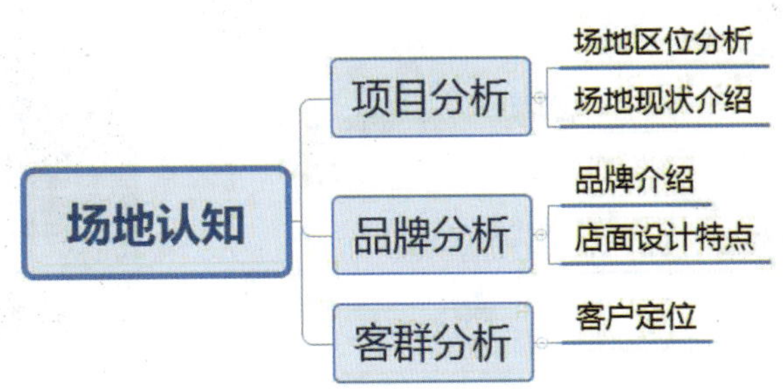


图7-2　室内设计场地认知思维导图分析（自绘）

（1）项目分析包括场地区位分析及场地现状介绍。

场地区位分析是对建筑物周围区域进行分析，如图 7-3 所示。

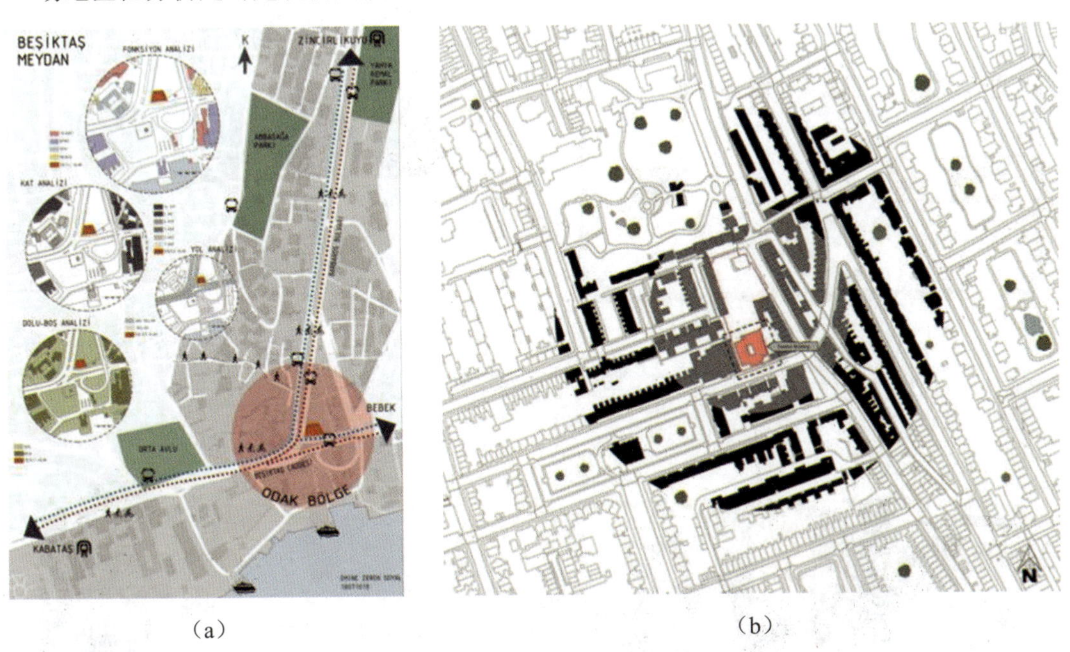


（a）　　（b）

图7-3　场地区位分析

场地现状介绍是对项目周边现状进行分析展示，如图 7-4 所示。

（2）品牌分析是针对商业性质的室内设计进行分析，包括品牌介绍及店面设计特点，如图 7-5 所示。

（3）客群分析是对客群信息进行分析，需要描述业主的家庭成员、工作背景和爱好需求，再通过这些信息了解客户对使用空间的真正设计需求，如图 7-6 所示。

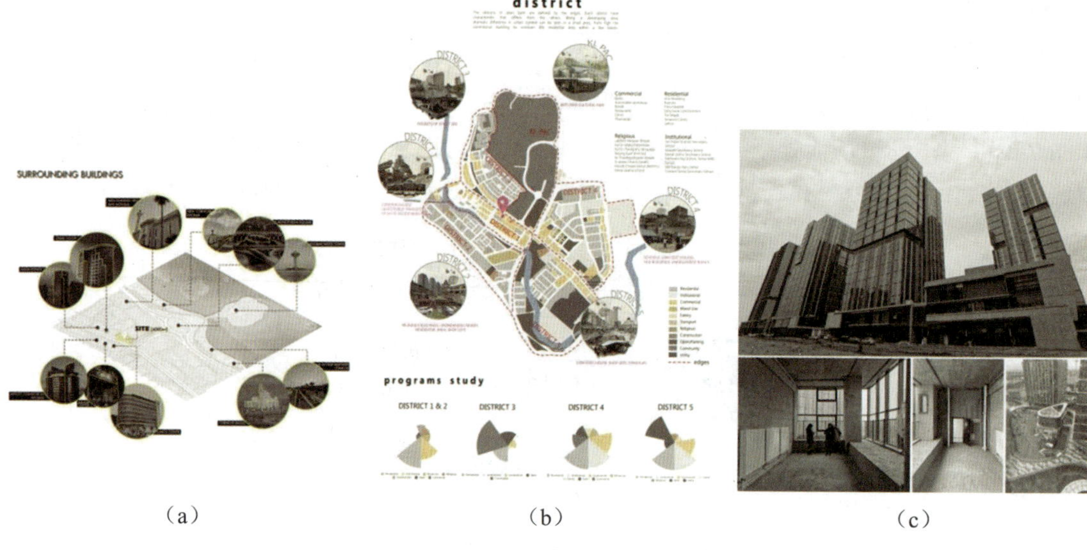


（a） （b） （c）

图7-4 场地现状介绍

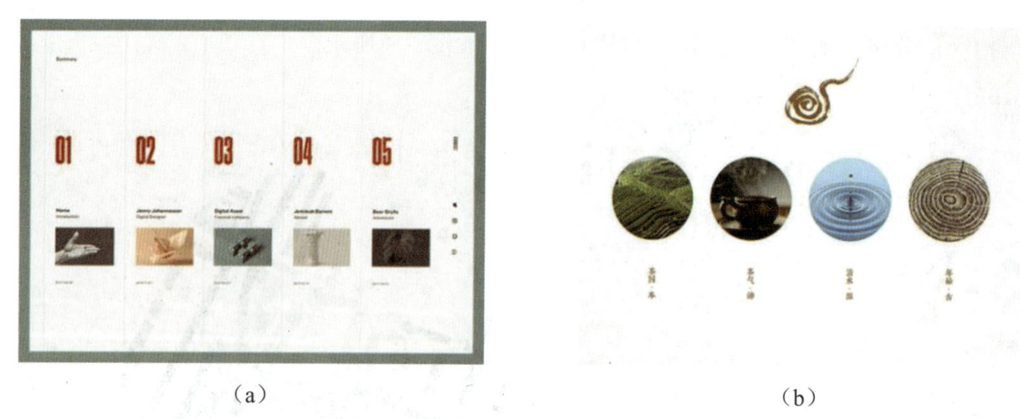


（a） （b）

图7-5 品牌分析

（a） （b）

图7-6 客群分析

## 7.1.2 概念设计图纸

概念设计是由分析用户需求到生成概念设计的一系列有序的、可组织的、有目标的设计活动，它表现为一个由粗到精、由模糊到清晰、由抽象到具体的不断进化的过程。概念设计是室内设计的一个非常重要的环节，概念包含“理念和观念”，是解决设计问题的开始，同时也是一个设计项目的点睛之笔。概念方案的设计和思考是实际应用的关键，首先要基于用户对设计环境的理解提炼和概念设计的升华，概念设计的出发点即贴合“用户的爱好”。

（1）设计立意分析是根据室内空间环境的特点抽象出某一类特征，以传达生活审美情趣，体现人文精神内涵，如图 7-7 所示。

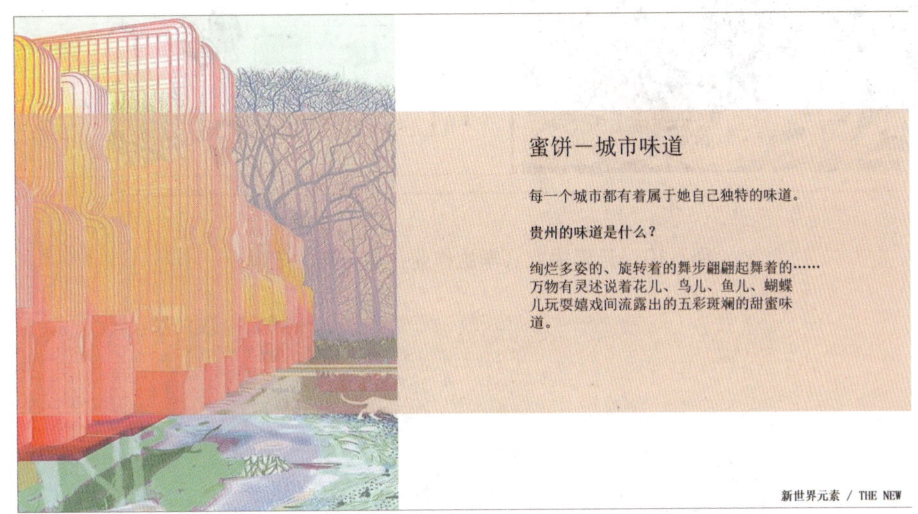


图7-7 设计立意分析（方案版式设计课程 / 陈设设计师：杰男）

（2）设计定位分析是目标明确且解决构思方法问题的设计性工作，主要考虑品牌、产品和消费者三个基本要素，包含丰富多彩的信息内容，目的在于明确设计元素的主次关系、确立设计的主题与重点，如图 7-8、7-9 所示。

图7-8 设计定位分析（方案版式设计课程/陈设设计师：杰男）

图7-9 风格定位分析

（3）元素提取。设计元素是设计中的基础符号，是为设计手段准备的基本单位，在设计过程中可提取代表性的元素展示设计意图，如图 7-10 所示。

（4）设计项目主题即对项目主题元素进行展示，图 7-11 所示为“光”主题概念设计。

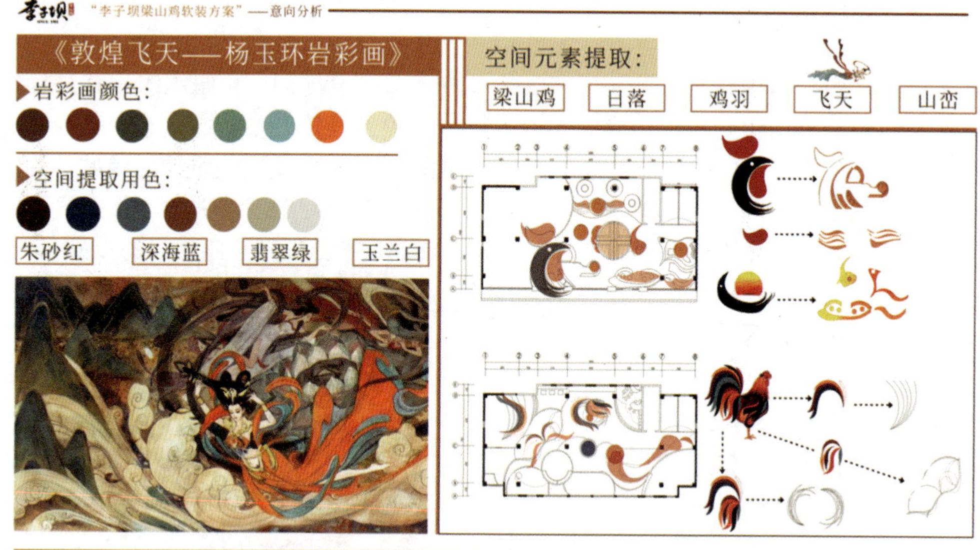


图7-10　元素提取（学生作业：盛芳芳、范琳）

图7-11　“光”主题概念设计

## 7.1.3　方案设计图纸

室内设计方案图纸一般包括平面设计图、功能分区图、流线分析图、材质分析图、立面图、空间效果图和方案意向图等。总体上可将其分为平面分析图、分区设计图及意向分析图，如图 7-12 所示。

### 1. 平面分析图

平面分析图包括总平面图、动线分析图和平面节点图。

（1）总平面图是整个方案的平面设计，图 7-13 所示为方案设计总平面图。

（2）动线分析图是对室内空间的人流路线等进行分析，如图 7-14 所示。

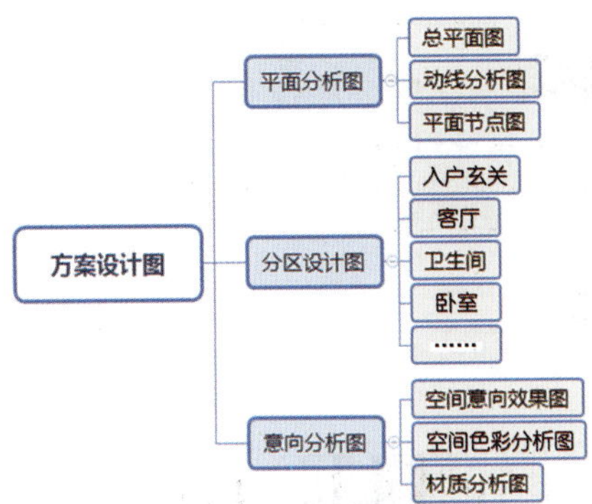


图7-12　方案设计图纸思维导图（自绘）

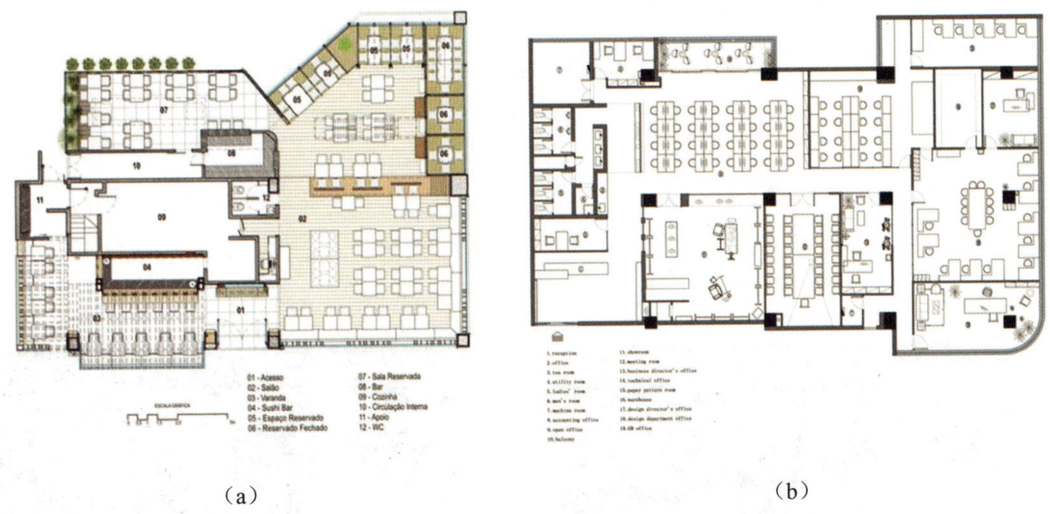


（a）　　　　　　　　　　（b）

图7-13　方案设计总平面图

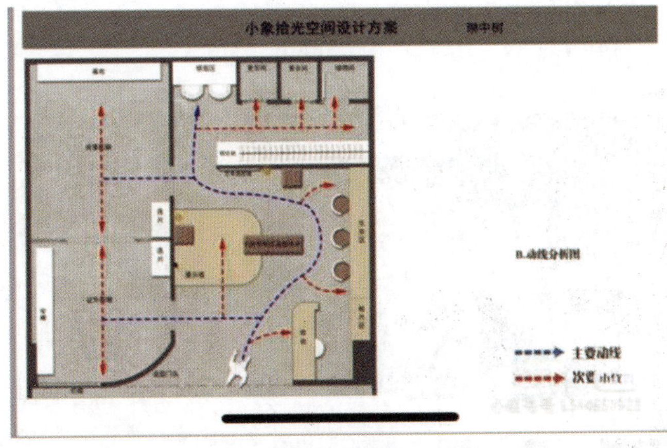


图7-14　动线分析图

（3）平面节点图是对室内空间细节进行展示，包括局部平面图和设计效果图，如图 7-15 所示。

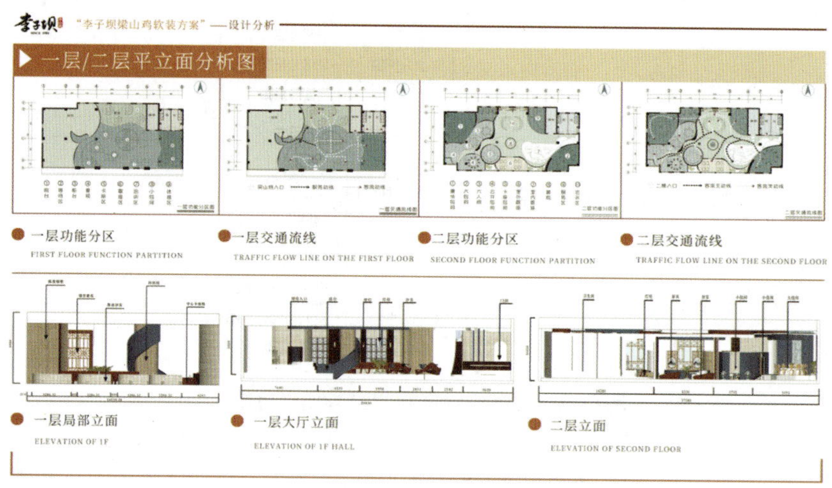


图7-15　平面节点图（学生作业：范琳、盛芳芳）

## 2. 分区设计图

分区设计图是针对室内不同的空间进行的设计分析，以住宅空间为例，可分为入户玄关设计分析、客厅设计分析、餐厅设计分析、厨房设计分析、卫生间设计分析、卧室设计分析和储藏室设计分析等，如图 7-16 所示。

（a）　（b）

（c）

图7-16　分区设计图（学生作业：范琳、盛芳芳）

### 3. 意向分析图

意向分析图是指针对某个设计目标可能需要解决的问题展开设计构思，明确解决问题的方向，进而形成初步设计概念。简单来说就是在设计之初对设计的总体方向形成一种纲领性把握，为下一步的具体方案设计确定明确的目标。

（1）空间意向效果图是对空间效果的意向进行展示，如图 7-17 所示。

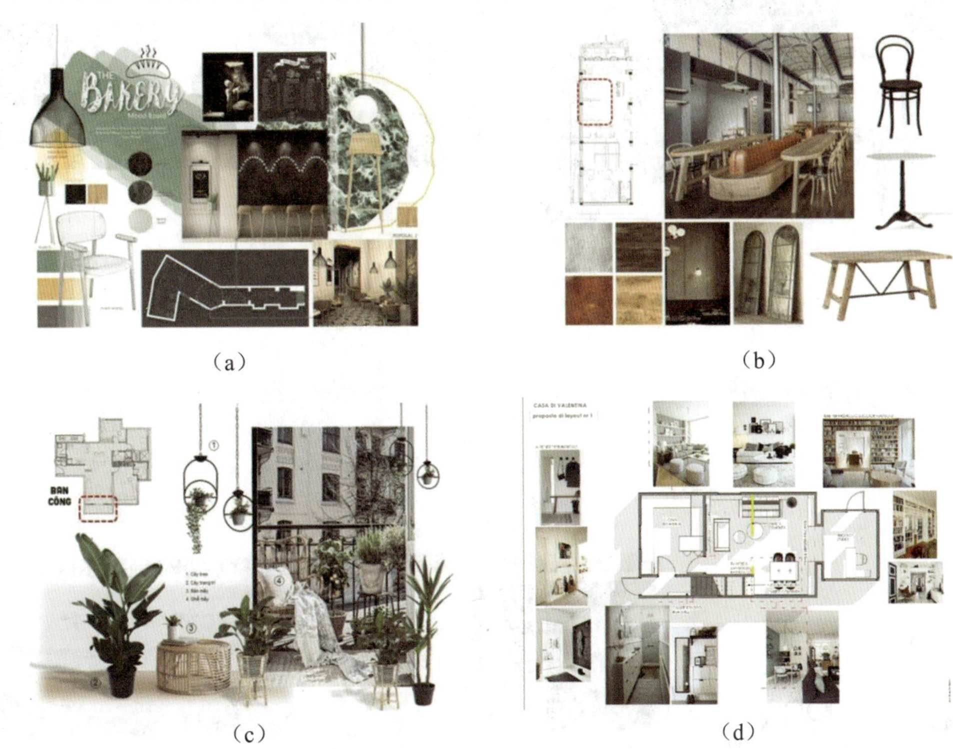


（a）（b）（c）（d）

图7-17　空间意向效果图

（2）空间色彩分析图是对室内空间色彩效果的意向展示，如图 7-18 所示。

（a）（b）（c）

图7-18　空间色彩分析图

（3）材质分析图是对室内空间所运用的材质进行展示，如图 7-19 所示。

（a）　（b）

图7-19　材质分析图

### 7.1.4　专项设计图纸

在室内设计中，专项设计是对室内空间中特定项目进行设计，一般包括家具设计、灯光设计、装饰品设计和导视系统设计等，如图 7-20 所示。

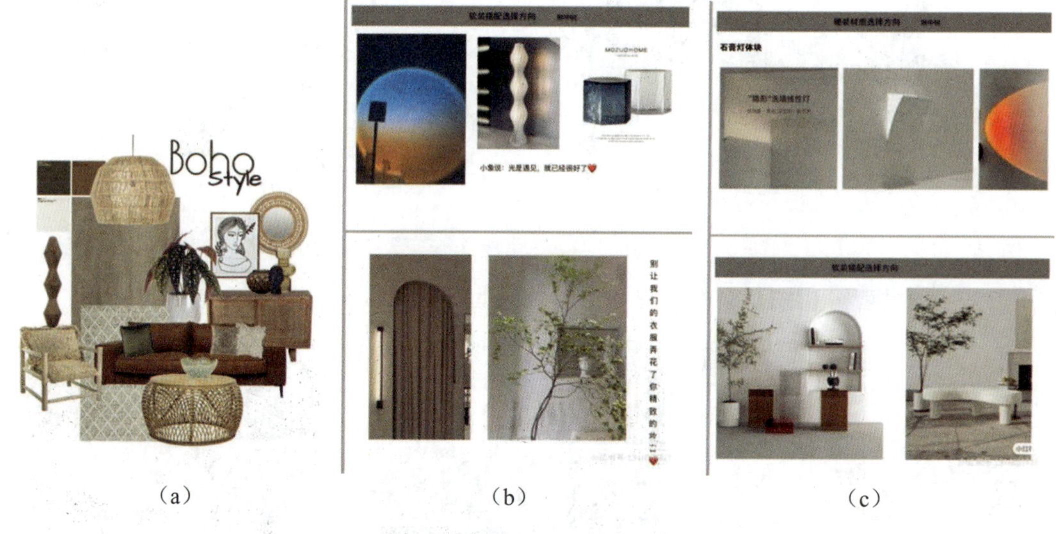


（a）　（b）　（c）

图7-20　室内专项设计分析图

## 7.2　转换思维：打造表现力强的方案版式

在完成方案图册设计的过程中，方案文本的逻辑思维非常重要，优秀的方案版式会使设计方案更具说服力。设计者应具有一定的模型思维和结构思维，对设计方案的前后论述有一定的逻辑思维，这会使读者更容易接受设计者所传达的信息。

方案版式设计运用丰富的视觉语言构成具有对比形式的画面，吸引读者的注意力，向读者传达一定的信息，给读者留下深刻的印象，同时影响读者对方案的了解，促成合作。在环境艺术设计专业中，室内设计、景观园林设计都需要进行一定的图形文字排版，以传达设计者的设计主题和构思过程。在方案版式设计过程中，可采用丰富的视觉元素突出方案文本的主题和细节，如图 7-21 所示。

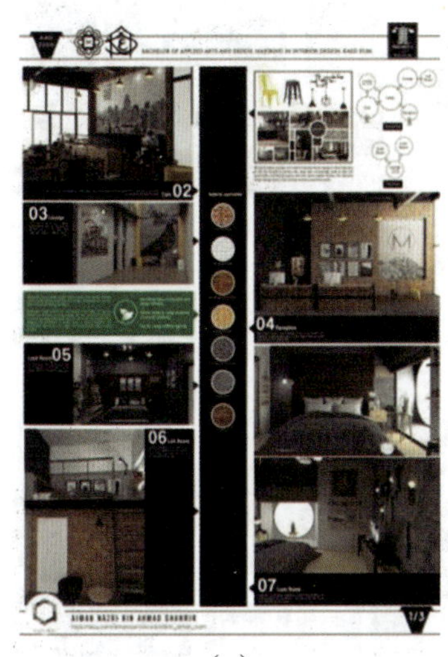

（a）

（b）

图7-21　方案版式设计构思

## 7.2.1　方案设计的排版

在方案版式设计中，方案设计的排版与构成元素是相辅相成的，版面的内容是为设计主题服务的，合理的方案设计可以达到完善并强调主题的目的。优秀的方案版式设计不仅应具有一定的设计细节，更应注意版面内容与整体布局的关系及其合理性，需要做到版面内容与形式的统一，以达到最佳的视觉效果，展示最完整的设计理念，完美传达设计师的想法。

### 1. 组织方案排版内容

在进行方案排版时，需要注意内容的表现形式，并运用不同的视觉表现形式产生不同的视觉效果。组织方案排版是使页面布局平衡、留白与图片平衡，有效地将需要展示的内容进行组织，让每一页之间产生关联，是将从项目的前期分析，到设计理念的形成，再到设计方案的组织及效果图的展示这一系列零散的信息组成一个整体的过程。

设计方案的平面图和透视图可使读者产生身临其境之感，轻松了解设计者的整体构思。图片的选择需要注重统一性，以强调彼此之间的关系。图 7-22 所示为组织方案排版内容，其包括整套设计图，如不同比例的平面图、效果图和细节图，布局整齐而一致，清晰地突出设计结果。

### 2. 运用图纸描述整体设计构思

在方案版式设计中，相对文字表现形式，人们更倾向于采用图片的表现形式，设计师需要适当地设计排版，通过图片去表达设计构思。如图 7-23 所示，设计师运用多个小图进行注释，使整个排版非常简洁，图片是整个页面的主角，设计师删除了多余的信息，使整个页面像图解，摒弃了文字的解读形式，图中有很多留白，但并不会使人感觉空洞。方案版式设计并不是在回顾设计，而是回顾组织设计的方式、方法，以及选择阐述设计的方式。

（a）

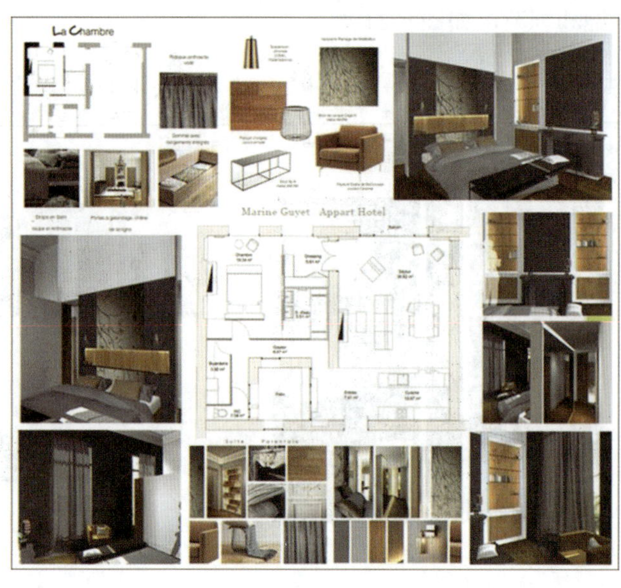


（b）

图7-22　组织方案排版内容

（a）

（b）

图7-23　运用小图注释

### 3. 方案版式页面的有效性和流畅性

设计项目方案的排版不仅要讲究完整一致的效果，而且需考虑符合设计过程，从而体现项目设计的流畅性，保证方案文本每一页信息传达的有效性。方案版式设计可以运用小图标等展示设计的信息，以减少不必要的文字，如图 7-24 所示。

方案版式设计有大量的信息需要展示，在设计过程中要避免过多的繁杂内容，以免给读者造成视觉疲劳，影响其阅读兴趣，适当的留白在版式设计中是必要的。留白并不是无效地占用空间，而是给整个版面留出一定的呼吸空间，以承接每一个步骤的内容，突出每一个设计过程的重点。虽然每页都填充了给定的内容，但是在进行简单拆分的同时也保留了空白区域，确保整个页面不会太满，使整个方案版式具有强烈的冲击性，如图 7-25 所示。

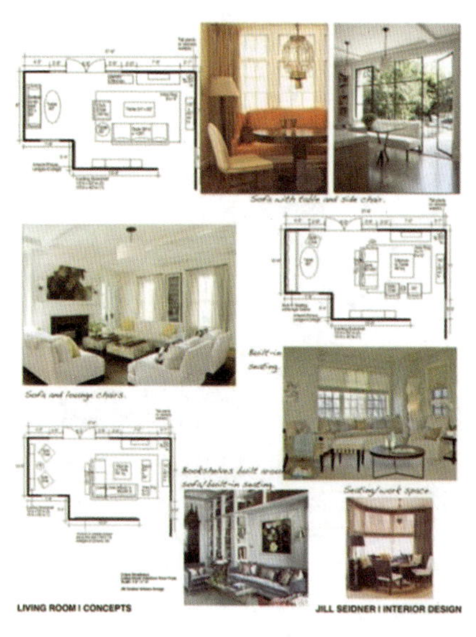


（a）

（b）

图7-24　室内设计排版

（a）

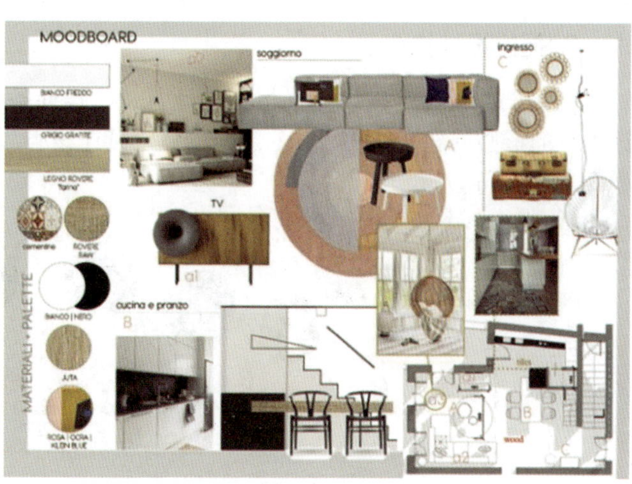


（b）

图7-25　室内效果图排版

## 7.2.2　方案文本内容的创作逻辑

完成方案版式设计之后，如何完成汇报图册的排版尤为重要，这是传达设计构思的重要环节。方案文本的设计逻辑是描述设计从何而来，要到哪里去，如何去那里，和到那里去的过程。将这种逻辑放置在设计流程中，便是项目背景介绍、强化设计核心和提出解决方案。

## 1. 项目背景介绍

项目背景介绍，即让读者了解设计师所描述的场景，充分展示项目背景信息和设计思路，从而让人产生身临其境之感，如图 7-26 所示。

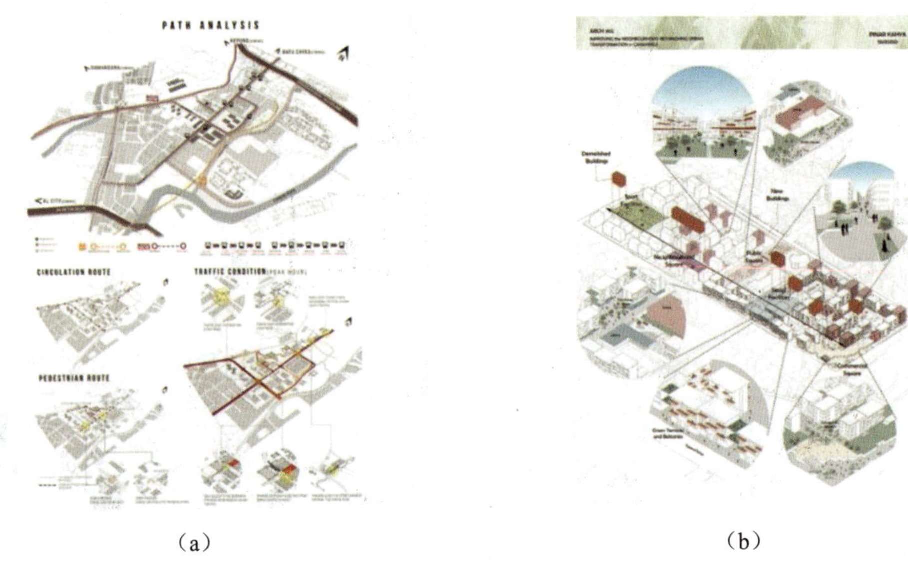


（a）　　　　（b）

图7-26　项目背景介绍

## 2. 强化设计核心

强化设计核心是指设计者根据设计背景、设计条件、设计潜力，经过深入调研，提出设计项目的核心问题及核心矛盾，并不断强化设计核心，调动读者的同理心，引导读者感同身受，如图 7-27 所示。

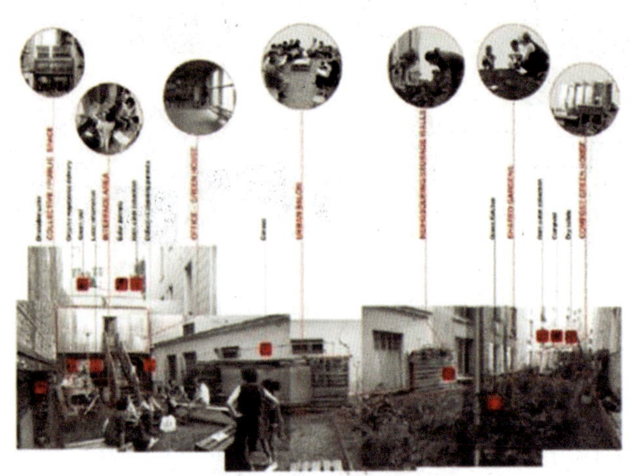

图7-27　强化设计核心

### 3. 提出解决方案

方案文本的创作逻辑是通过描述设计场景，强化设计核心，进而提出解决方案。其中，提出解决方案是用有逻辑性的阐释来表达设计师是如何通过设计方案来展示项目的核心的，如图 7-28 所示。

（a）

（b）

图7-28 提出解决方案的方案版式

在方案版式设计的过程中，我们需要先将有用的图纸整理在一起，使得项目具有完整性，然后利用图形的位置、大小搭配不同的图示和文本，让页面在最短的时间内有效地呈现设计的整个过程。同时注意把握细节，保持图形排版的一致性，协调设计色彩、文字和标题等，以形成更加完整的排版逻辑。

## 7.2.3 室内设计方案中的内容逻辑

### 1. 明确角色意义

在室内设计方案文本中，明确各个设计阶段在整体设计中充当的角色，具有重要意义。

### 2. 筛选不同阶段的重要信息

在室内设计方案的不同阶段，重点信息的选择有所不同，设计师应根据设计的主题筛选合适的信息内容，并加以编排。

### 3. 思想表达

筛选出想要表达的信息后，就可运用图形和文字等设计元素进行设计构思的表达。选择完整的编排模板是一种非常便捷的设计方式，但往往会使作品没有重点，不能更好地吸引读者的注意力。其实室内设计编排是一个寻找问题、解决问题的过程，只要设计逻辑完善了，排版的效果自然就出来了，可以按照时间、空间、事情发展逻辑等进行设计的编排，如图 7-29 所示。

（a）

（b）

图7-29　室内设计排版

设计师完成的设计方案，除满足功能性需求之外，还应注重一定的审美效果，一套条理清晰的文本排版，在向读者传达设计方案时显然更容易被接受，因此方案版式设计的编排效果尤为重要。

目前，学生采用的方案汇报的逻辑相对统一，即前期应该论述什么，后期应该论述什么，且大多采用陈述型方案进行汇报，逻辑思维相对固定。设计方案排版的本质其实是说服甲方的一个重要工具，从这个角度而言，我们对设计方案论述的前后顺序就显得非常重要。设计者按照什么样的逻辑思维关系将自己的设计方案推销出去，是一个非常重要的能力，设计案例的方案排版不同，说明逻辑思维也不相同。针对不同的设计方案确定不同的方案版式，调整方案版式逻辑思维，是方案版式设计进行个性化表现的重要方式。

## 7.3 室内设计方案文本制作

室内设计方案文本其实就是将室内设计的内容运用点、线、面元素之间的关系来进行组织的版面，所有优秀的版面都是点、线、面的有序组合与排列。室内设计方案文本的版面是否好看，源于设计者对版式规则的掌握是否足够。所有的室内设计都有不同的场景，因此，室内设计方案文本的版面编排要根据不同的场景进行点、线、面之间关系的整合布局。

室内设计方案文本的制作既是设计师设计的过程也是设计的结果，方案文本可以向读者直观地传达设计构思、理念及细节。因此，室内设计方案文本的制作对于设计师而言是非常重要的，那么设计师应该如何完成室内设计方案文本的制作呢？方案文本的设计流程又是怎样的呢？这都是设计师需要思考的问题，如图 7-30 所示。

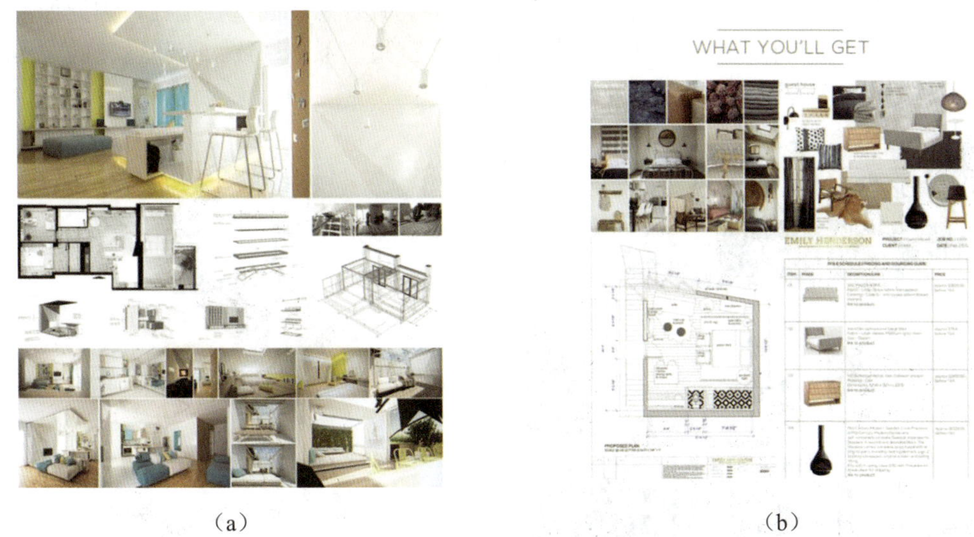


（a）　　　　　　　　（b）

图7-30　室内方案文本设计

## 7.3.1　室内设计方案文本制作的注意事项

方案文本制作归根结底是对方案内容的编排设计，设计不好就会产生方案文本版面没有亮点、方案文本版面主次不清、方案版面排版容易造成视觉疲劳等问题，要解决这些问题，设计师需要从根本上去了解基础的版式设计内容，注意版式设计的形式法则，根据设计内容去进行点、线、面的组合。

在制作方案文本时，首先需要注意文本内容前后的逻辑关系，顺序逻辑合理的室内设计方案文本，可使读者容易认同设计者的设计，无论是前期的分析、风格的选择，还是概念设计、方案设计、效果图的展示，清晰的逻辑思维更容易被读者认可接受，如图 7-31 所示。

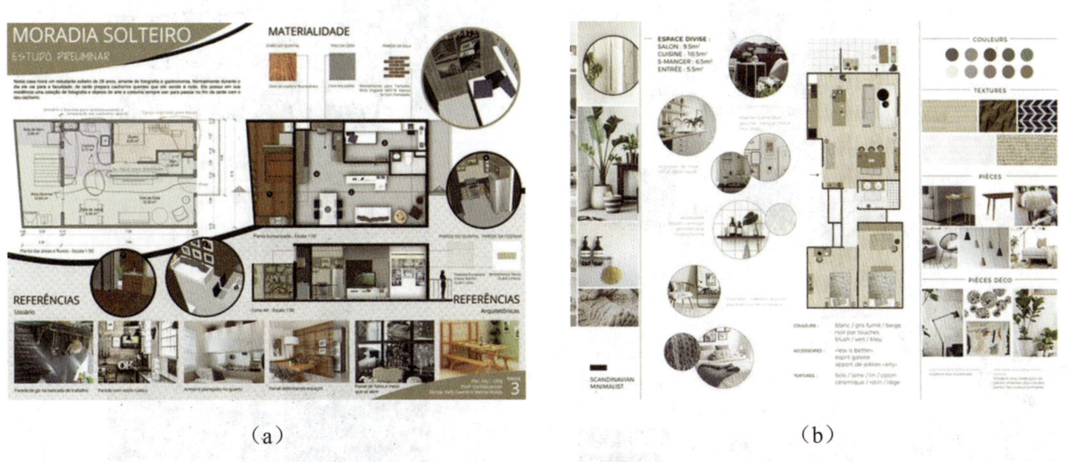


（a）　　　　　　　　（b）

图7-31　清晰的逻辑思维

其次，在版式设计中要选择符合设计主题的版式样式，在关注设计内容表达的同时注意版式设计中字体的选择、文字的间距、版面色彩的搭配和比例控制等，都会让我们的设计作品更能打动人心，如图 7-32 所示。设计文本是我们表达设计意图的重要途径，因此如果单纯地以罗列的形式去推销自己的设计显然是行不通的。试想一下，精致、充满设计的文本和粗糙而直接的文本，作为读者，你会选择哪一种呢？

（a）

（b）

**图7-32　符合设计主题的方案版式**

最后，需要注意文本内容的选择。在选择文本内容时，要注意色彩的和谐，主题的明确和整体的统一（见图 7-33），否则整个版面会显得杂乱无章且主题模糊，读者不能很好地了解设计的主次。图片的选择对于整个文本制作非常重要，图片的完整性和角度的选择对室内方案细节的展示尤为重要，同时，也应注意图片的色彩组合，以免整个版面不和谐。

（a）

（b）

**图7-33　版面色彩和谐**

方案文本的制作对于设计师来说，是至关重要的一步，设计师一定要在学习版式设计的基础上进行深入的思考，制作更加完整精美的方案文本。

## 7.3.2 室内设计方案文本编排内容

室内设计方案文本的编排有一定的方法和原则，下面将结合一些优秀室内设计作品案例对室内方案文本的具体内容进行拆分讲解。

### 1. 封面

封面是方案文本的开端，是留给读者的第一印象，优秀的方案文本的封面应该是简洁、信息量大且引人注目的。封面的设计应尽量体现与方案文本设计内容的关联性，让整个方案文本前后连贯，过渡自然，同时封面要能够充分代表并展现作品的整体风格。方案文本的封面应以简洁大方为主，除非需要呈现某些特殊的效果，否则应尽量避免使用对比过于强烈或者较为跳跃的颜色进行配色。室内设计封面排版一般有以下三种方法。

1）纯文字法

纯文字法以文字为主，图面中不出现图片，通常会配有小面积的图形，例如，如图 7-34 所示的不同粗细的线或者简单的几何图形。

2）图形、元素与文字结合法

采用图形、元素与文字结合法是指方式排版的版面可以选用和设计项目内容相关的图形或者元素进行设计（见图 7-35）整体方案选取的是中国风的风格，因此，封面选择水墨、古建筑等中国风的意向图。

图7-34 纯文字封面设计

图7-35 图形、元素与文字结合的封面设计
（学生作业：范琳、盛芳芳）

3）图形、图片与文字结合法

图形、图片与文字结合法的规律是图片或者文字运用几何图形进行整合，如图 7-36 所示。

图7-36　图形、图片与文字结合的封面设计

## 2. 目录

读者可以通过目录的设置，体现整个设计项目涵盖的内容范畴，大致了解设计者的研究方向及整个方案的逻辑思维。目录一般是对各个项目每一节具体内容的展示，可以是纯文字的排版，也可以简单地进行图片摆放，通常采用便于阅读的版式进行编排即可。目录的编排方式一般有以下几种。

1）直线排版式目录

直线排版式目录主要起到连接、创造形式、信息间隔等作用，目录中文字较少，可以借助直线造型丰富图面形式，增强趣味性，如图 7-37 所示。

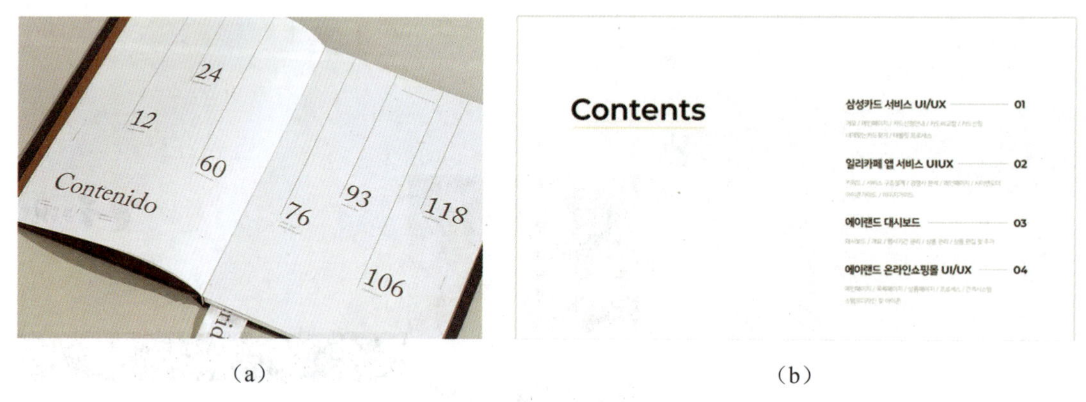


（a）　　（b）

图7-37　直线排版式目录设计

2）网格排版式目录

网格排版式目录可以有效地组织版面内容，使版面内容更有序、更整洁。内容较多的目录可以选择网格式排版，为了增强趣味性，通常会加入图片元素，如图 7-38 所示。

3）分栏排版式目录

分栏排版式目录适合文字较多的目录版式设计，可选择使用文字形式或图片形式进行分栏，如图 7-39 所示。

（a） 网格排版式目录设计（学生作业：范琳、盛芳芳）

（b） 网格排版式目录设计

图7-38 网格排版式目录设计

（a）

（b）

图7-39 分栏排版式目录设计

4）轴排版式目录

轴排版式目录是将目录信息沿着某条轴线进行排列，其适合内容较少的目录排版，轴线的形式可以为线，也可以为图片或色块等元素，如图 7-40 所示。

（a）

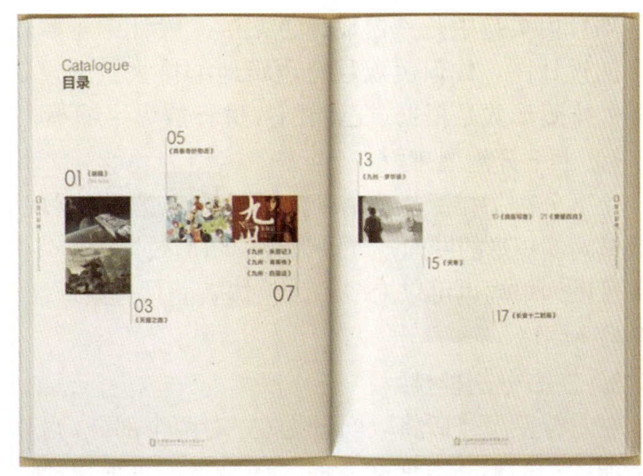


（b）

图7-40 轴排版式目录设计

### 3. 项目章节页

项目章节页是项目的起始，同时也意味着上一个设计节点的终结。假如没有章节页，项目之间则“无缝衔接”，整个方案文本的展示将显得杂乱无章。章节页内容的编排预设，能增加读者对后续内容的期待，激发读者的阅读兴趣，同时，增加方案版式的条理性，如图 7-41 所示。

（a）（b）（c）（d）

图7-41　篇章页设计（学生作业：范琳、盛芳芳）

### 4. 项目内页排版

项目内页排版是室内设计方案版式设计中难度较大的部分，项目内页排版一般需要展示较多的设计图，如何美观且有逻辑地编排大量的设计效果图，是一件有难度的事情。室内设计图的排版形式是根据自己的图片进行放大、缩小、重叠等各种形式的调整。

1）上下分割型排版

上下分割型排版排列清晰，便于设计逻辑的展现。上下分割型的版式结构多用于较大的图面或横向偏矩形的图面，可以为分析图加效果图、分析图加平面图、文字加效果图等几种形式，图片可以为单幅也可以为多幅，整体版面具有条理性，自左到右展示设计逻辑和细节效果，如图 7-42 所示。

2）左右分割型排版

左右分割型排版将版面分为左、右两个部分，可以分为文字加图片、图片加图片两种形式。文字加图片的形式方便文字的穿插排版，可使设计思维简约化。图片加图片的形式可以形成更加强烈的对比效果，使图面更具冲击性，规整的框架进行约束，能给人理性的感觉，如图 7-43

所示。

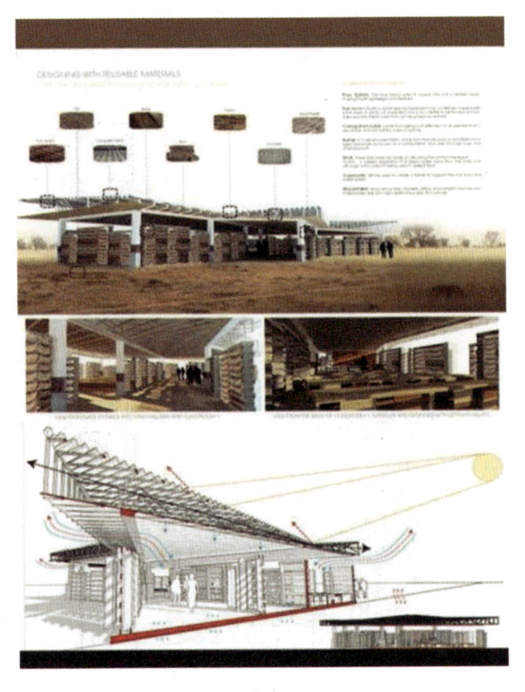

（a）

（b）

图7-42　上下分割型排版设计

（a）

（b）

图7-43　左右分割型排版设计（方案版式设计课程 / 全案设计师：柳锦榕）

3）满版型排版

满版型排版是用整张图面占满版面，相对于上下分割型排版和左右分割型排版，设计效果更加直观，版面极具冲击力。满版型排版大多会弱化文字的表现功能，仅做简单说明，以图面表达为主。满版型的排版，通常适于平面图及效果图的展示。整幅版面放置一张完整的大图，对图面的要求会偏高，要求设计者对图面进行细致的处理，如图 7-44 所示。

4）并列组合型排版

并列组合型排版是将大小一致的图片进行整理，并根据设计逻辑进行并列排布，多适用于大量分析图的整合排版。采用并列组合型排版的版面严谨规整且条理清晰，体现设计者的逻辑分析能力和思维整合能力。并列组合型排版需要控制文字数量，以免文字过多产生密集感，影响读者阅读，如图 7-45 所示。同时可结合上下分割型和左右分割型的排版方式，放大部分版面效果，进行对比呈现。

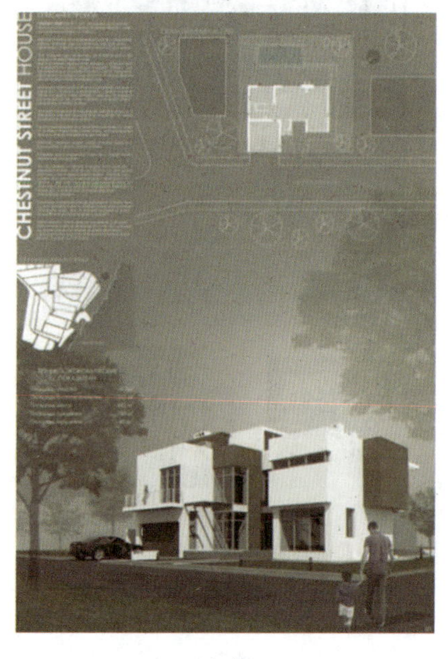


（a）

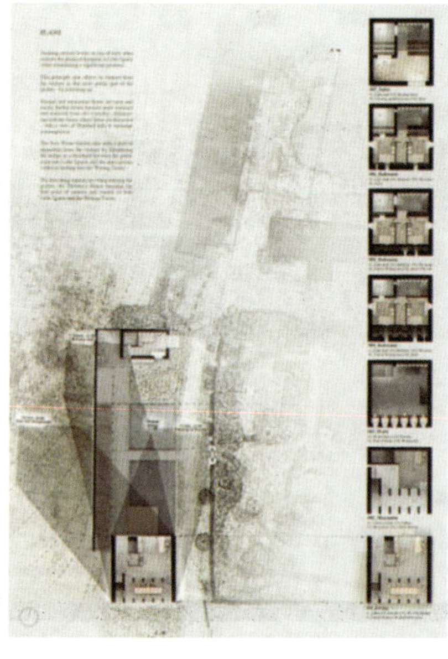

（b）

图7-44　满版型排版设计

（a）

（b）

图7-45　并列组合型排版设计

5）自由型排版

自由型排版是根据分析需求进行自由设计排版。自由型排版可打破呆板的设计表达逻辑，生动活泼地表达设计理念和设计者的独特审美和创意思维，如图 7-46 所示。

（a）　　（b）　　（c）

图7-46　自由型排版设计

5. 封底

封底是整个方案文本的结束，其风格与封面的风格相统一，可以适当增加点缀，以体现设计师缜密的思维，以及对待设计的态度，如图 7-47、图 7-48 所示。

图7-47　封底（方案版式设计课程/全案设计师：柳锦榕）

图7-48　封底（学生作业：范琳、盛芳芳）

## 7.3.3　室内设计方案文本制作流程

不同的室内空间所需要的设计细节不同。前期的分析、中期的方案设计及后期的效果图展示，侧重点各不相同。室内设计方案文本的制作应依照设计需求进行适当调整，如图 7-49 所示。

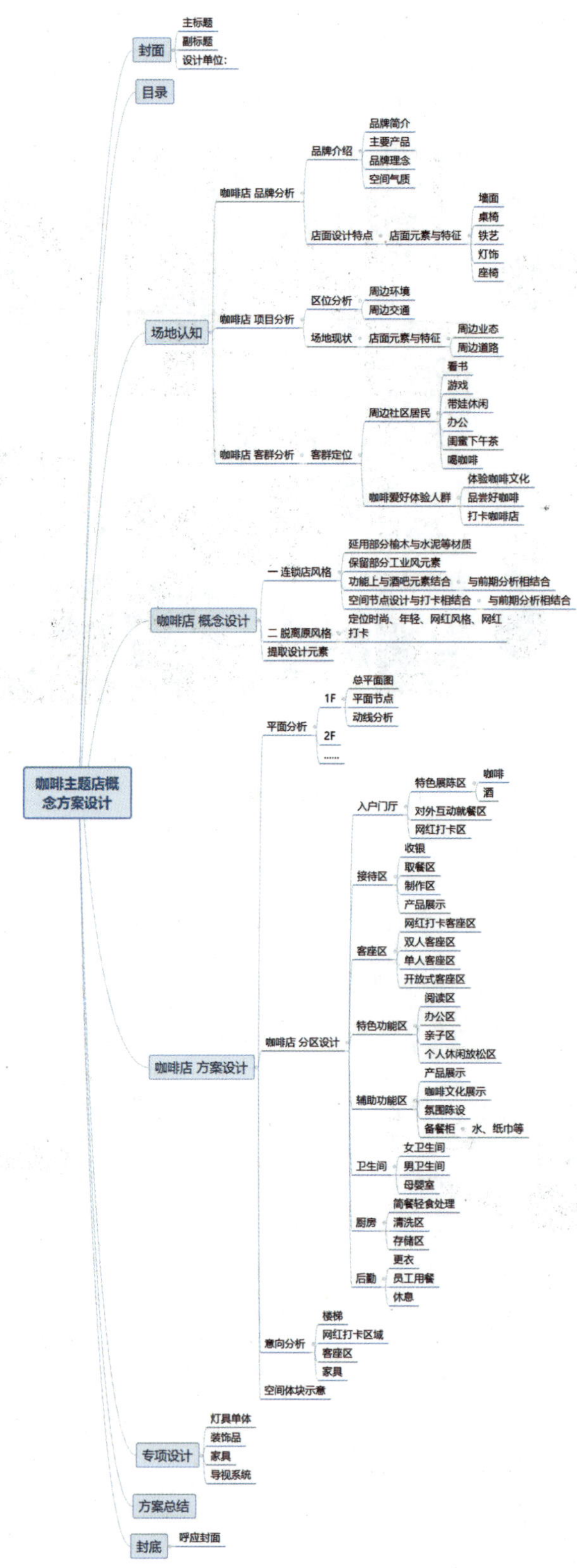


图7-49 咖啡主题店概念方案设计思维导图（自绘）

# 7.4 室内设计展板制作

方案文本制作完成后，通常会进行展板的制作，以提炼设计主题思想及整体展示设计效果。展板设计是设计师与读者沟通的重要形式之一，合理地利用展板制作原理，可突出画面优势，清晰地阐述设计内容，从而给自己的设计加分。

## 7.4.1 室内设计展板排版概述

室内设计展板排版作品最常见的问题是沉闷，无基色，设计排版沉闷的原因有很多，比如过于统一、单调、缺少动感、太过常规化。因此，打破常规、打破束缚，是最好的解决方法。在进行室内设计展板排版时，应注意以下几个方面的问题。

### 1. 节奏与韵律

在版式设计中，节奏是按照一定的规律，将图形、文字等进行重复排列所形成的一种律动，版面的韵律感主要建立在以画面比例、内容轻重或层次变化为基础的规律形式上，有节奏和韵律的排版方式会使整个版面的编排更富乐感，如图7-50所示。方案排版是表达设计效果强有力的语言，方案设计过程就像在讲故事，而排版就是将故事串联起来，因此，节奏和韵律尤为重要。

（a）

（b）

图7-50 2021年首届松阳乡村振兴全国建筑设计大赛获奖作品

### 2. 主次分明，突出主题

展板是在有限的空间内将设计者的中心思想和设计效果展示出来，力求简洁明了。因此，要想在最短的时间内抓住读者眼球，吸引读者的注意力，并瞬间打动读者，展板的设计就需要主次分明，突出主题，直观地展现设计者的审美和理念，如图 7-51 所示。

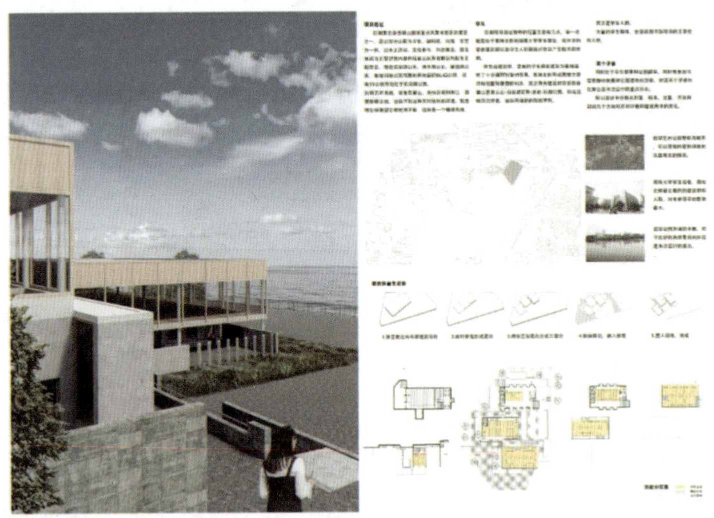

图7-51　2020顶峰设计奖获奖作品

### 3. 注重排版逻辑

作品排版的基本要求是清晰、有逻辑地进行信息表达，排版的逻辑关系是让读者理解设计师设计的功能，跟随设计师的表达逻辑、叙述顺序及排版方式从头看到尾，跟随设计师的设计思维过程看到设计作品的逻辑推演，进而与作品产生共鸣，如图 7-52 所示。

对于信息量大的版面设计，设计师如果想为读者提供顺畅的阅读体验，最重要的就是自己首先要梳理作品的内在逻辑，再根据内容和主次选择合适的版面，整理版面信息。

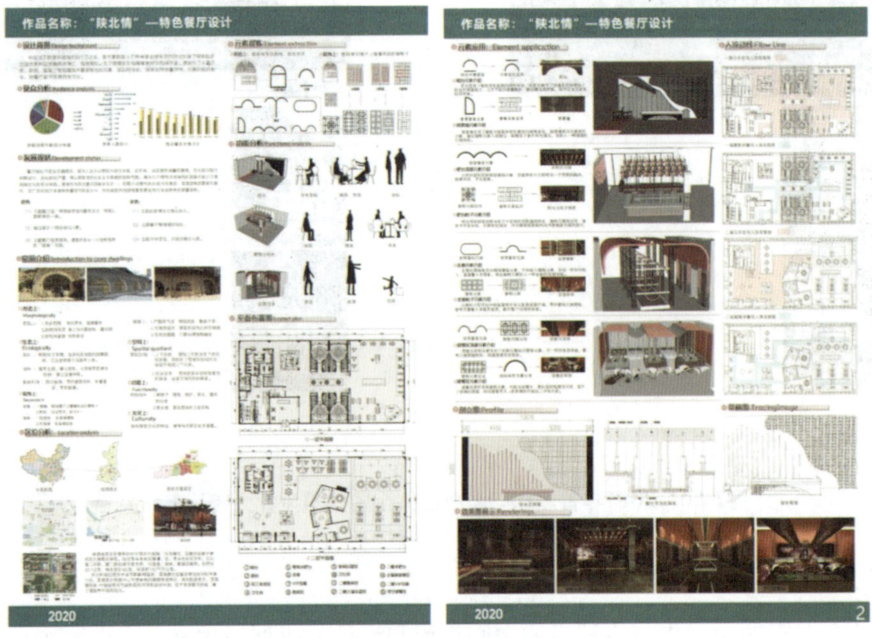


图7-52　2020年顶峰设计奖获奖作品

4. 版面色彩和谐

版面色彩追求的和谐统一，不是只有一种色彩，而讲究整个版面色系的统一。不论使用何种色系，都需要达到一种和谐的状态，如互补或者相近色彩，使内容相互衔接。常用的色彩统一方法有以下两种。一种是统一底图色调，达到画面统一，它是能够吸引眼球最快捷的一种方式，但有一定的局限性，其易读性较差，通常需要一张尺寸较大的效果展示图或实景图打破整张图的底色。另一种是色带贯穿图纸，以色带、色块渐变的方式使图面达成和谐统一的效果，通常选择高级灰色加上亮色的搭配，在此基础上再丰富亮色的层次变化，以丰富图面，产生想要的效果。

## 7.4.2 室内设计展板版式内容

室内设计专业的版式作品一般都包含大量的图面信息，为了让读者阅读起来容易，对于展板内容的把握非常重要。为了能够更加有效地统筹规划版面内容，建议在排版之前列出内容清单，例如，在设计项目中有哪些图纸、设计过程、调研信息分析等需要展示，有哪些内容需要做重点展示和说明，可以进行模拟排版，以设计出更好的版面效果，如图 7-53 所示。

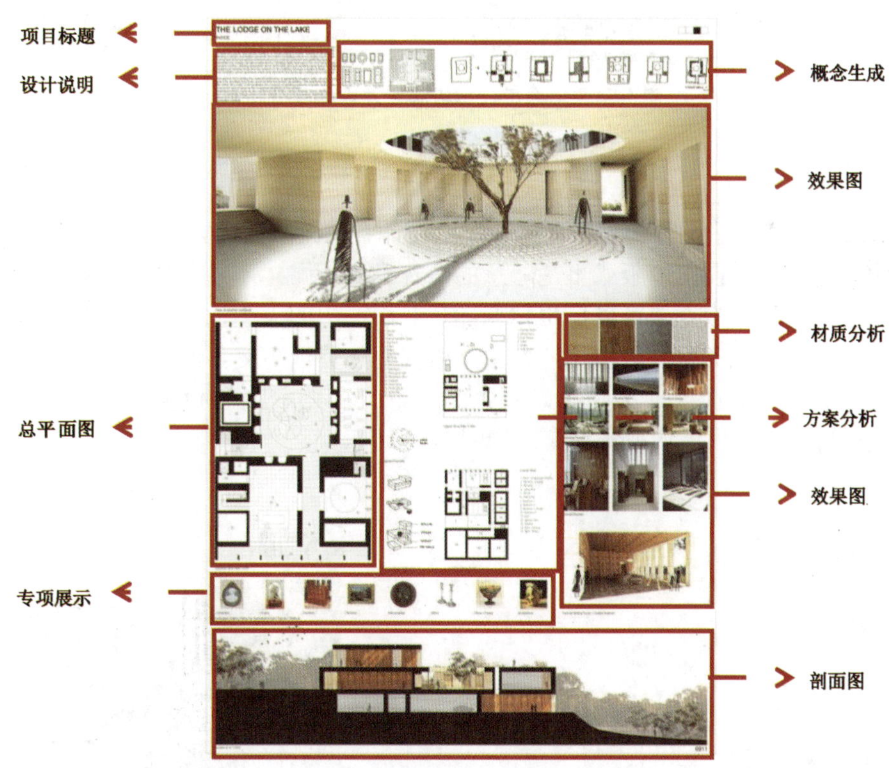


图7-53 室内设计展板内容分析

一份完整的室内设计展板大致包括以下内容。

（1）效果图展示。效果图展示包括总平面图、效果图、轴测图、立面图、剖面图等。

（2）思路展示。思路展示包括场地分析、概念生产、功能分区、空间分析、节点分析等。

（3）技术展示。技术展示包括材质效果图、平（立）剖面图等。

## 7.4.3 室内设计展板版式类型

室内设计展板版式的基本要求是清晰、有层次地进行信息传达，一种最常用的排版方式如图 7-54 所示。即把主要页面划分为左、右两个部分，左边由三栏不同的信息构建，右边为单独次要的信息，每个部分的信息清晰表达，且能够遵循视觉结构层次，这样读者阅读起来会更加顺畅。另一种比较常见的排版方式是将页面划分为三部分，左边部分主要为信息说明，右边部分为其他数据信息，中间部分则占据最大版面，也是整个版面最重要的部分。

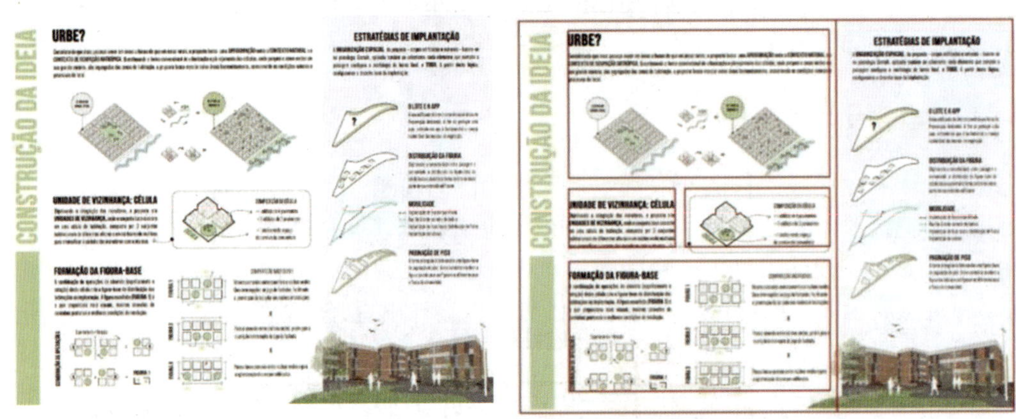


图7-54 室内设计展板版式左右框架分析

### 1. 自由型版式

当版式设计中有众多图片内容需要展示，而设计者又无法构造更多的创造性版式形式时，可以采用自由型版式。自由型版式不是随意的图片堆叠，同样需要按照一定的版式设计规则进行内容编排，这种排版方式可以自由把握图片在版面中的大小、位置，调整图片之间的疏密及色彩关系。与其他类型排版相比，自由型版式更加灵活多变。但这种排版形式对新手设计师来说很难把握，画面处理不好就容易显得杂乱，可以适当在对角线位置增加一些文字、图形或者线框等元素，以增加视觉平衡，如图 7-55 所示。

（a）

（b）

图7-55 自由型版式

## 2. 网格布局型版式

与自由型版式不同，网格布局型版式更加注重网格布局的应用，整个版面看起来更加规整简洁，更便于读者欣赏。网格布局型版式必须与文字或者色块搭配运用，否则整个版面会显得非常单调，也可以运用留白的手法，成为极简风的版式设计，如图 7-56 所示。

（a）

（b）

（c）

图7-56 网格布局型版式

除此之外，还有几何蒙版型版式（见图 7-57），此种排版形式会让版面更如生动有趣，若再加以色块进行设计，那么整个版面构图则更加大胆，可以加强读者对于版面的印象。但若未经设计盲目放置，则会产生凌乱感，可以在此基础上适当加大图片的强弱对比，或添加色块和文字元素等，让画面更加和谐。

在室内设计方案排版中，应用最多的排版形式是自由型版式和网格布局型版式，这两种排版形式相对更加容易把控，版面效果也更为突出。

（a）

（b）

图7-57 几何蒙版型版式

优秀的展板设计能力是每一个从事设计的人员必须具备的设计技能。因此，在学习生活中，应当多尝试版式设计的方法、积累版式知识和版式练习。

1. 以住宅空间为题，依照方案版式设计流程，完成室内方案文本的绘制。
2. 选取一种室内功能空间，进行室内软装方案展板设计。
3. 完成图 7-58 的室内设计方案展板内容分析。

图7-58　室内设计方案展板

# 第8章 专项：景观设计方案版式

## 学习重点及目标

- 景观设计方案文本包含的图纸。
- 如何打造景观方案文本。
- 如何制作景观展板。

景观设计方案版式是环境设计专业和风景园林专业常涉及的版面形式。方案设计的最终需要方案文本传递设计想法、设计过程和设计效果等。

# 8.1 景观设计方案图纸内容

一套完整的景观设计方案图纸一般包括现状分析图、概念推导图、方案设计图、方案分析图、方案效果图、专项设计图和施工图等。

根据景观设方案的设计步骤，可将景观设计图纸分为前期分析设计图纸、方案设计图纸和专项设计图纸。接下来，我们就从这三个方面入手来分析景观版式的图纸，如图 8-1、图 8-2 所示。

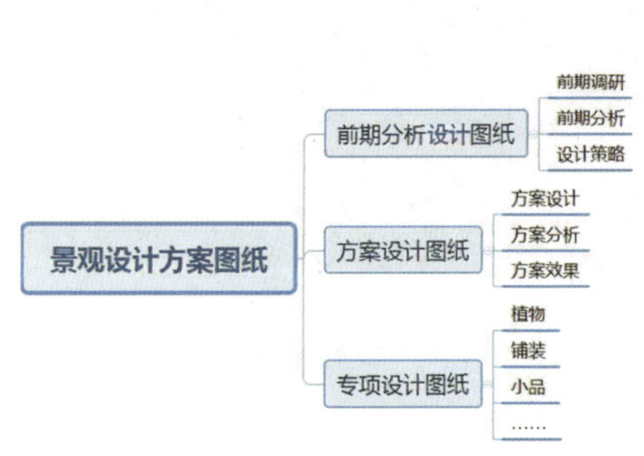


图8-1　景观设计方案图纸总结（自绘）

图8-2　景观设计方案文本目录

## 8.1.1　前期分析设计图纸

一般来说，分析图纸分为两类：调研的前期分析图纸和方案分析图纸。用两个分析图纸做对比，主要目的有两点：一是对原场地做了什么改变；二是改变之后达成了什么效果或者解决了什么问题。

前期对于设计场地的调研是景观设计的基础，也是前期分析和后期设计的依据，根据场地特性不同，调研内容会有出入。对于一个中等尺度的场地，调研内容一般包括场地周边情况、场地自身特点和设计策略。

场地周边情况包括场地区位、周边用地性质、周边交通流线和大范围内绿地调研（绿地性质、绿地联系等）。

场地自身特点包括场地历史沿革、气候、土壤、水文、植被、地形地貌、场地内部用地性质和使用人群。

设计策略要考虑场地存在问题、如何解决问题和想要达到的愿景。根据分析发现的场地问题、提出的对应解决方案，是策略图要表达的核心。

通过前期调研场地的范围和设计的侧重点，一般可以得出以下分析图。这些分析图可用来指导后期的设计方案。其分析图包括项目概况分析图、区位分析图、交通流线分析图、周边用地分析图、场地剖立面分析图、视线分析图、功能分析图和光照分析图等，如图 8-3 所示。

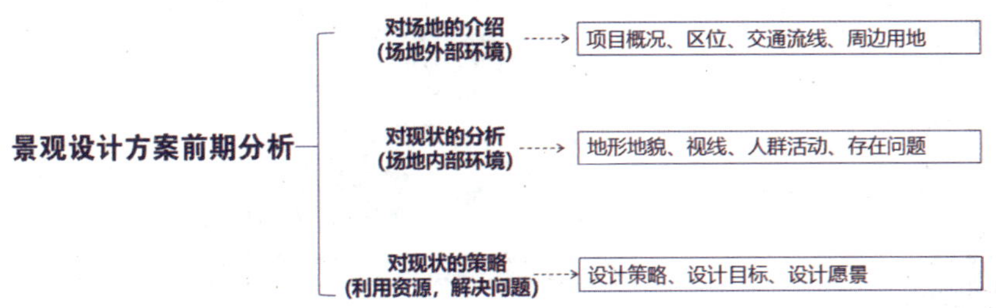


图8-3　景观设计方案前期分析（自绘）

（1）项目概况分析图。项目概况分析图是指对项目的历史、人文和背景的分析图，如图 8-4 所示。

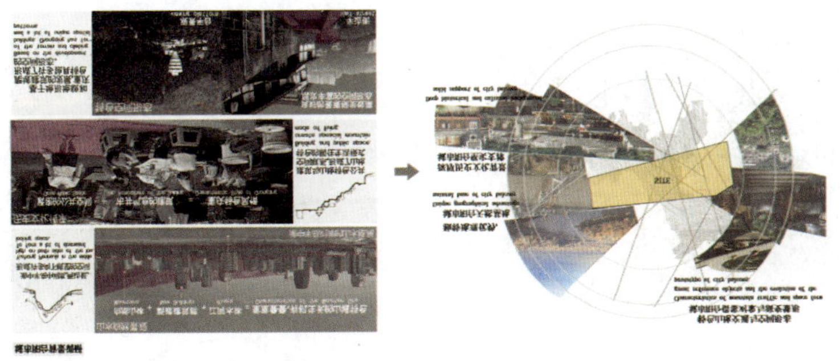

图8-4　项目概况分析

（2）区位分析图。区位分析图是指对项目的区位及其周边情况的分析图，如图 8-5 所示。

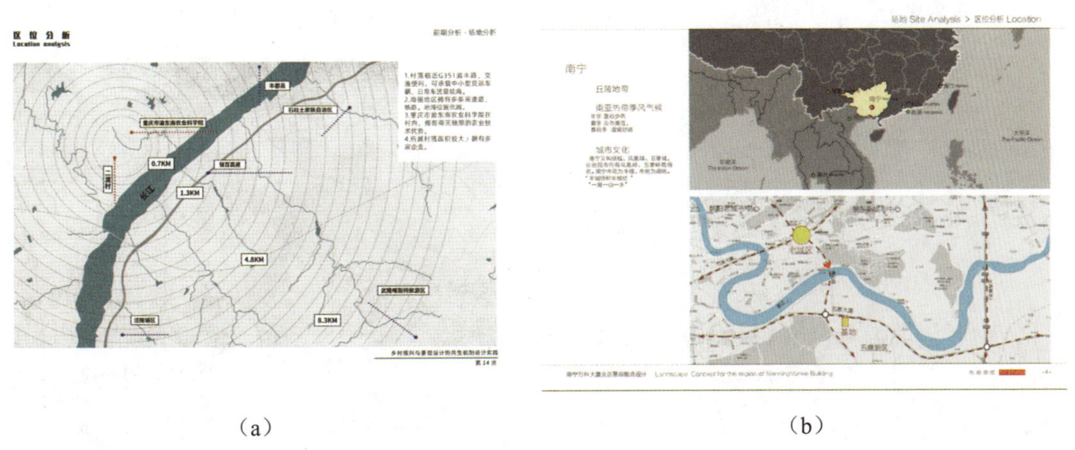


（a）　　　　　　　　　　（b）

图8-5　区位分析

（3）交通流线分析图。交通流线分析图是指对项目周边的交通情况的分析图，如图 8-6 所示。

（a） 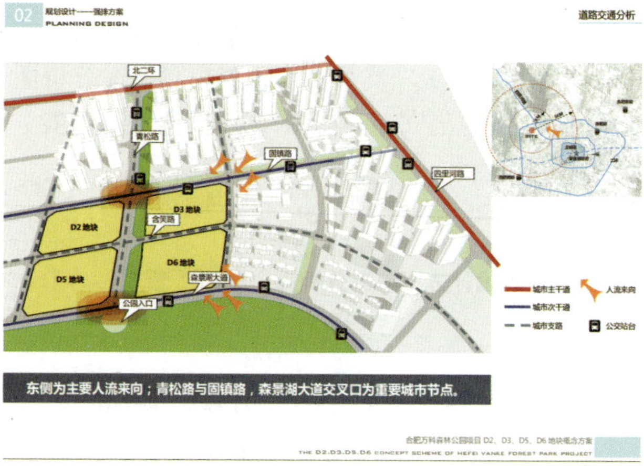　　（b）

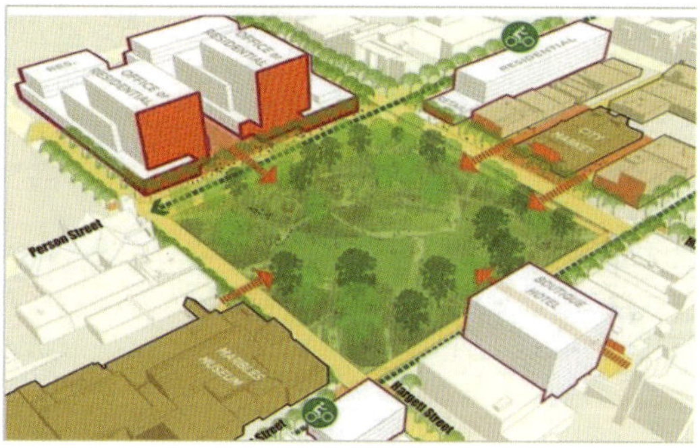

（c） 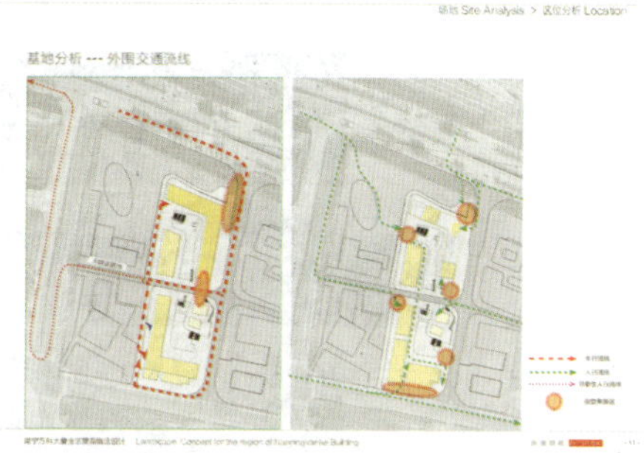　　（d）

**图8-6　交通流线分析**

（4）周边用地分析图。周边用地分析图是指周边地块的用地性质的分析图，如图 8-7 所示。

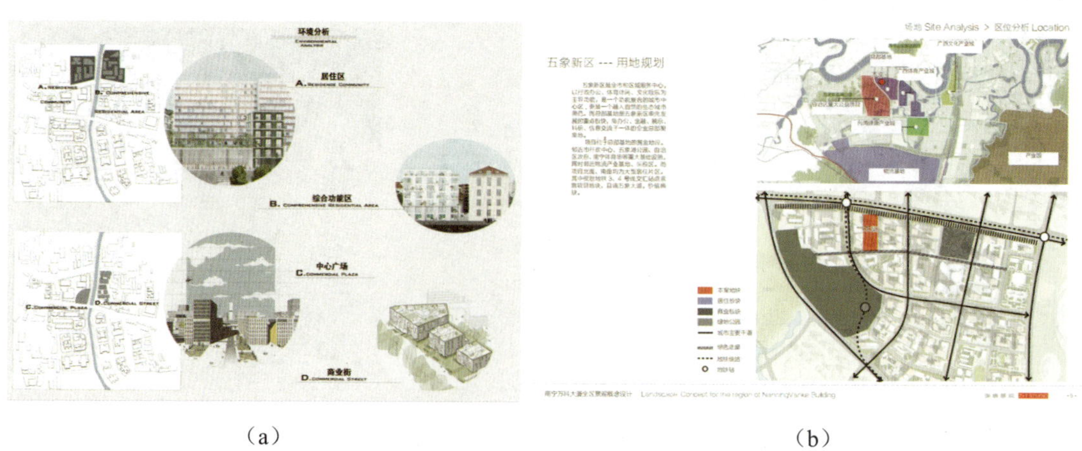


（a）　　（b）

**图8-7　周边用地分析**

（5）场地剖立面分析图。场地剖立面分析图是指对场地的坡度、坡向、高差等的分析图，如图 8-8 所示。

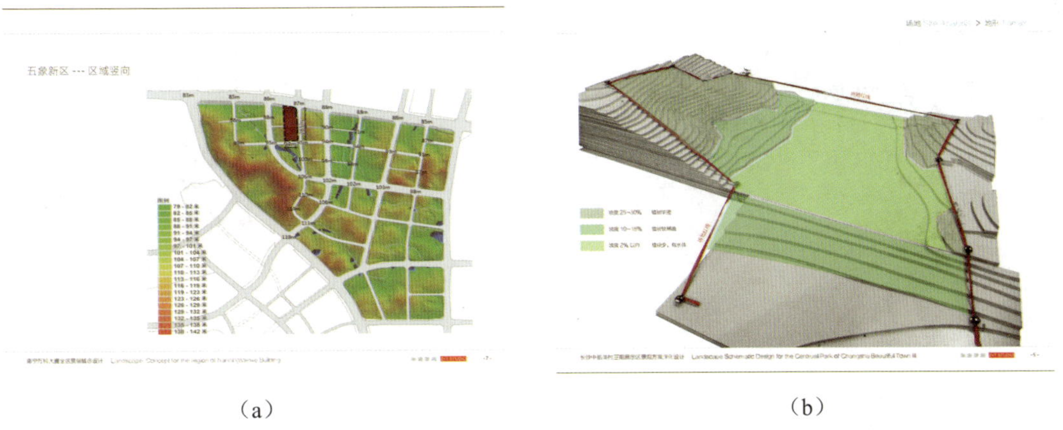


（a） （b）

图8-8 场地剖立面分析

（6）视线分析图。视线分析图是指突出表达重点的景观空间的分析图，如图 8-9 所示。

（a） 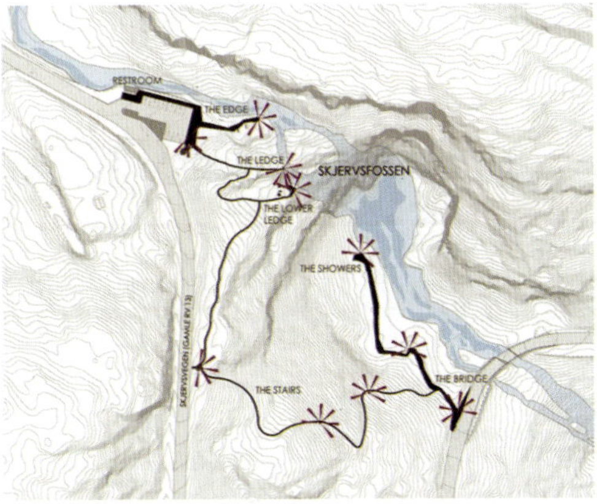 （b）

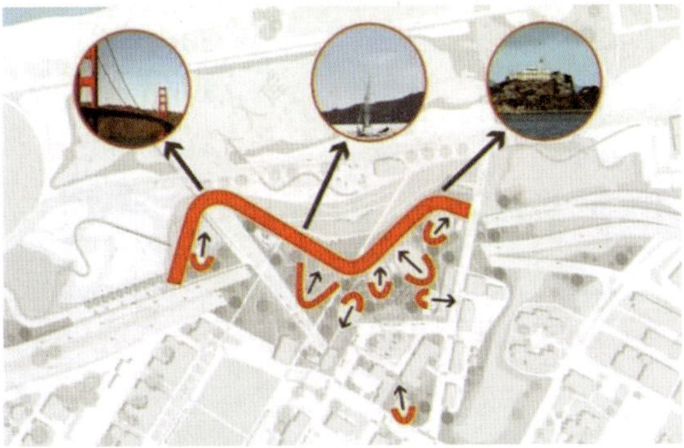

（c） 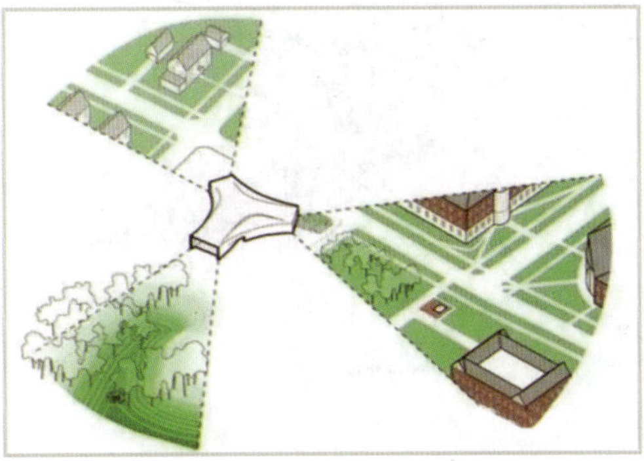 （d）

图8-9 视线分析

（7）功能分析图。功能分析图是指对场地内用地功能种类、范围、规模、服务类型、表达方式的分析图，如图 8-10 所示。

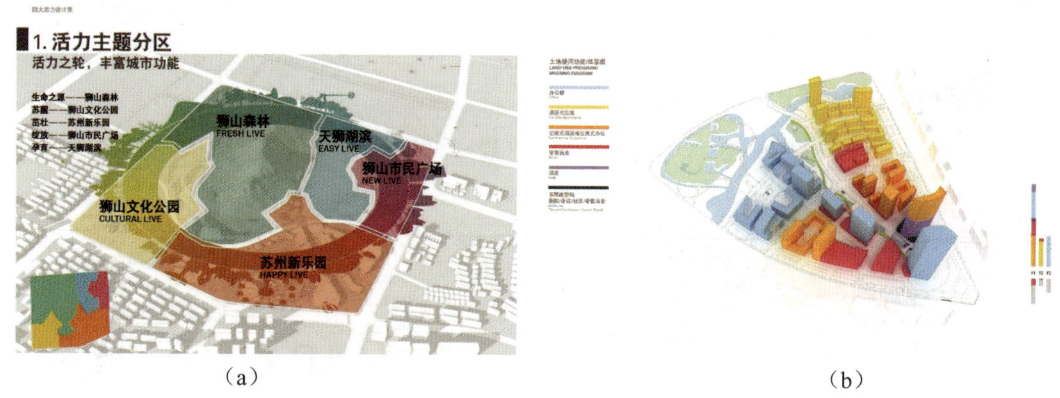


（a）　　　　　　　　　　　　　　（b）

图8-10　功能分析

（8）光照分析图。光照分析图是指不同季节判断场地光照范围、时长、角度等的分析图，如图 8-11 所示。

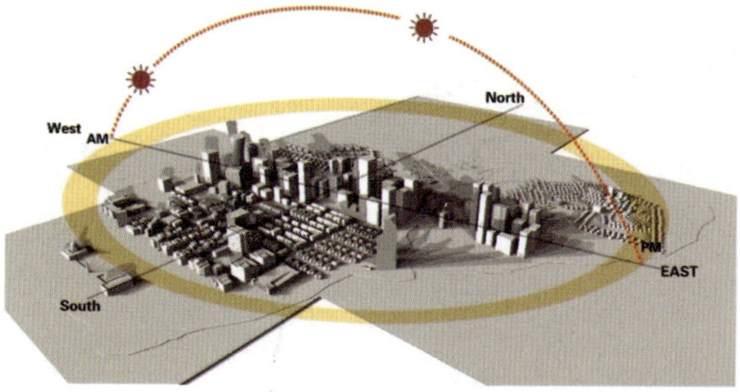

（a） 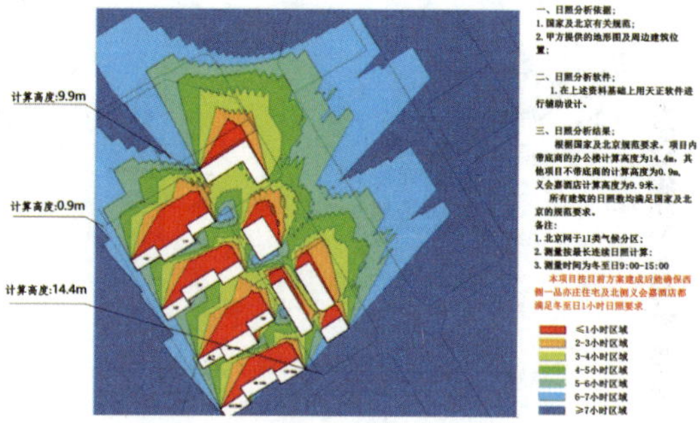　　　　　　　　　　　　　　（b）

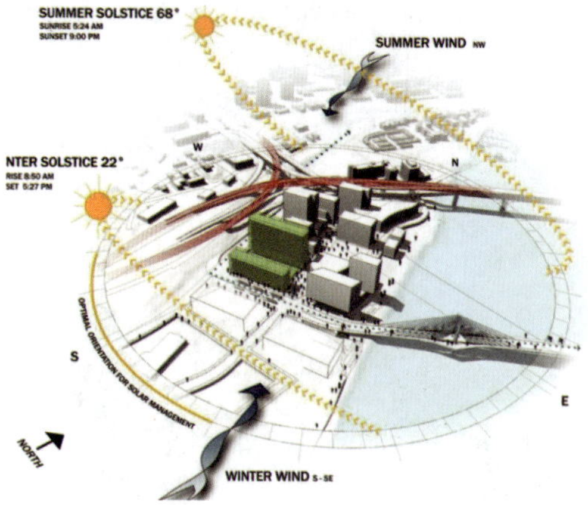

（c） 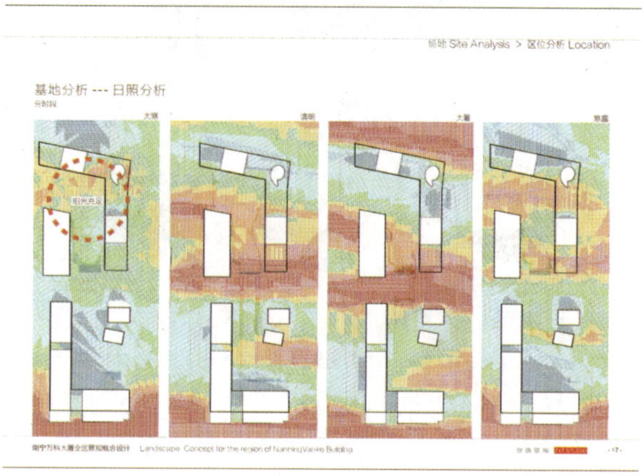　　　　　　　　　　　　　　（d）

图8-11　光照分析

## 8.1.2 方案设计图纸

在景观设计中，方案设计部分可分为整体设计和详细设计，整体设计是对方案的整体进行把控，包括总平面图、鸟瞰图、剖立面图和方案设计分析图等；而详细设计则是对方案各个细节或节点的把控，包括各节点的放大平面图、剖立面图和效果图等，如图 8-12 所示。

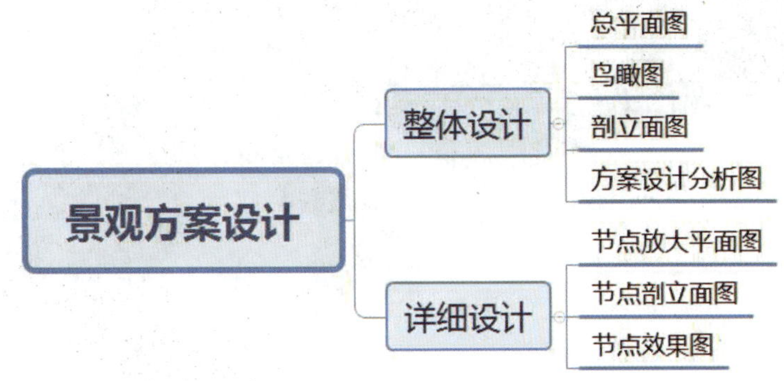


图8-12 景观方案设计内容表（自绘）

### 1. 总平面图

总平面图，亦称“总体布置图”，是按一般规定比例绘制表示建筑物和构筑物的方位、间距、路网、绿化、竖向布置和基地临界情况等的图样，如图 8-13 所示。

图8-13 总平面图（长沙中航美村三期展示区景观方案深化设计 / 张唐景观）

## 2. 鸟瞰图

鸟瞰图是以鸟的视点俯视制图区域，相较于平面图，鸟瞰图更加直观，如图 8-14 所示。

图8-14　鸟瞰图（长沙中航美村三期展示区景观方案深化设计 / 张唐景观）

## 3. 剖立面图

剖立面图即剖面图和立面图，是景观设计中竖向空间表达的重要手法，如图 8-15 所示。

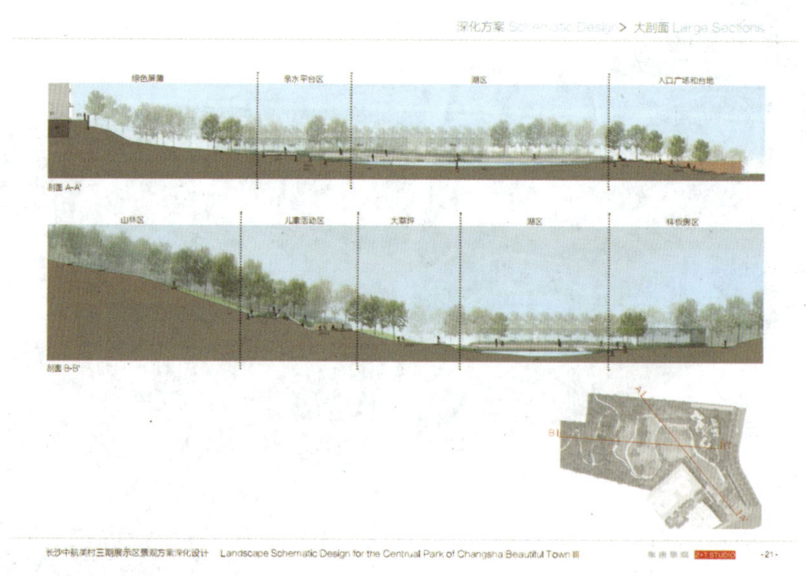


图8-15　剖立面图（长沙中航美村三期展示区景观方案深化设计 / 张唐景观）

## 4. 方案设计分析图

方案设计分析图是设计者对方案的解读和展示，是从各个层面和角度展现设计概念是怎样应用在设计中的，如图 8-16 所示。

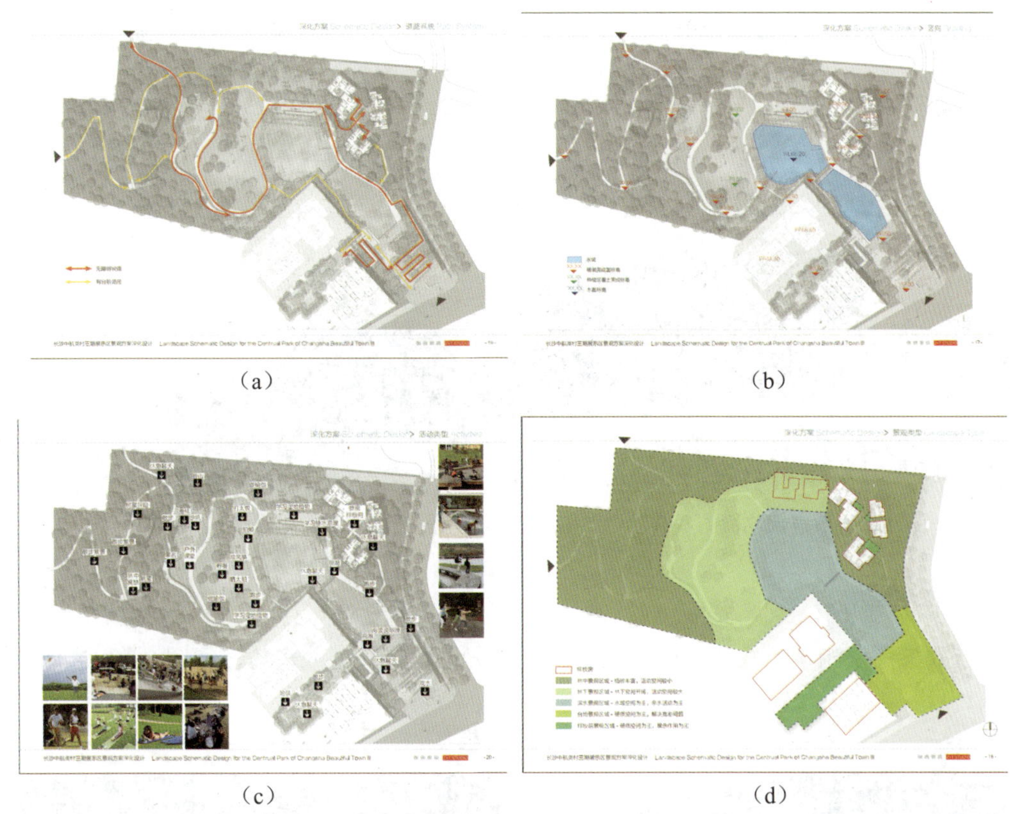

（a） （b）

（c） （d）

图8-16 方案设计分析图（长沙中航美村三期展示区景观方案深化设计 / 张唐景观）

## 5. 节点放大平面图

节点放大平面图是方案设计对于各个节点的详细设计，节点放大平面图的比例一般较总平面图大，节点放大平面就是起到放大图纸、让人看清细节的作用。节点放大平面图主要用于铺装和植物种植两方面，如图 8-17 所示。

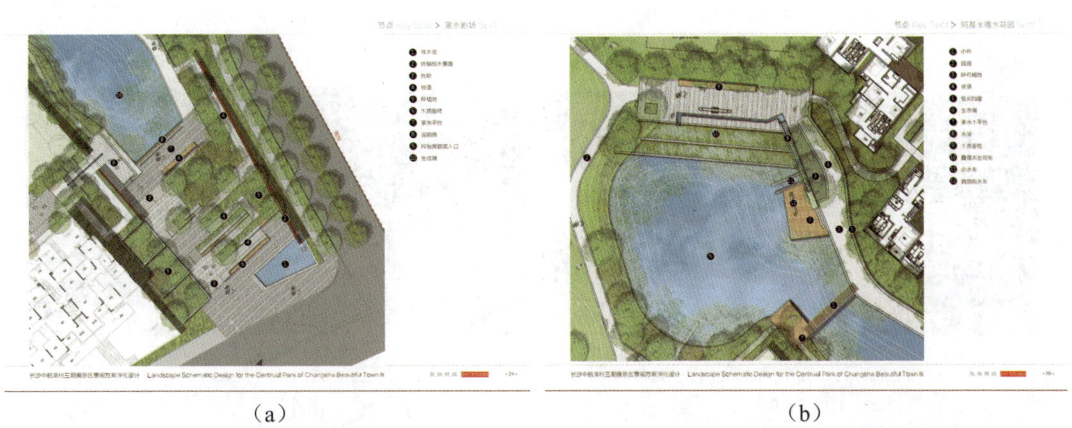

（a） （b）

图8-17 节点放大平面图（长沙中航美村三期展示区景观方案深化设计 / 张唐景观）

## 6. 节点剖立面图

节点剖立面图常用来表现节点的竖向变化，如图 8-18 所示。

图8-18　节点剖立面图（长沙中航美村三期展示区景观方案深化设计 / 张唐景观）

## 7. 节点效果图

节点效果图是指节点立体空间效果图，是方案设计最直观的表达，如图 8-19 所示。

（a）　（b）

（c）　（d）

图8-19　节点效果图（长沙中航美村三期展示区景观方案深化设计 / 张唐景观）

## 8.1.3 专项设计图纸

在景观设计中，专项设计是指对景观中特定项目的设计，一般包括植物设计、照明设计、公共设施设计、铺装设计和生态设计等，如图 8-20 ～图 8-23 所示。

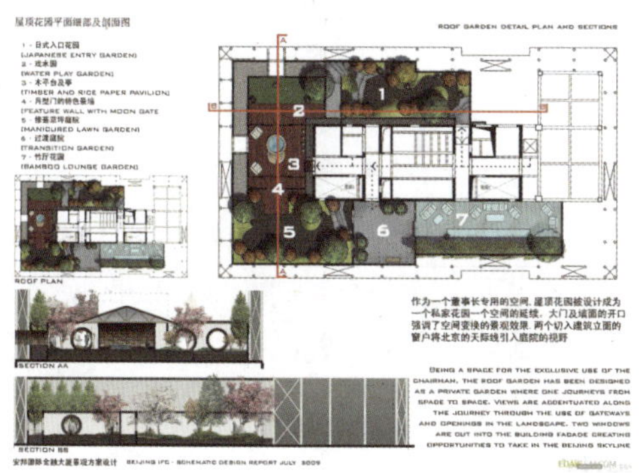

图8-20 屋顶花园专项设计

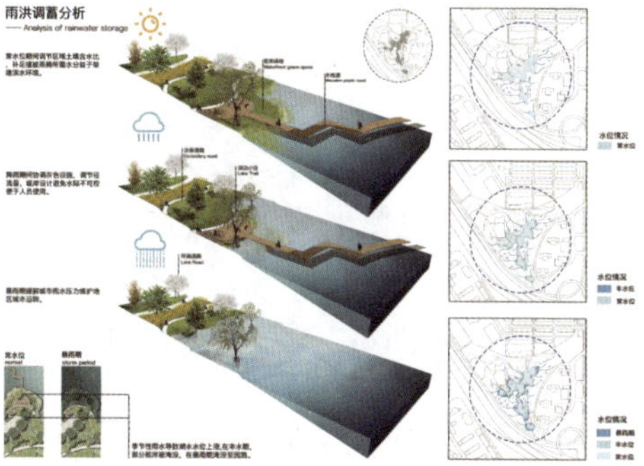

图8-21 雨洪系统专项设计

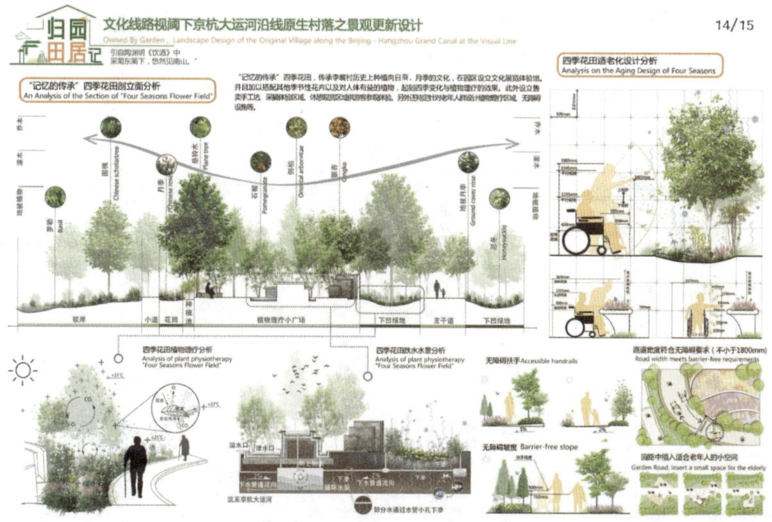


图8-22 植物专项设计

（a） （b）

图8-23 小品专项设计

## 8.2 转换思维：打造表现力强的方案版式

版式设计本来是某些专业通过纸质作品表现自身的一种方式，是表达设计师设计思维的一种媒介。进行版式设计与景观设计结合时，设计师除了要考虑排版的技巧，还要考虑设计思维的呈现和设计过程的展现。简而言之就是让看图的人读懂你大脑里面构想出的设计愿景。

因此，表现力强的方案版式不仅可以突出重点，快速地向读者传达自己的设计意图，而且可以简单明了地体现设计师的专业素养和美学素养。景观设计方案排版要想具有较强的表现力，应注意图片要有详有略、有大有小，将设计脉络和表达重点凸显出来，根据项目内容选择不同的布局方式，同时需要保证项目和文本整体的画风一致，包含色彩、版面、文字等。

### 8.2.1 景观设计方案的呈现形式

景观设计方案的呈现形式一般有方案文本和方案展板两种，方案文本多为横版，而方案展板则竖版和横版两种兼有，但竖版的展板较为常见。笔者根据景观设计专业特点，总结了以下几类可增强方案表现力的排版布局方式：左右分割式、上下分割式、满图式、并列组合式和自由式。

（1）左右分割式排版布局如图 8-24 所示。

图8-24　左右分割式排版布局

（2）上下分割式排版布局，如图 8-25 所示。

图8-25　上下分割式排版布局

（3）满图式排版布局，如图 8-26 所示。

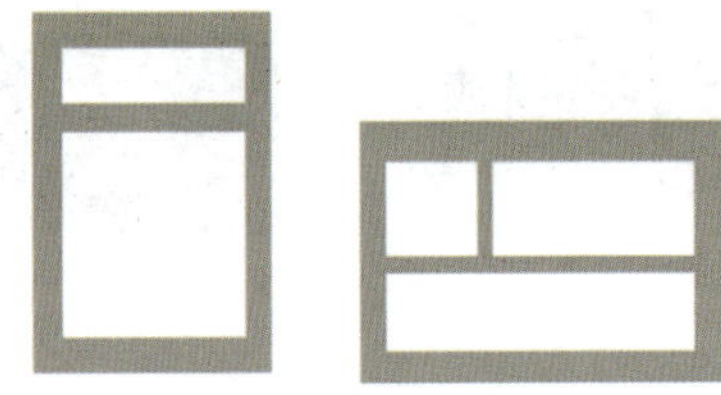

图8-26　满图式排版布局

（4）并列组合式排版布局，如图 8-27 所示。

图8-27 并列组合式排版布局

（5）自由式排版布局，如图 8-28 所示。

图8-28 自由式排版布局

## 8.2.2 景观设计方案呈现形式在方案排版中的运用

### 1. 左右分割式排版布局

（1）左右均分式布局，即左右页面均分，可加强对比效果，如图 8-29 所示。

图8-29 左右均分式排版布局（1）

左右均分式排版布局是最经典也是易掌握并且能够出效果的排版形式之一。这种版式左、右两侧页面均衡，内容上又有强弱的对比，可以通过图片与图片、图片与文字、文字与文字等多种搭配的形式突出重点。左右均分式排版布局常常使用在扉页、效果图页面、整体轴测图等比较大的图幅的排版上，如图 8-30 所示。

（2）三分之二式布局即按黄金分割比例分割图面，图面匀称平衡，如图 8-31 所示。

三分之二式布局排版方式更推荐使用于装订式作品集，有跨页的作品集如果在两页装订间留有缝隙，效果会大打折扣，除此之外，这是笔者强烈推荐的一种排版方式。黄金分割可将图面的 1/4 ～ 1/3 的部分分解出来，在平面构成上更加和谐平衡，图面的可读性较高。三分之二式布局常常用于效果图、总平面图和场地分析图等的排版布局，如图 8-32 所示。

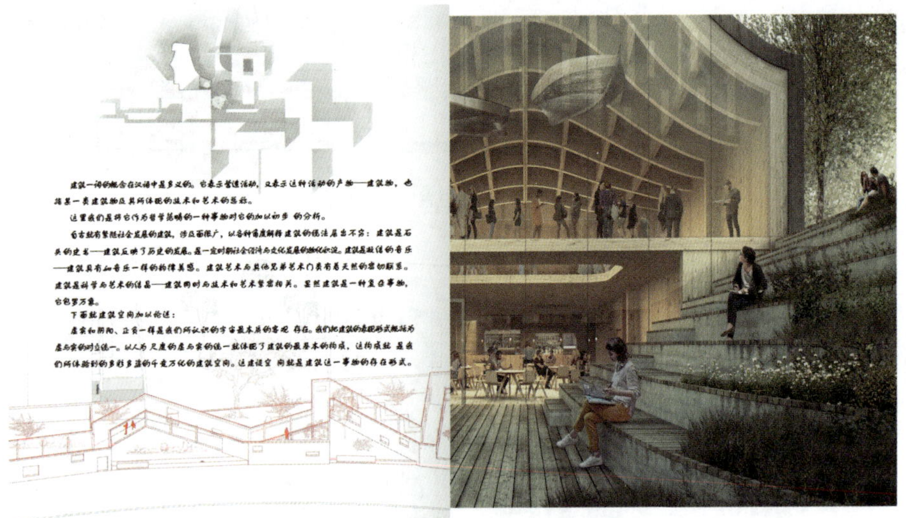

图8-30　左右均分式排版布局（2）

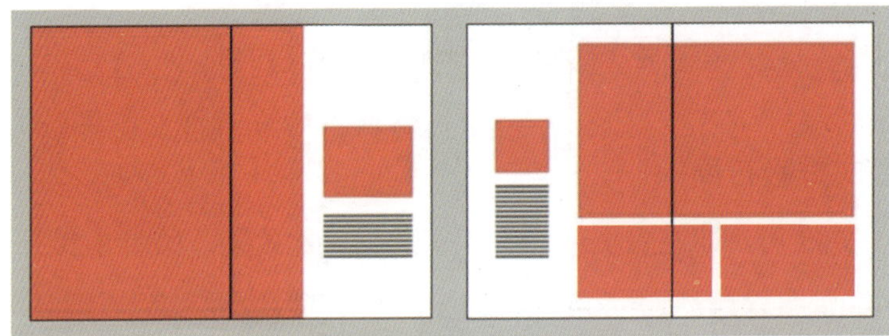

图8-31　三分之二式排版布局（1）

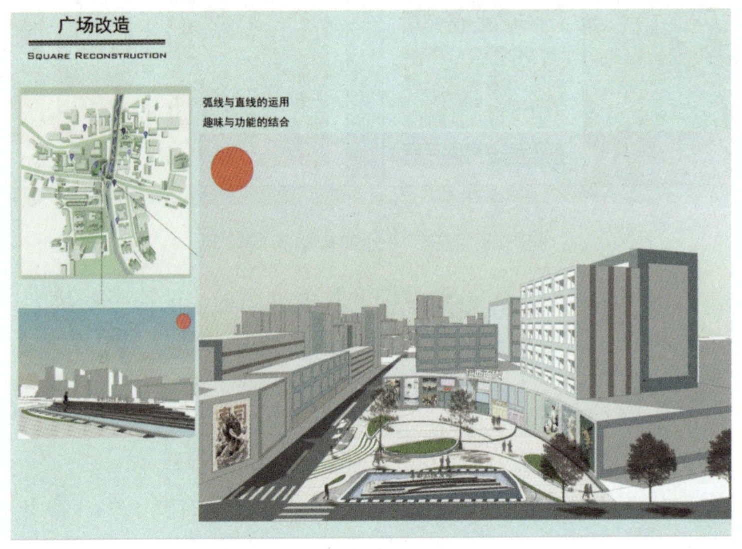


图8-32　三分之二式排版布局（2）

三分之二式排版布局分析如图 8-33 所示。

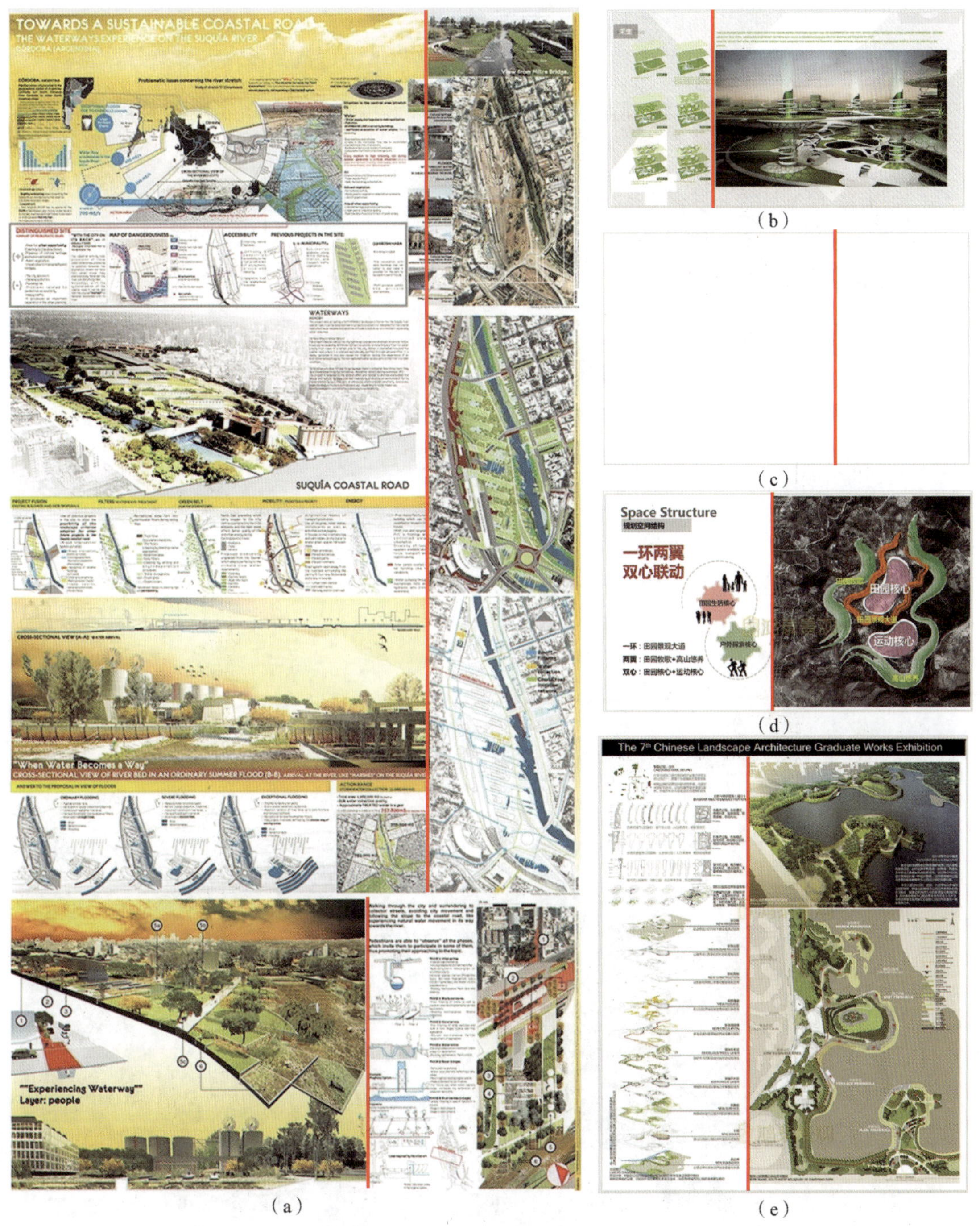


（a）　（b）　（c）　（d）　（e）

图8-33　三分之二式排版布局（3）

## 2. 上下分割式排版布局

在上下分割式排版布局中，大幅图纸横跨两页，形成虚实对比，增强气势，如图 8-34 所示。这种版式给人大气、恢宏的感觉，在排版设计过程中，可适当留白。

图8-34　上下分割式排版布局（1）

上下分割式排版布局不论是横版还是竖版都适用，大多数用于横向效果图、剖面图和剖透视图的排版。横版方式横跨左、右两页，在布局上大气磅礴，重点突出，同时，页面上下两部分一般以虚实结合的形式进行排布，通过留白、线稿、少量文字等形式为页面留足呼吸空间，既灵活又实用，如图 8-35、图 8-36 所示。

图8-35　上下分割式排版布局（2）

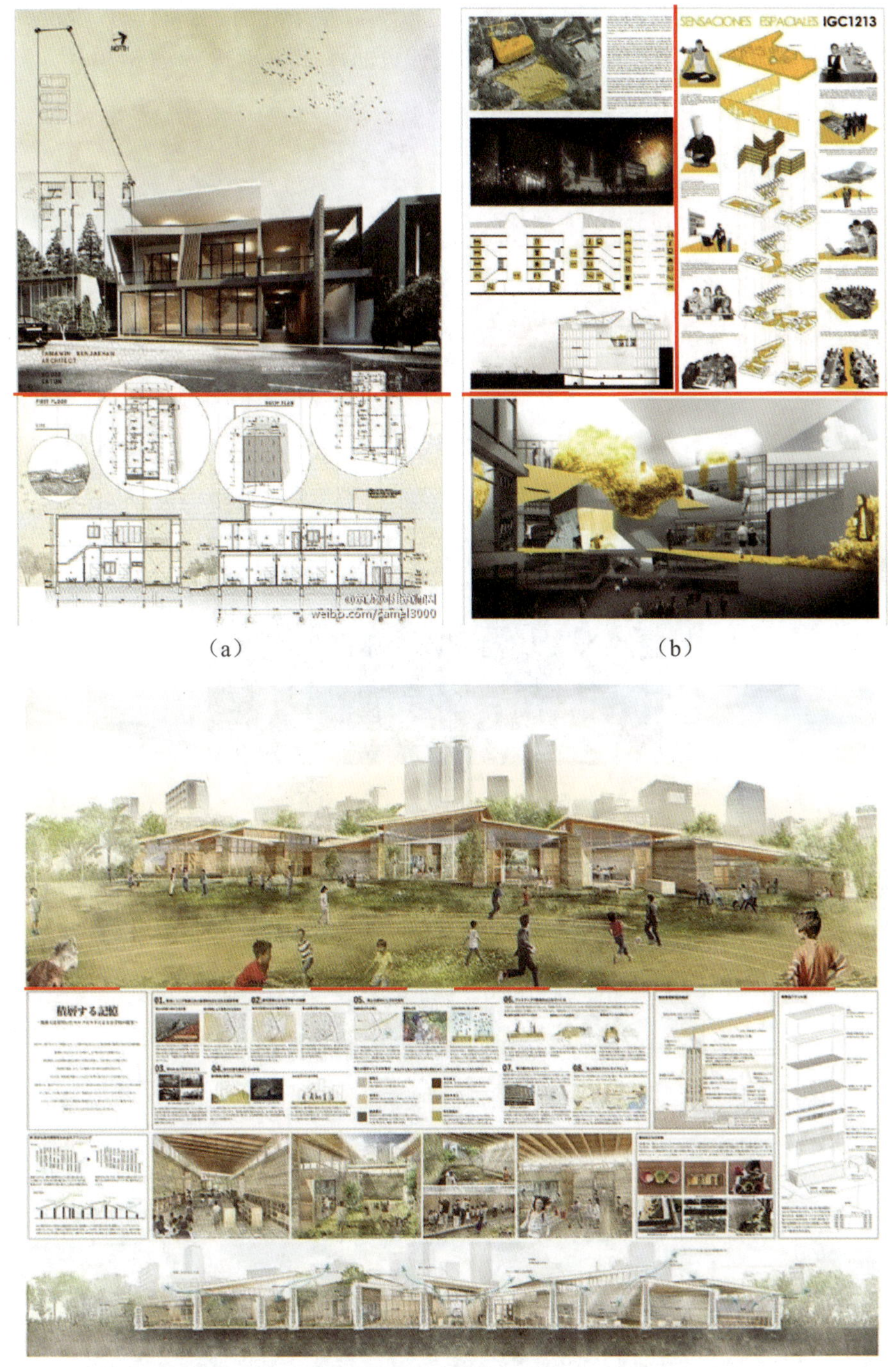

（a）　　（b）

（c）

图8-36　上下分割式排版布局（3）

### 3. 满图式排版布局

满图式排版布局主次分明、版面清爽，如图 8-37 所示。

满图式排版多以效果图、模型照片或者渲染图、轴测图、剖透视图等图幅较大的图纸作为底图，一般都有非常大的信息量和可读性，足以支撑整个版面。同时配以少量文字、图标等示意类的说明，形成主次分明、大气美观的设计页面，如图 8-37 ～图 8-40 所示。

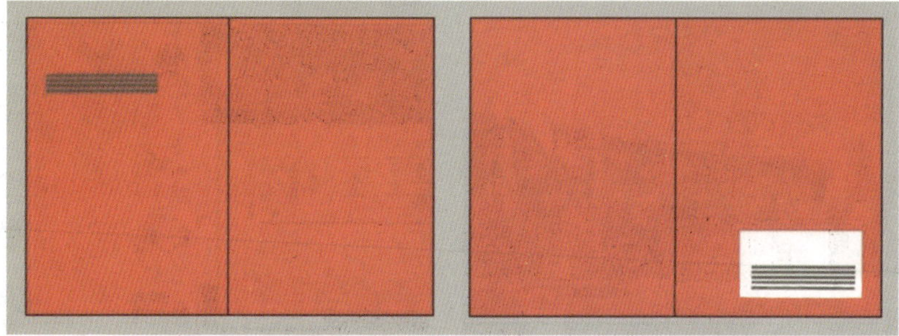

图8-37　满图式排版布局（1）

图8-38　满图式排版布局（2）

图8-39　满图式排版布局（3）

（a）（b）（c）（d）（e）（f）

图8-40　满图式排版布局(4)

### 4. 并列组合式排版布局

并列组合式排版布局逻辑性强、风格统一，给人感觉整齐有逻辑，且不乏韵律之美，如图 8-41、图 8-42 所示。

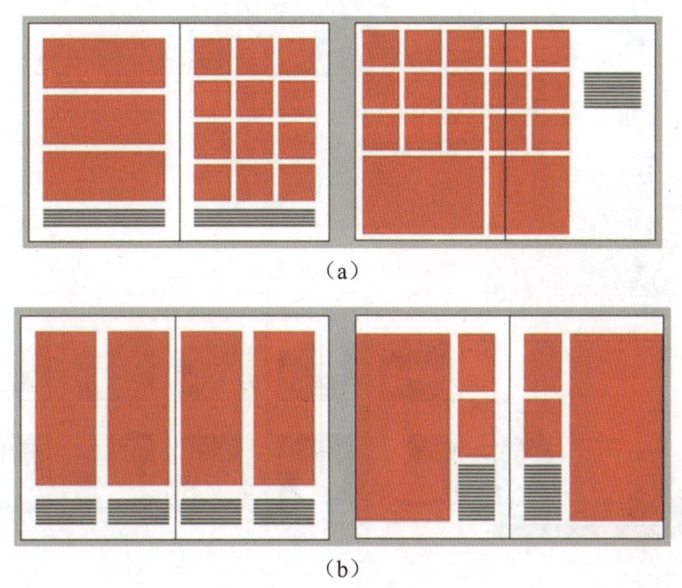

（a）

（b）

图8-41　并列组合式排版布局（1）

并列组合式排版布局是最有逻辑式布局，多数运用在各种分析图的排版中。并列组合式布局不仅基调统一且形式多样，通过重复、变化的手法对不同内容进行强调和表达。其图面风格统一，韵律性强；其逻辑严谨，信息量丰富，可读性强。

并列组合式排版布局形式严格地遵从了前文提及的四大设计原则，看似简单却能够通过最简洁直白的形式将要讲述的内容表达清晰。并列组合式排版布局应用非常广泛，没有局限，不论是分析图、效果图还是模型图都可以采用，在设计过程中不知道选用哪种版式布局时，通常可以选用双页对称式。

（a）　（b）

（c）

图8-42　并列组合式排版布局（2）（补线条）

### 5. 自由式排版布局

自由式排版布局的构图严谨且有变化，风格统一且有个性，如图 8-43 所示。

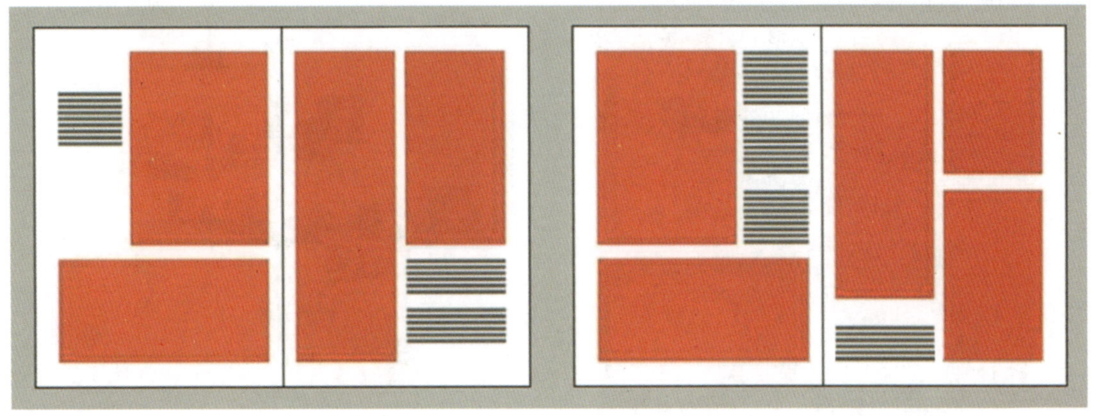

图8-43　自由式排版布局（1）

自由式排版布局根据场地或分析需求设计排版，打破常规版面布局形式，不仅凸显生动活泼，更能凸显设计理念和设计者的美学素养。自由排版在彰显设计者个性的同时，同样要遵循前文所述的四大设计原则。一般来说优秀的排版都离不开构图工整、风格统一、动静结合、规整有变这几个特点。这类排版一般没有什么限制，只要能表达设计主题、突出重点皆是好的排版，如图 8-44、图 8-45 所示。

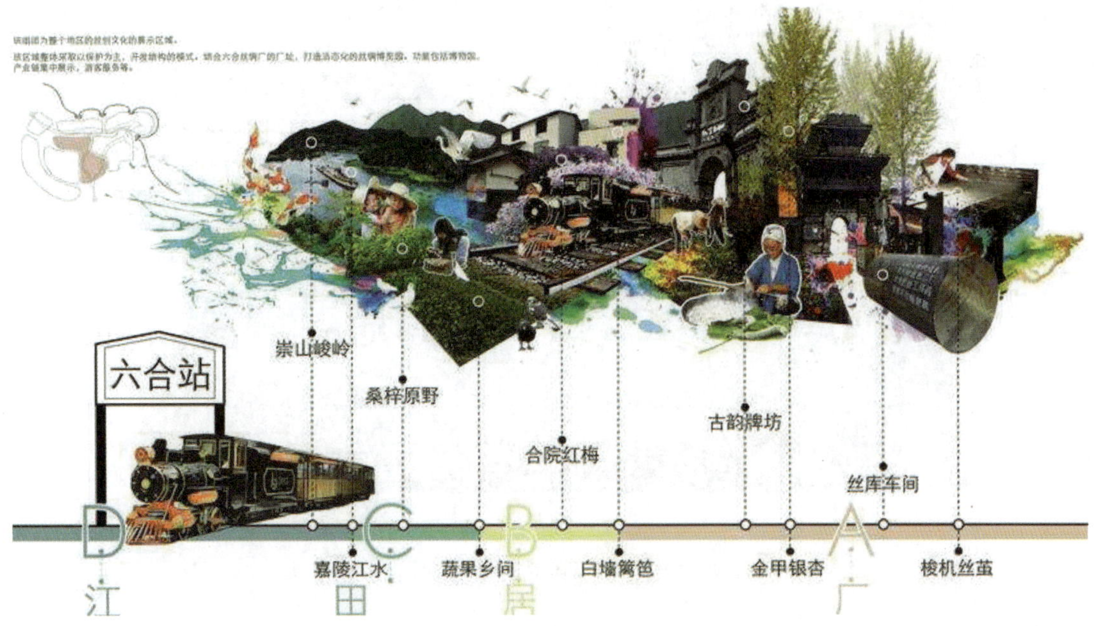


图8-44　自由式排版布局（2）

（a）

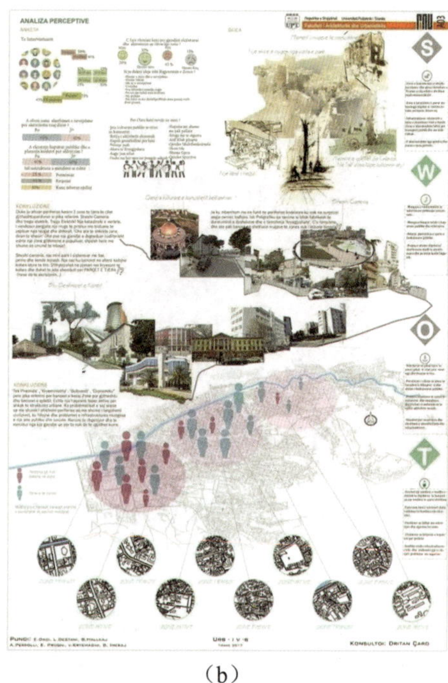


（b）

（c）

图8-45 自由式排版布局（3）

## 8.3 景观设计方案文本制作

景观设计方案文本主要包括封面、封底，扉页、目录和方案页三大部分。

## 8.3.1 封面、封底

封面是文本给人留下的第一印象，需要展现的信息包括方案名称、设计单位、设计时间等。封面是读者对文本的第一印象，因此它不仅是对文本设计内容的总结，也是设计主题的体现，如图 8-46、图 8-47 所示。封底一般没有特殊要求，可以附加的信息有联系方式、一段感谢的话等。

图 8-46 为徐泾景观设计方案文本封面，其封面设计案例运用上下分割式排版，下方的封面配图是整个封面的重心，体现了整体方案设计的意境；上方的文字部分是对方案名称、方案的区位和设计深度的介绍，通过中英文的搭配和字号的变化来突出重点，使版式设计更为丰富。

图8-46 徐泾景观设计方案文本封面

图 8-47 为龙湖 · 舜山府景观设计方案文本封面，其封面版式设计非常简洁，封面的配图取远山的意境，体现了景观方案设计亲近自然的设计理念，地产项目名称和配图居中排版，重点突出、主题明确、字体丰富。右下角是对景观设计项目名称和设计单位名称，符合读者的阅读习惯。

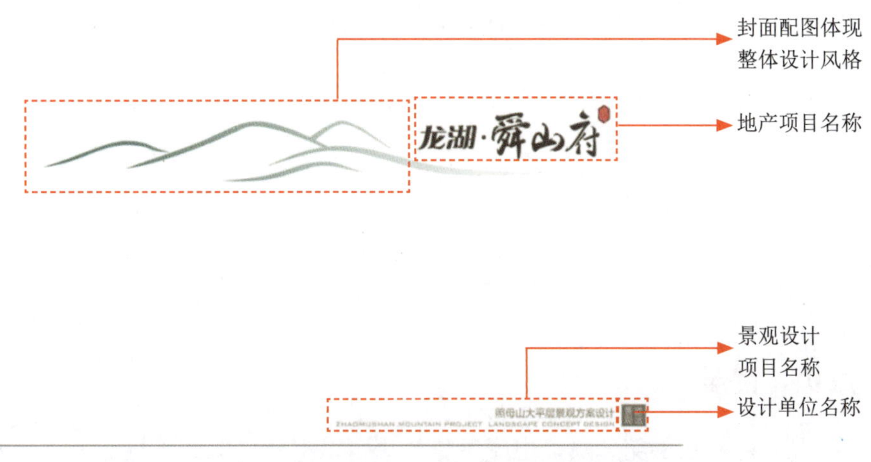


图8-47 龙湖 · 舜山府景观设计方案文本封面

图 8-48 为顺义新城街道景观设计方案文本封底，其封底版式设计是典型的左右分割式排版，左侧的配图是整个版面的视觉重点，既体现了景观设计方案的风格、主题，又加深了读者对方案的印象；右侧中心是致谢，右下角是景观设计项目名称和设计单位名称，字体、字号的变化和中英文的搭配使版式更为丰富。

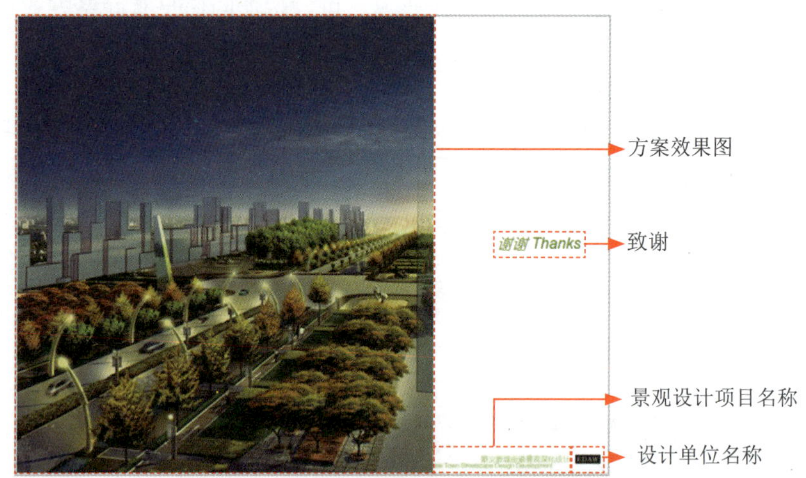


图8-48　顺义新城街道景观设计方案文本封底

图 8-49 的封底版式设计与图 8-47 的封面版式为同一套方案文本，与图 8-47 一样，图 8-49 的封底设计也是极简的居中版式，“大道当然、精细致远”是对方案设计主题的升华，致谢和主题词都运用统一的字体、字号和颜色，且颜色与封面的远山意境相呼应，两侧的短横线起到了视觉引导和突出重点的作用。

图8-49　龙湖·舜山府景观设计方案文本封底

## 8.3.2　扉页、目录

扉页是作品集翻开后的第一页，电子版作品集可以不要这一页或与目录结合来做，扉页可以空白，也可以介绍方案的设计理念，还可以作为鸣谢致谢页。目录页则是要注意清晰简洁，主次分明，逻辑清晰。

景观方案文本中常见的目录形式有两种。一种较为详尽，包含页面名称、章节序号、章节名称、详细小节，如图 8-50（a）所示；另一种较为简略，一般来说只简单地介绍方案的章节内容，如图 8-50（b）、8-50（c）所示。

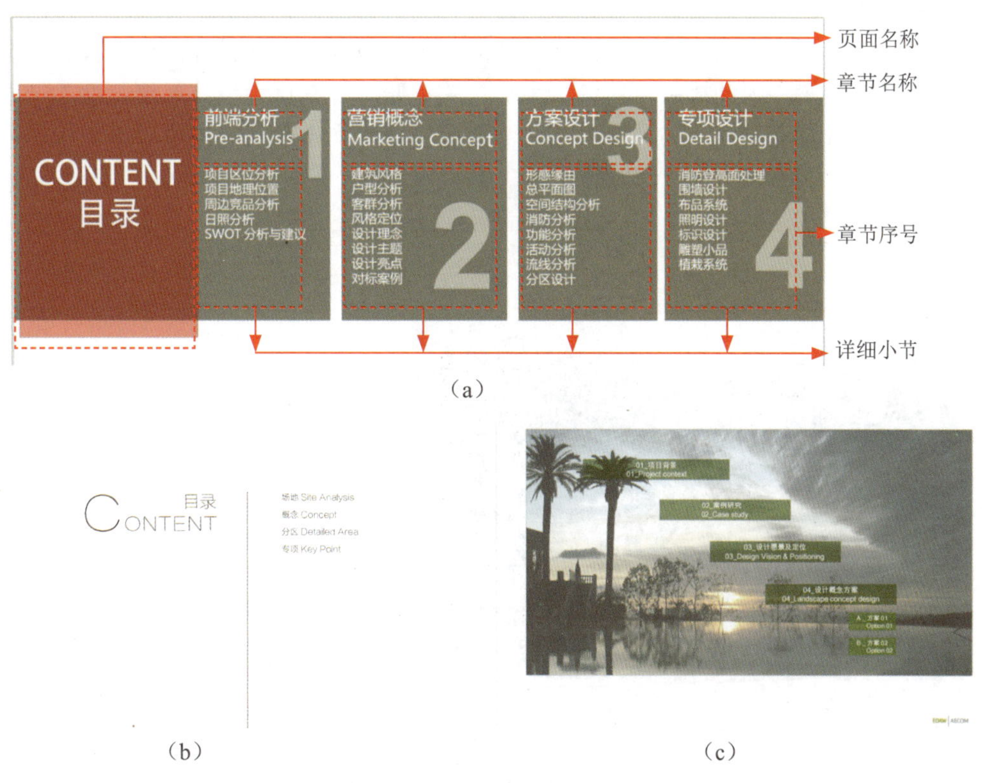


（a）

（b）　　　　（c）

**图8-50　目录页版式设计**

文本中目录页起到介绍方案、了解方案结构的作用，大多数的文本在每个章节开始前还设置了章节页，章节页同样也起到了提示和介绍章节的具体内容的作用，如图 8-51 所示。目录页和章节页都相当于文本的“导航系统”，是串联整个文本的框架，因此，要注意两者在主题和版式上的呼应。

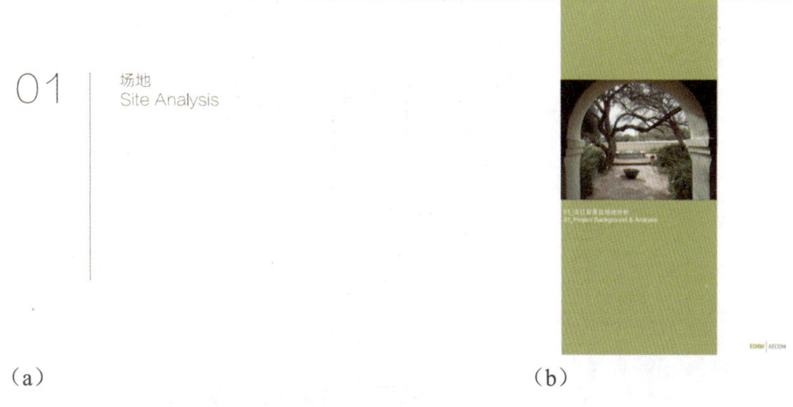


（a）　　　　（b）

**图8-51　章节页版式设计**

### 8.3.3 方案页

方案页是文本的主体部分，要注意文本的每一页都应该有视觉重点，要保证整个文本的主题一致、色彩统一、字体统一，包括标题格式、文字说明等。排版是表现设计思路和设计效果的有力语言，方案的设计过程就像讲故事一样，排版便是将故事按顺序呈现的方式，合理利用版式设计能够突出图面语言的优势，清晰阐述设计内容和设计流程。毋庸置疑，文本方案肯定要有美感，因此排版、色调、字体至关重要。方案页为了体现统一性，一般会在页面版式设计中设置一些统一的文字或符号，既可以统一文本风格，也可以丰富版面元素，同时还能起到提示或导航的作用，如图 8-52、图 8-53 所示。

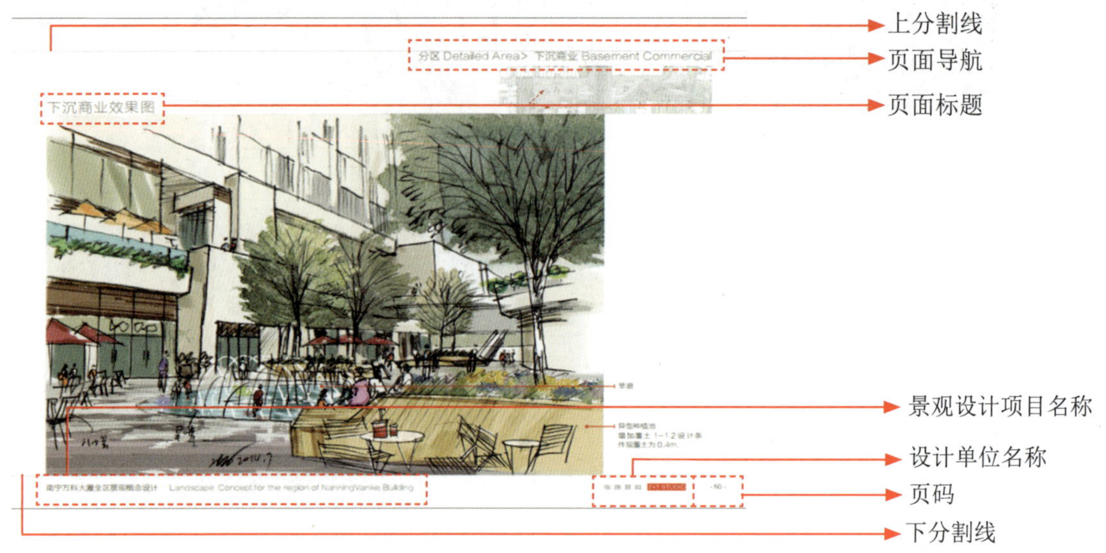


图8-52　方案版式内页（1）

图8-53　方案版式内页（2）

方案页的版式设计要求主题一致、字体字号统一、色彩搭配统一，总体要求是逻辑清晰，画面简洁，重点突出，切忌过于跳跃、花哨，以方案设计内容为主要呈现对象，不可喧宾夺主。根据不同页面内容的排版需求，方案页的版式设计有多种形式，运用较多的有上下分割式、左右分割式、并列组合式和满图式。

上下分割式和左右分割式排版一般运用于图文结合且图片数量较多的页面，如前期分析页、设计愿景页等，如图 8-54、图 8-55 所示。这两种版式设计，图文分割清晰，表达内容简洁明确。

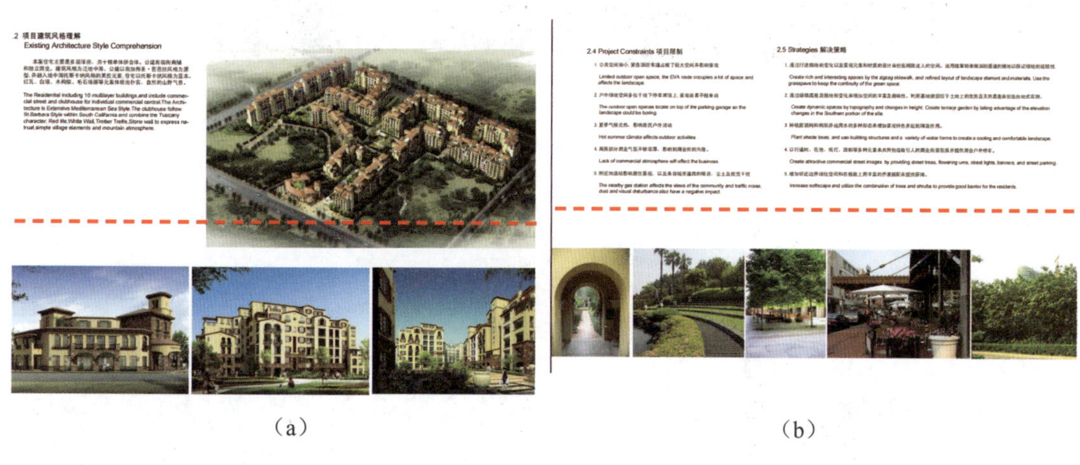


（a）　　（b）

图8-54　上下分割式排版布局

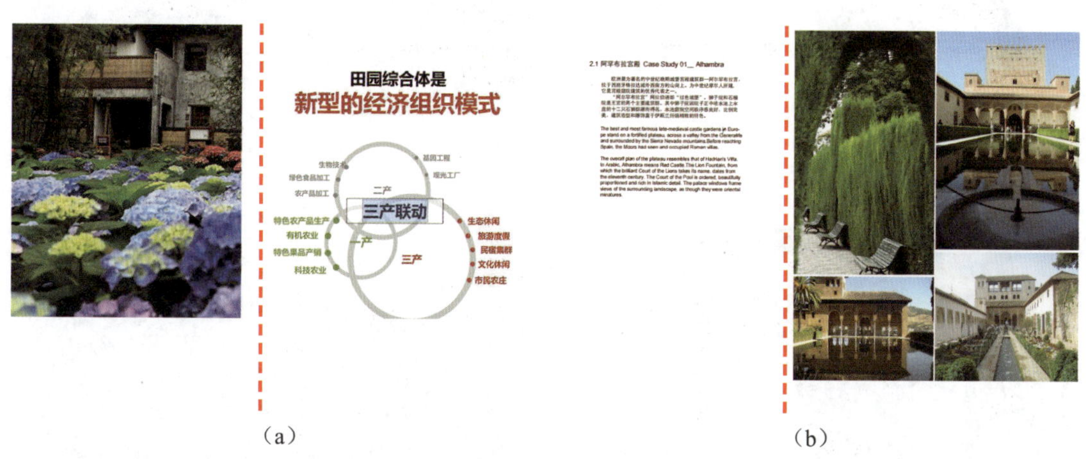


（a）　　（b）

图8-55　左右分割式排版布局

并列组合式排版一般运用在图片数量较多的方案页面，如专项设计和设计意向图展示等。这样的排版简洁明了、逻辑清晰，能够最大化地利用页面，使页面承载更多的信息，如图 8-56 所示。

满图式排版一般用于图片信息较多的页面或展示重要图片的页面，如文本中的总平面图和效果图展示页。满图式排版并不是说页面只有一张图片，通常除了最主要的图片信息，还需要一些文字或者小图对图片进行补充说明，以更好地向读者表达方案设计思想。效果图页一般要有一个缩小的总平面图，图上标注效果图在方案中的位置和视角，这样能够让读者更为直观和快速地了解效果图所对应的方案位置，如图 8-57 所示。

（a）　　　　　　　　　　　　　　（b）

**图8-56　并列组合式排版布局**

图名　节点效果图　导视图　节点效果图　图名　导视图

（a）　　　　　　　　　　　　　　（b）

图名　总平面图　标注　指北针/比例尺　图名　指北针/比例尺　总平面图　标注

（c）　　　　　　　　　　　　　　（d）

**图8-57　满图式排版布局**

总平面图除了总图外还需要一些其他信息对图片进行补充解释，如图名、比例尺、指北针、标注，这些信息不仅能够帮助读者更加准确地读懂图片信息，而且也是总平面图必备的内容，如图 8-57（c）、图 8-57（d）所示。

# 8.4 景观展板设计

## 8.4.1 景观展板设计的内容

景观展板设计的内容可以分为两部分，即思路展示和效果展示。思路展示包括场地分析、概念生成、功能分析、空间分析、节点分析等。效果展示包括鸟瞰图、透视图、总平面图、手工模型照片、平立剖面图等。

在前期分析中，景观设计展板多数以小图为主，目的是让读者对项目有基础的认知，内容包括区位分析、交通流线、周边用地、场地现状等。

设计思路的分析图包括设计定位、设计概念、概念生成、元素提取等，这些可以结合不同地区的历史文化去思考。设计中的项目分析是用来表达设计思路的一种方法，可基于场地研究得出设计概念。一方面，可通过对比或者步骤图的方式表达设计思路及创作思考过程；另一方面，可通过概念生成的每个分图来表达思路，如图 8-58 所示。

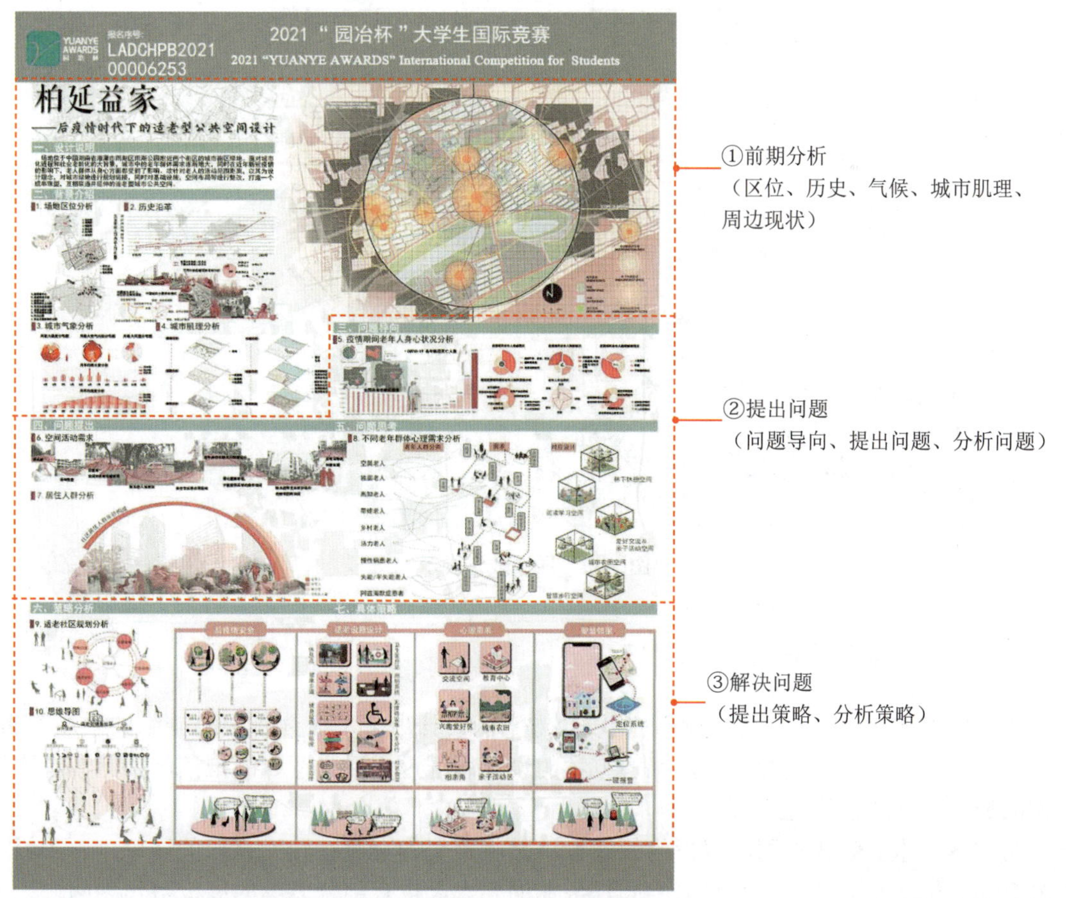


图8-58 展板思路展示

效果展示基本上就是我们所需要制作的平面图、剖面图、立面图、透视图、鸟瞰图、爆炸图、节点图、效果图等。这些视觉化的图样表达方式，本身就考验着设计师最基本的设计素养。效果分析等在排版中一般都以大图为主，其中有惊艳效果的渲染图或者需要很大版面空间的平面图、立面图和剖面图基本上都会在这里出现，如图 8-59 所示。

图8-59　展板效果展示

## 8.4.2　景观展板设计排版方式

排版的逻辑关系是让读者理解景观设计方案的设计理念，让读者跟随排版的表达逻辑、叙述顺序及编排方式从头看到尾，跟随方案的设计思维过程看到逻辑的推演，如此读者才能与作品最大限度产生共情。

与方案文本的版式不同，展板的版式设计是将整套方案放在较为有限的展板中。一般一套方案的展板数量为一两块，根据不同任务书的要求，也有部分方案的展板数量为两块以上的。因此，展板设计要求每一页版面都要有丰富的内容，以完整地展现方案设计的理念。满图排版式布局在展板设计中运用较少。

景观展板版式设计要求逻辑清晰、叙述连贯。较为常见的展板版式有并列组合式、上下分割式和自由排版式，如图 8-60、图 8-61 所示。

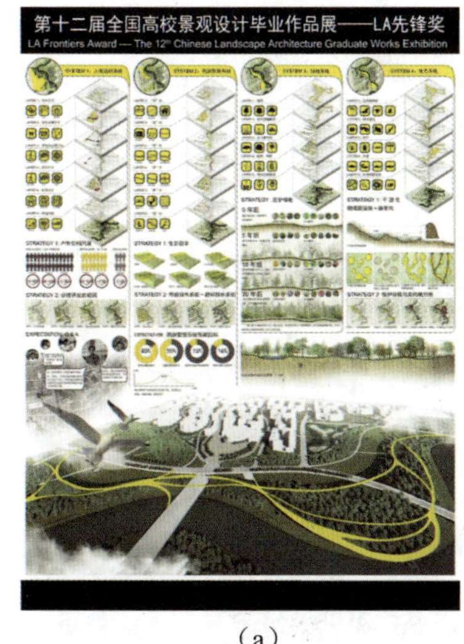


（a）

（b）

（c）

图8-60　展板并列组合式案例

（a）

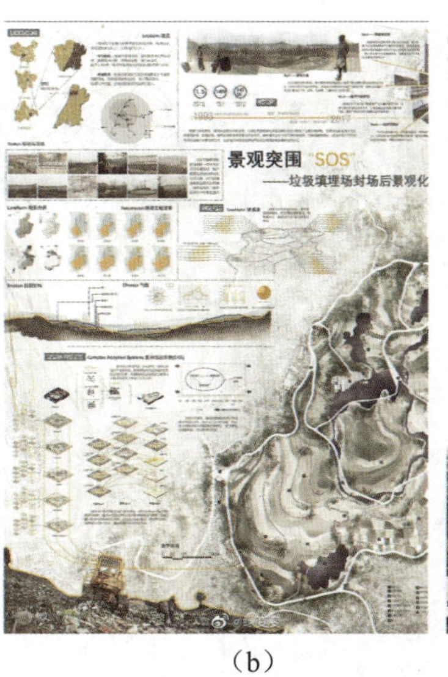


（b）

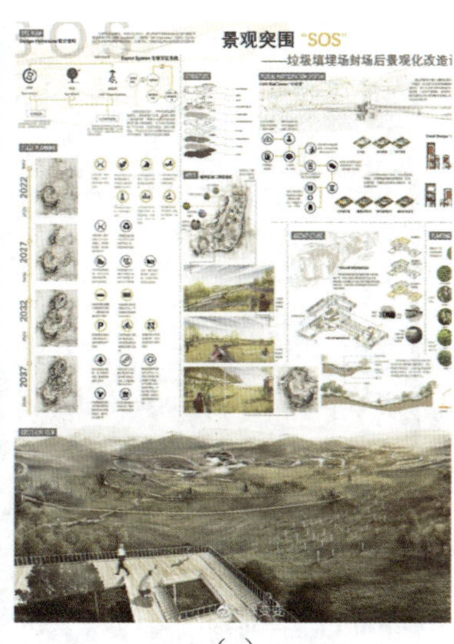


（c）

图8-61　展板上下分割式与自由排版式案例

展板排版设计的构图非常重要，通常由元素的大小、粗细、色彩、位置及字体的变化等方面组成。所以每一块展板中都会有一张主图作为视觉中心。

### 1. 展板风格统一

（1）展板色彩统一。展板色彩统一是指注重把握景观设计展板的整体风格，协调图面色彩，组织且协调色块，如图 8-62 和图 8-63 所示。

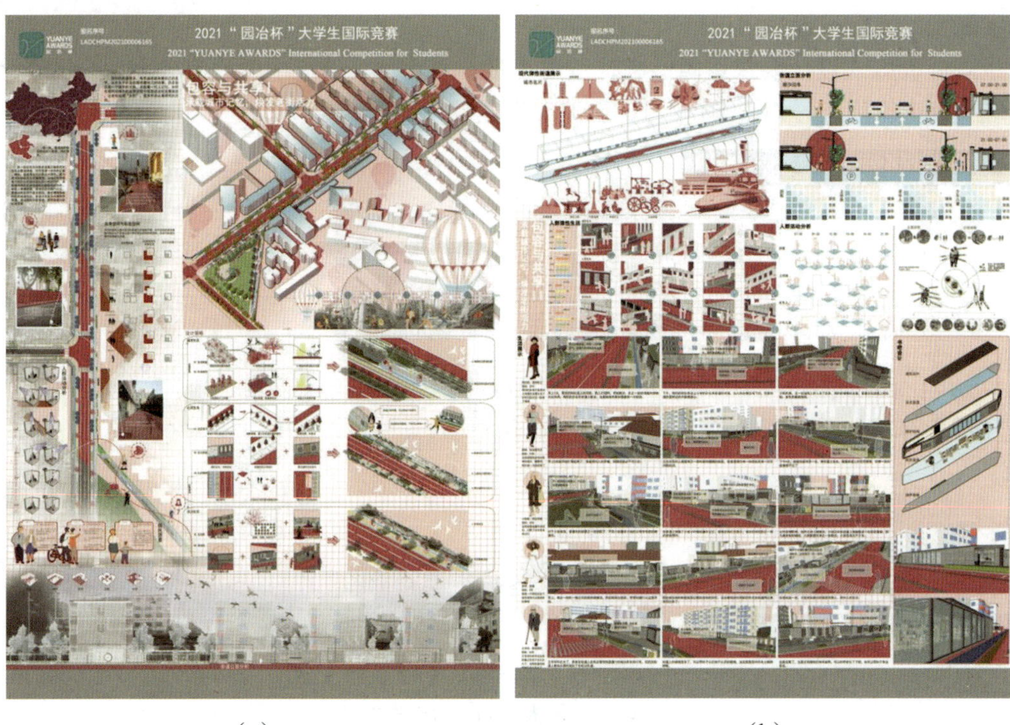


（a）　　　　　　　　（b）

图8-62　红色调色彩统一展板案例

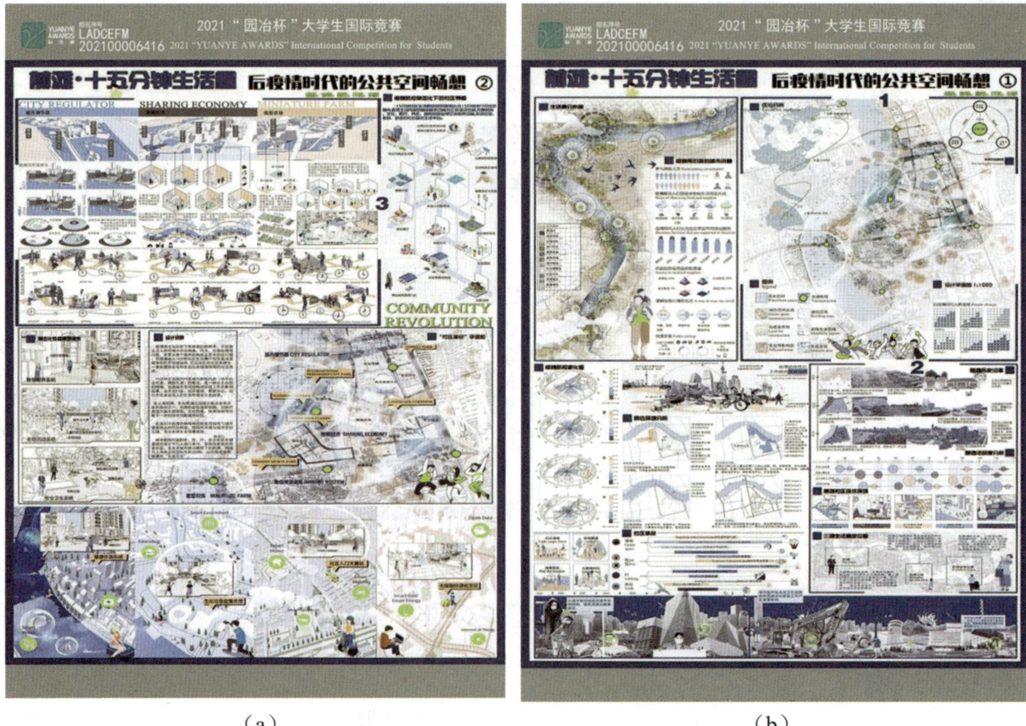


（a）　　　　　　　　（b）

图8-63　蓝色调色彩统一展板案例

排版追求色彩的和谐统一，不是只能有一种色彩，而是将色系统一。无论是一种色系还是多种色系，都需要达到一种和谐的状态，或互补或相近，使图面内容相互衔接。

（2）展版色带串联。展版色带串联是指色带、色块加渐变的方式使图面和谐统一，通常高级灰 + 亮色的搭配最易出彩，亮色的层次变化可调节，以丰富图面，如图 8-64 所示。

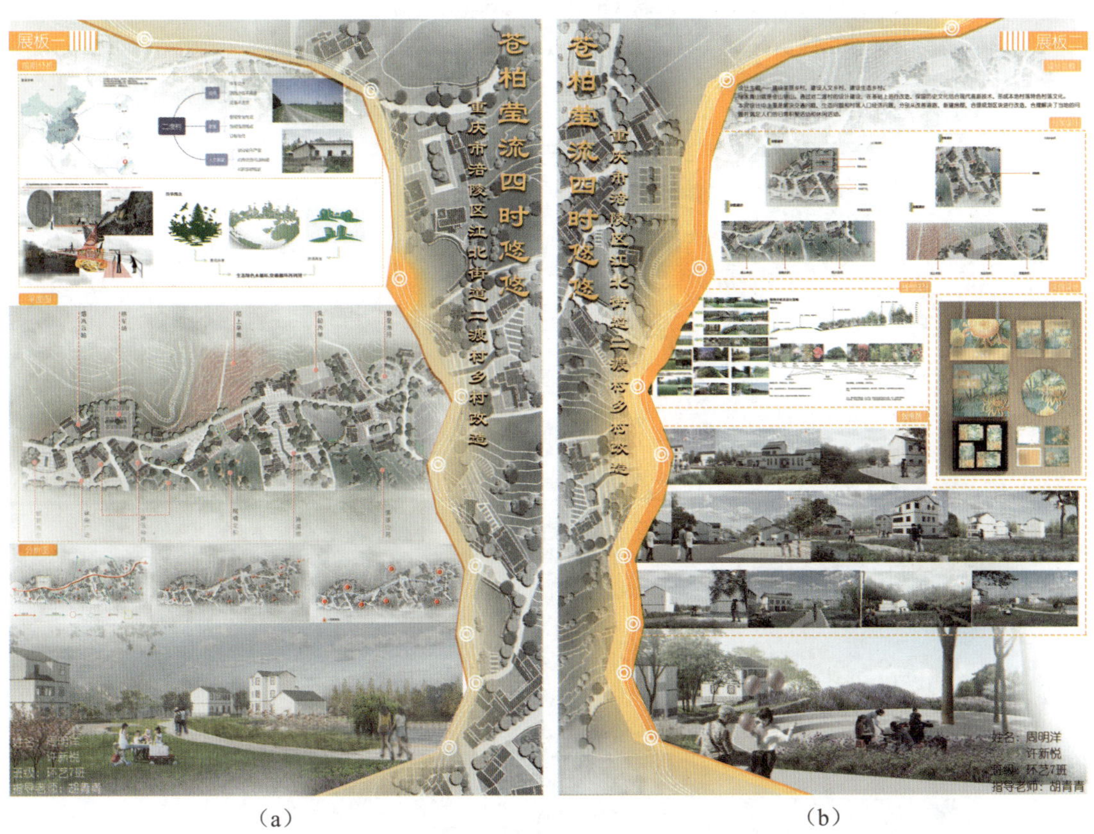


（a）　　　　（b）

图8-64　色带串联展板案例

（3）展板统一协调：这里的统一指字体、字号、标题的统一。图面的标注要清晰，选择合适大小的字体，分出层次，体现韵律感，协调画面关系，如图 8-65 所示。

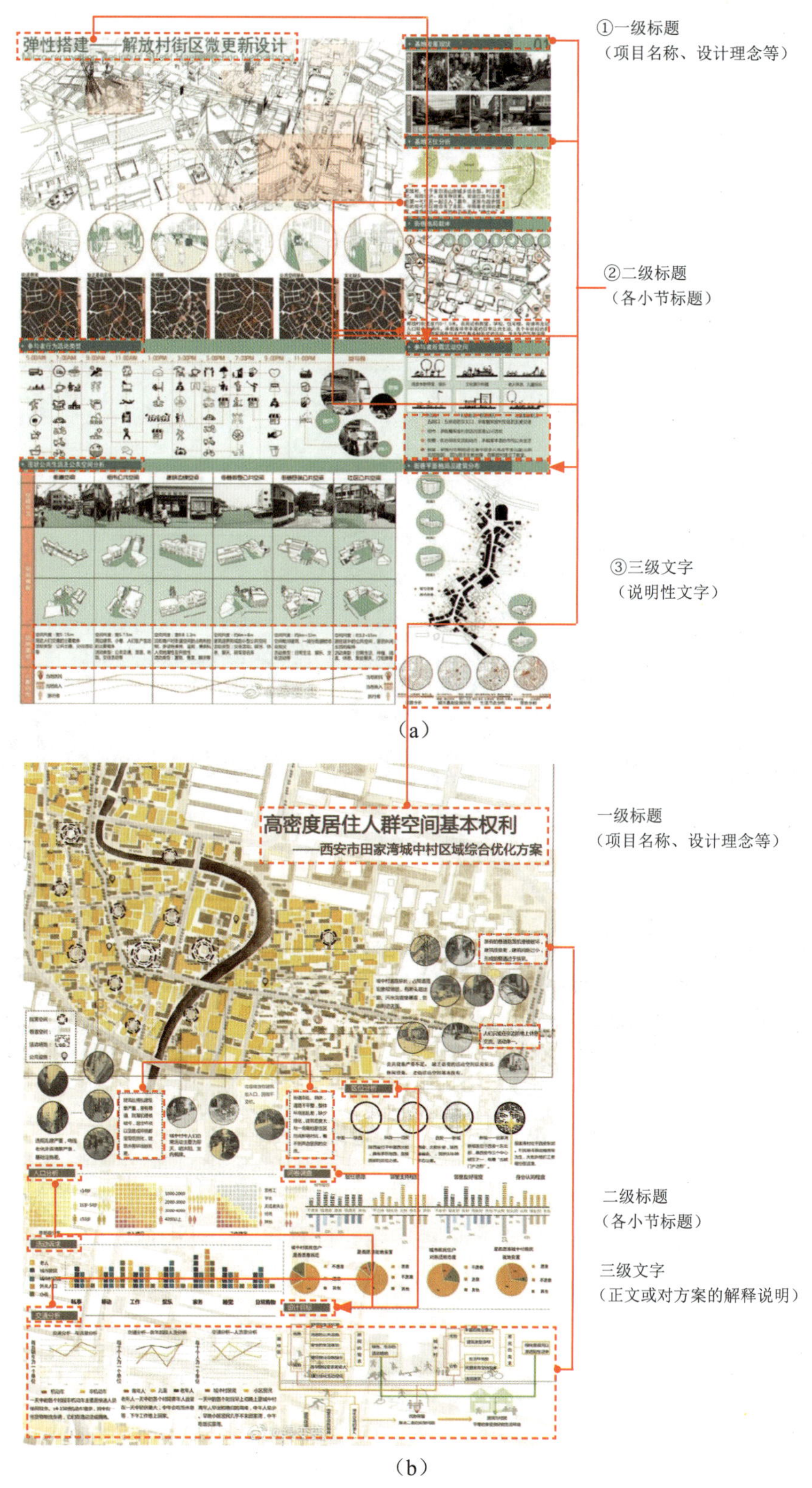


图8-65　字体统一展板案例

### 2. 展板主次分明

展板中主图的作用：在景观设计展板中，主图的作用是突出重点、吸引读者注意力，拒绝呆板均等分割，要灵活布置图面。在设计过程中主图的重要程度最高，所以其版面占比率也就最大。

展板中图文的版面占比率：重点要表达的部分如效果图、平面图、鸟瞰图等所占比例最大，分析图和节点图可依据重要程度酌情增减版面占比率。文字可穿插在空隙中，但要整齐排版，如图 8-66 所示。

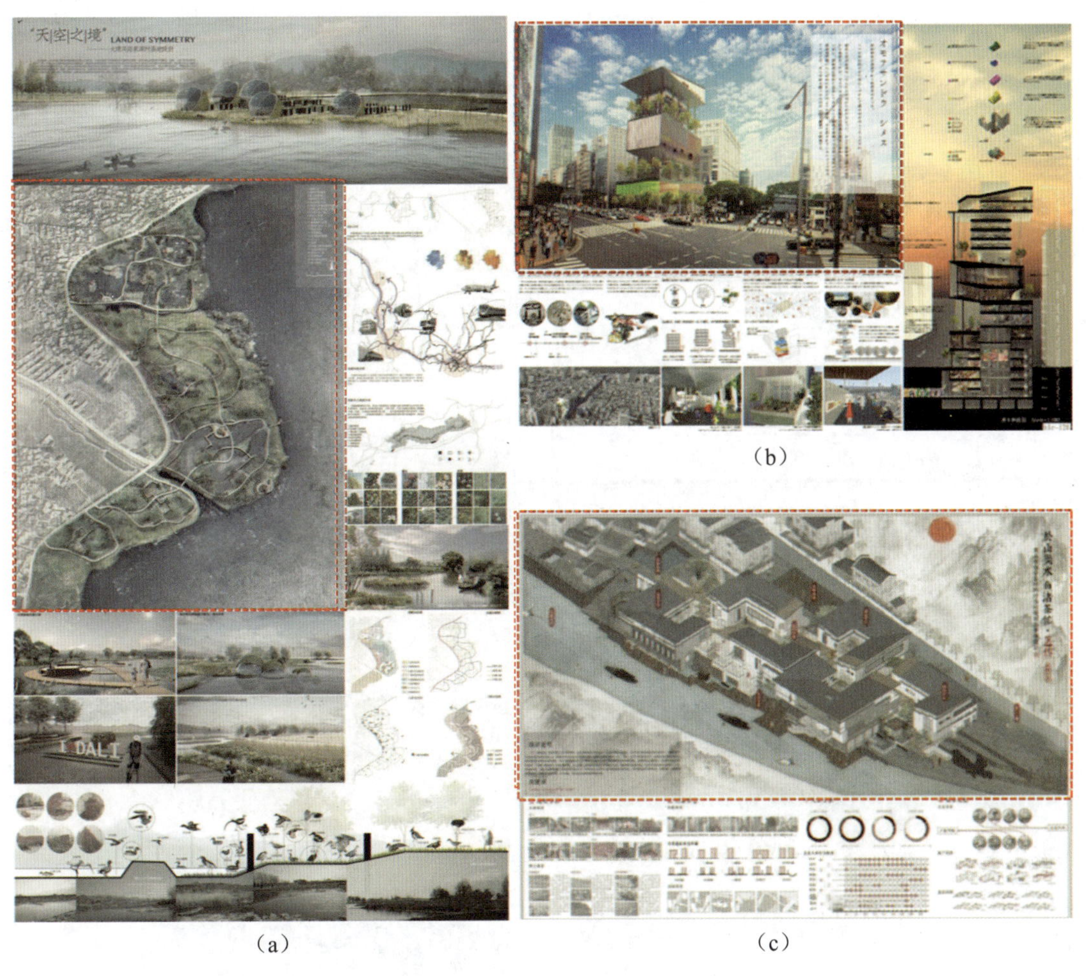


(a)　(b)　(c)

图8-66　主次分明展板案例

### 3. 展板布局对齐

排版最重要的原则就是对齐，切忌“艺术发挥”，图面整齐会更加赏心悦目。常用辅助线的方法使展板布局对齐，如图 8-67 所示。

（a）　　（b）

（c）　　（d）

图8-67　布局对齐展板案例

# 第9章 作品集版式设计

学习重点及目标

- 作品集的排版流程。
- 作品集版式设计技巧。

作品集按功能的不同可以分为求职类、考研类和留学类三种。对于设计专业的学生来说，作品集的质量好坏直接关系到求职或者升学能否成功，是考官了解学生设计能力最为直接的途径。作品集的版式设计对图面效果起到至关重要的作用，给考官看作品集就好像请客人来家里做客，项目图纸和描述文字就像家具和陈设，而排版就好像房间的布置。再华丽高贵的家具，如果摆放得杂乱无章也会给客人留下不好的印象。版式可以视为摆放家具、整理物品的技巧，是从整体上把所有设计元素以更加美观精巧的方式进行布局，让人赏心悦目。

本章以作品集制作的顺序为主线来介绍版式设计的相关内容。通过本章的学习，读者对作品集的制作会有更加系统和理性的思考。

## 9.1 作品集的常用尺寸

不同大小尺寸的版式设计给人带来不同的视觉和心理感受，运用到适当的专业领域会使设计作品更加美观。作品集与方案文本不同，作品集可双面浏览，这样也有利于进行艺术化的处理。因此，在排版时通常需要将左、右两个版面连成整体。

### 9.1.1 横版A4大小作品集

横版 A4 是作品集里最常用的版式之一，也是较为容易掌握的版式。景观专业、规划专业、建筑专业的图纸比较适合用此类图幅大小。这种排版方式更有利于长图的排版，比如一些广角图片或者剖立面图，广角图和剖立面图会使画面的代入感更强，如图 9-1 所示。

（a）封面（学生作业：罗晓琦）

图9-1 横版A4大小建筑类作品集（部分）

（b）目录页（学生作业：罗晓琦）

（c）章节页（学生作业：罗晓琦）

（d）项目内页（学生作业：罗晓琦）

**图9-1　横版A4大小建筑类作品集（部分）（续）**

（e）封底（学生作业：罗晓琦）

图9-1　横版A4大小建筑类作品集（部分）（续）

## 9.1.2　竖版A4大小作品集

竖版 A4 在设计专业类作品集中是适应性最强的一种，日常生活中的书本、杂志大都以此类大小进行排版，因此，竖版 A4 大小也是初学者最容易掌握的一种排布方式，如图 9-2 所示。

（a）封面

（b）目录

图9-2　竖版A4大小建筑类作品集（部分）

（c）章节页

（d）项目内页（1）

（e）项目内页（2）

（f）封底

**图9-2 竖版A4大小建筑类作品集（部分）（续）**

## 9.1.3 210mm×210mm(正方形)

此类图幅呈正方形，宽度与A4纸相等，图幅的紧凑感更强，排版得当会使画面有精巧美观的视觉效果，同时也更易于携带，如图9-3所示。

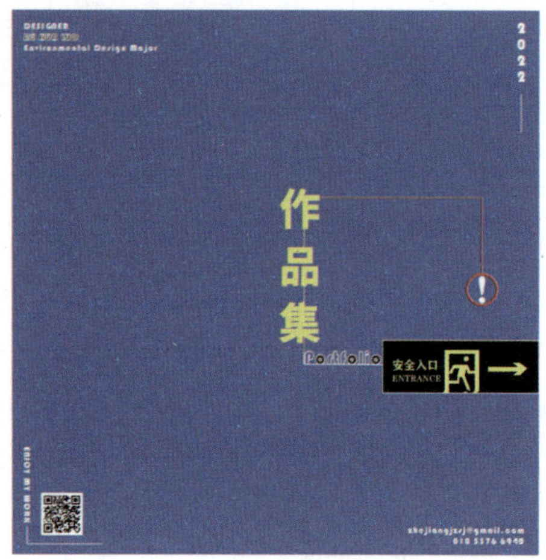


（a）封面

（b）目录页

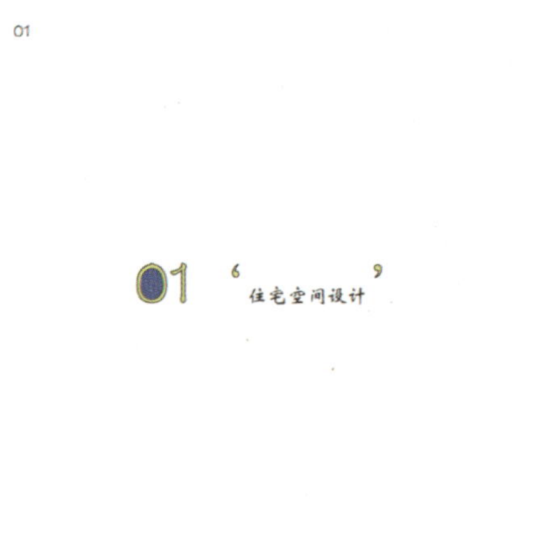


（c）章节页

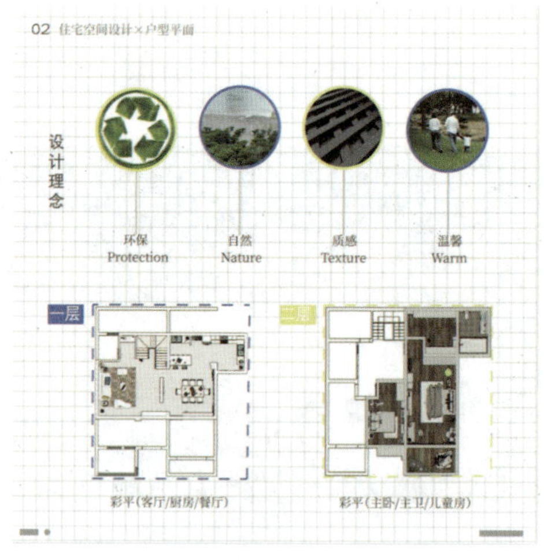


（d）项目内页（1）

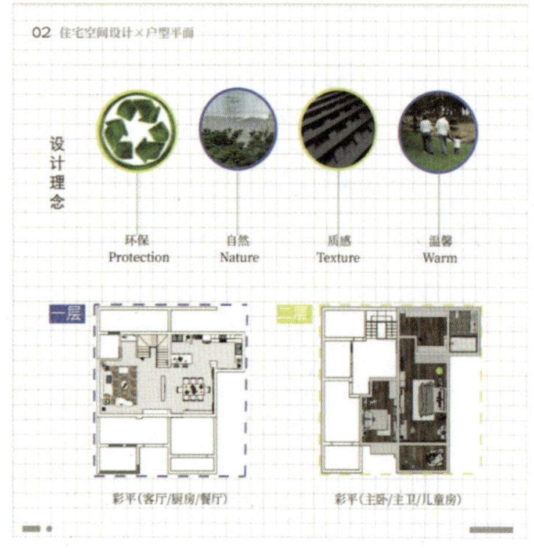


（e）项目内页（2）

（f）封底

**图9-3　210mm×210mm环境设计类作品集（学生作业：罗如华）（部分）**

## 9.2 作品集的排版流程

正确的作品集排版流程会让设计师在制作时保持清晰的逻辑，减少返工，使设计工作事半功倍。逻辑清晰的版面能够更好地传递设计信息，引导读者快速获取有价值的设计信息。

作品集的排版可以分为五个步骤。第一步，筛选内容；第二步，确定调性；第三步，结构框架设计；第四步，整体调整；第五步，成稿校对，如图 9-4 所示。

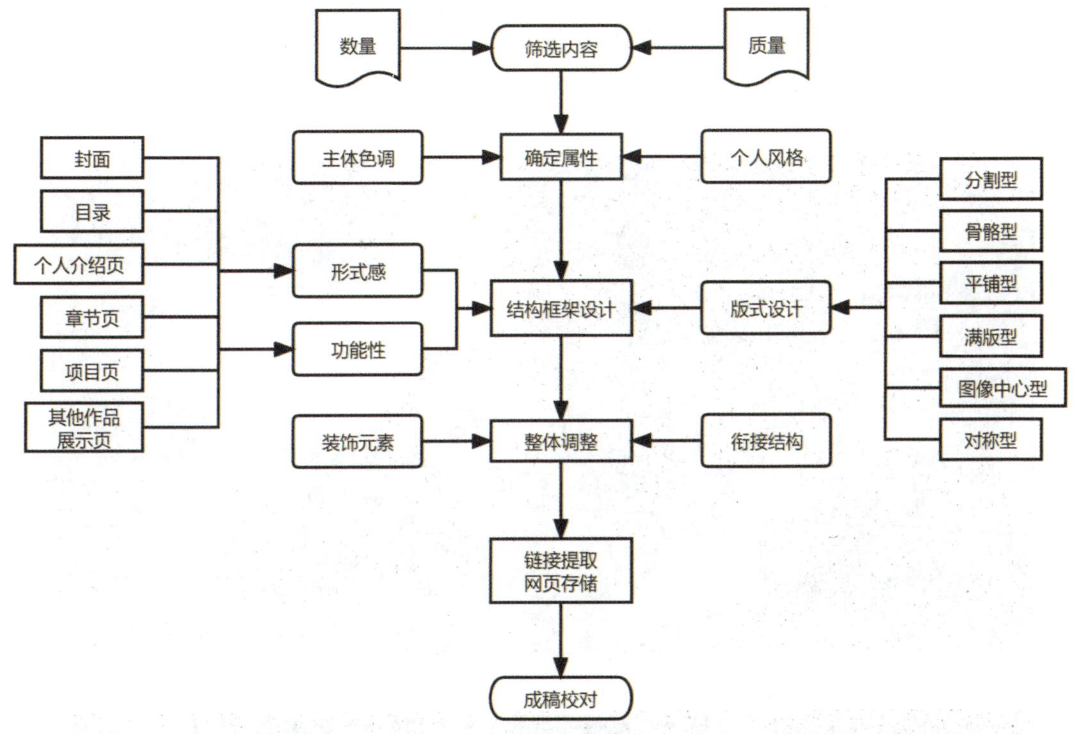


图9-4 作品集的排版流程图

### 9.2.1 筛选内容

筛选素材主要注意两个方面，一是数量，二是质量。

1）数量

每本作品集基本上放 4 ～ 5 个项目，如果项目本身的图纸数量已经积累较多了，则可以制作作品集，但并不是所有的内容都要放进作品集，只要保留可以体现主题和自身设计能力的部分即可。可以试着把项目的图片打印成黑白小图，算一下整体需要做多少页，分析图片的前后逻辑和摆放顺序，再确定哪些图片是需要的，哪些图片可以剔除。

2）质量

作品集不仅要把控图纸数量，还要确保图片的质量，画质不清晰或者图像效果不好的图片，可以直接删掉，以免影响最后的设计效果。

## 9.2.2 确定调性

在筛选好需要排布哪些图片后，就可以开始确定风格，可从以下几个方面确定风格，并要注意在接下来的作品排版过程中保持统一风格。

一是个人简介页，二是整体项目风格，三是各项目的设计主题，四是每个项目的图面风格。

图 9-5 和图 9-6 是两种不同风格调性的作品集案例。这两个作品集虽然风格差异较大，但都很好地和自身要展示的主题结合起来，实现了整体效果的和谐统一。

图 9-5 这种风格的作品集采用深灰色作为主色调性，整体风格沉稳、舒缓，并通过图底关系来凸显重点。此种设计方式对图面的限制性较大，排版的难度较高，适合综合能力较强并对设计独特性要求较高的学生使用。

（a）封面

（b）项目内页（1）

图9-5　Elle gerdeman的作品集（部分）

（c）项目内页（2）

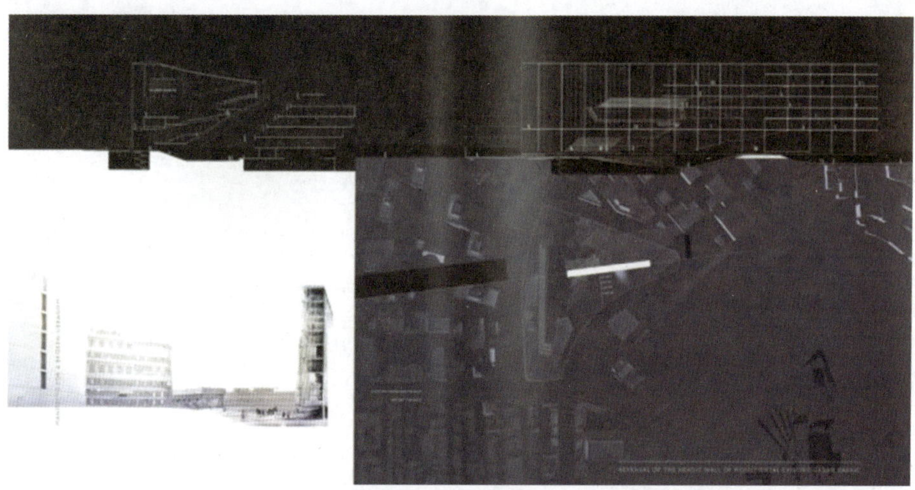

（d）项目内页（3）

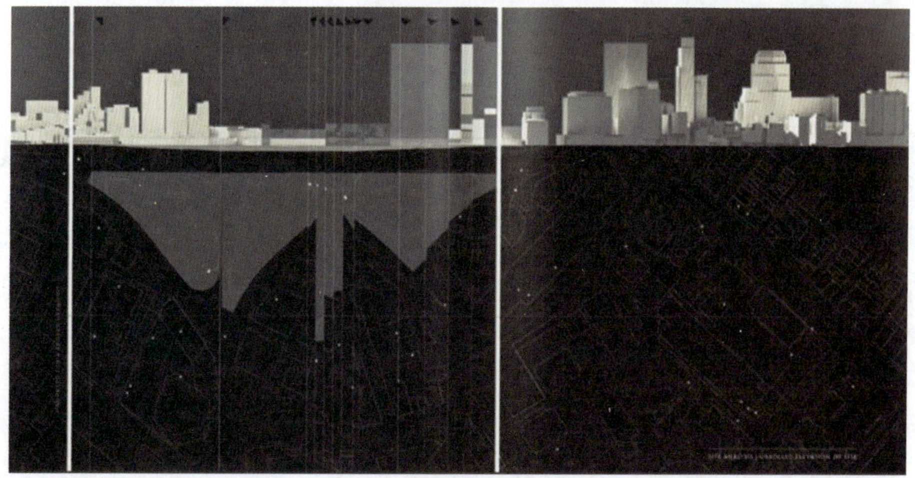

（e）项目内页（4）

图9-5　Elle gerdeman的作品集（部分）（续）

如图 9-6 所示，此种风格的作品集颜色明快，具有亲和力，通过有条理的色彩铺陈，将设计内容展现得清晰明了，逻辑严谨。此种设计风格适合交互设计专业和产品设计专业。

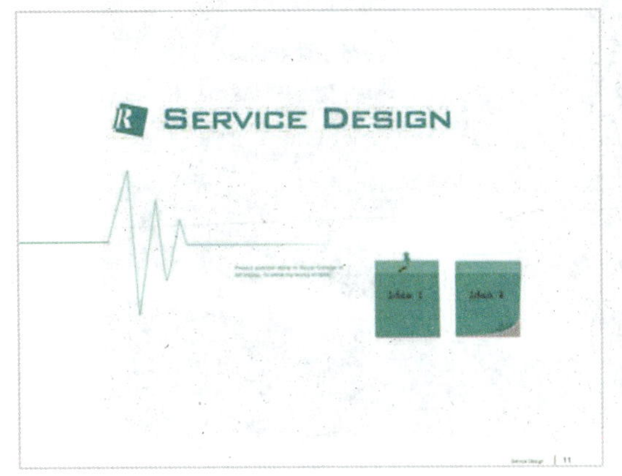


（a）封面

（b）扉页

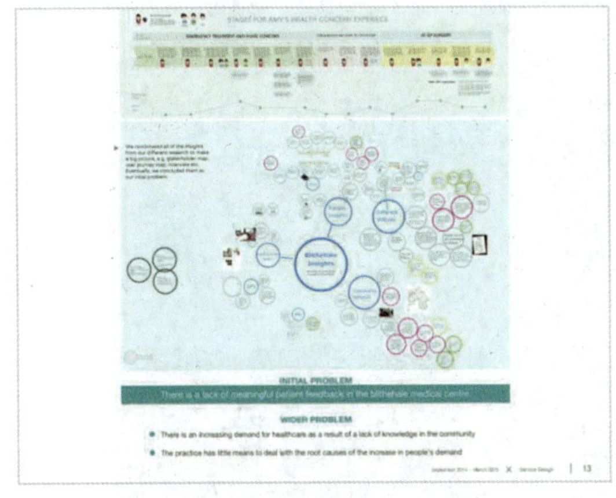

（c）项目内页（1）

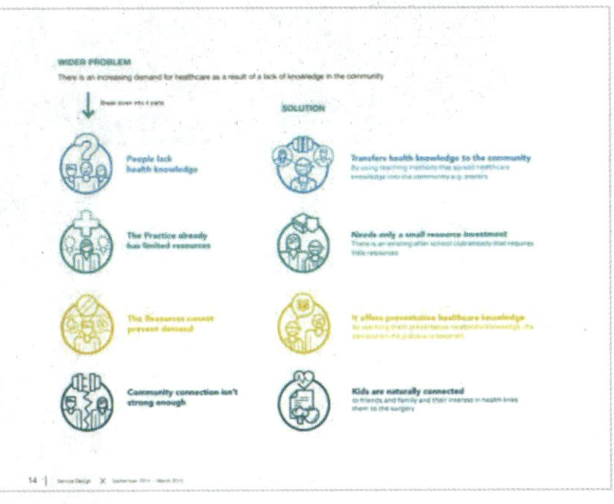


（d）项目内页（2）

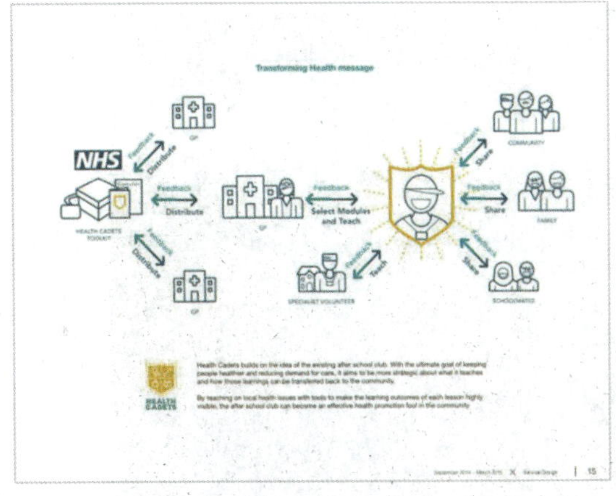


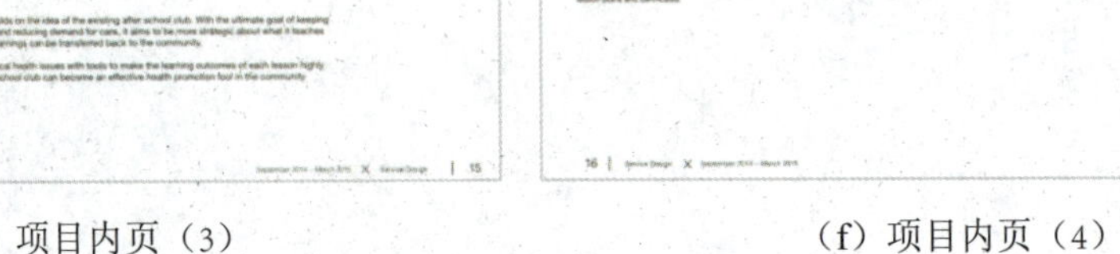

（e）项目内页（3）

（f）项目内页（4）

图9-6　色彩搭配鲜明的作品集

## 9.2.3 结构框架设计

确定了整体的风格调性之后，就可以开始规划作品集的每一页内容了。

1）封面

封面可以比喻成作品集的脸面，是考官对学生或者是应聘者的第一印象，也是最能体现个人风格的地方，有人喜欢用视觉冲击感强的画面作为封面来吸引眼球，也有人喜欢用简约含蓄的画面，把惊喜留在后面。没有哪一种是最好的，只是在配色、排版能力不足的情况下，尽量减少使用过于花哨的封面，过于花哨的封面容易让考官有轻浮的印象。更重要的是作品集的排版应和封面统一，如果封面过于复杂，会对后面的排版增加不必要的难度。另外需要注意的是，封面和封底的设计应是统一的整体。

图 9-7 所示为景观设计优秀作品集。作品集封面采用较为简约的设计手法，而内部的用色则相对丰富，形成了一定的视觉冲击力，作品集内的效果图风格和色调与整体的版式设计保持统一。

（a）封面　　　　（b）个人介绍页

（c）项目内页

图9-7　景观设计优秀作品集（学生作业：刘纯）

图 9-8 所示为建筑及室内设计优秀作品集作品集内部的排版则用色大胆，颜色鲜明，图片的视觉冲击力也较强，整体的设计风格和特点也较为统一。

(a) 章节页

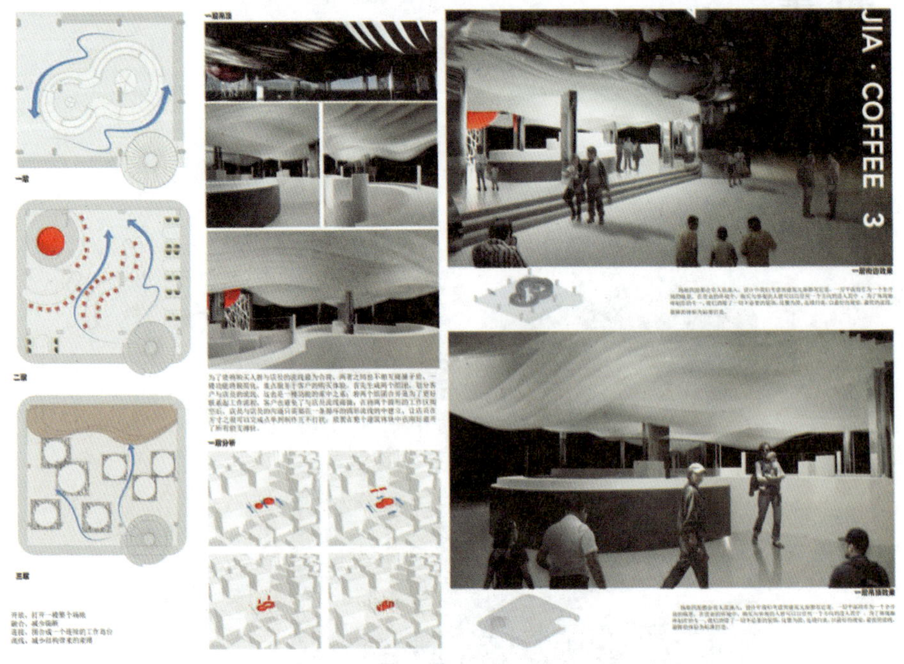


(b) 项目内页 (1)

**图9-8　建筑及室内设计优秀作品集（学生作业：温葭允）（部分）**

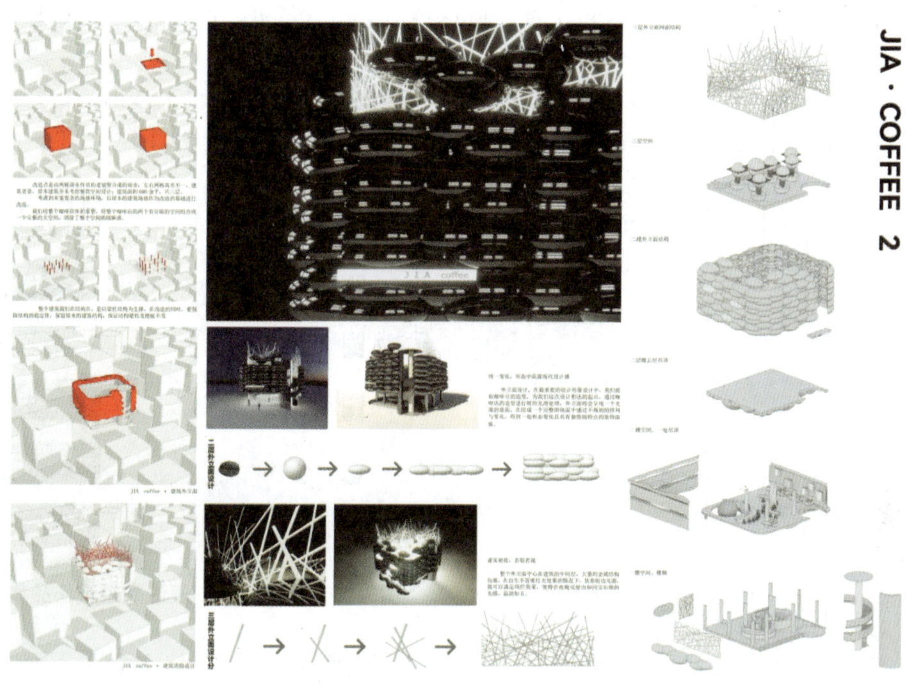


（c）项目内页 (2)

（d）项目内页 (3)

图9-8 建筑及室内设计优秀作品集（学生作业：温葭允）（部分）

2）目录页

在封面之后可以选择性地加入目录页、自我介绍页和章节页，但要兼顾形式感和功能性，并且应当使其和封面的风格保持一致。

目录页应该将作品集中的项目名称、项目基本描述及对应的页码表述出来，有时可以用图片的形式来展示，以达到更加直观的效果，如图 9-9、图 9-10、图 9-11 所示。

图9-9　以文字形式表达的作品集目录

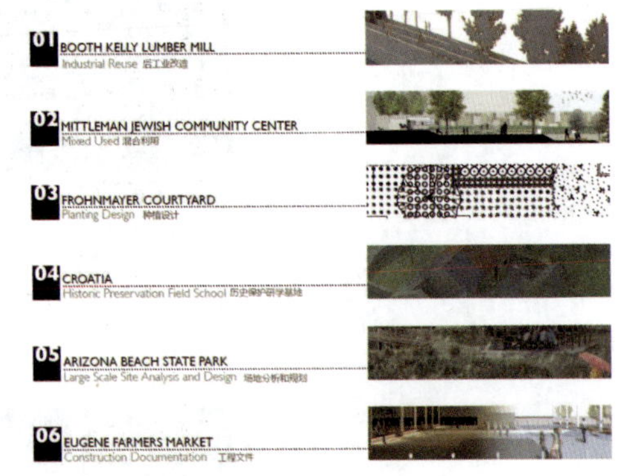


图9-10　以图片形式表达的景观作品集目录

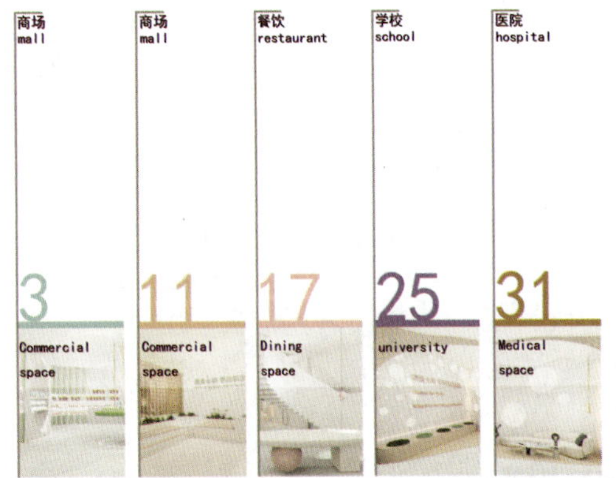


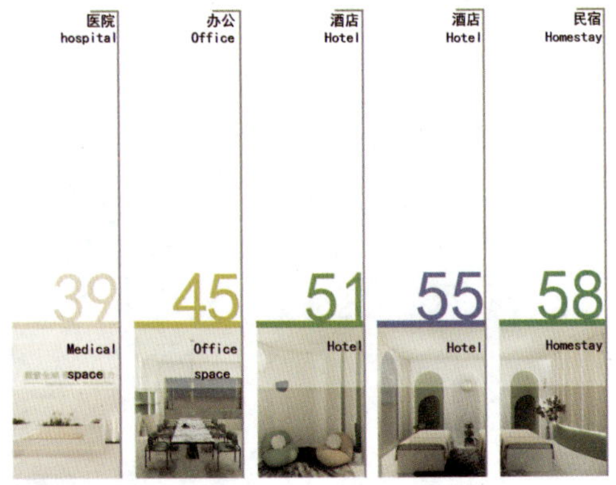


图9-11　以图片形式表达的室内作品集目录

3）个人介绍页

根据作者的喜好，个人介绍页既可以选择放在目录页之前，也可以选择放在目录页之后。其内容包括个人基本信息、教育经历、实践经历、获得奖项、掌握技能等，字数不宜过多，一般控制在 500 字以内，如图 9-12 所示。个人介绍页的风格调性应该注意和其他的页面统一，以保证版式风格的整体统一。另外，个人介绍页是自我展示的关键页面。

4）章节页

项目可按照时间顺序来排布，以表现学生的逻辑思维、学习能力和设计能力提升的过程。项目也可按照主题划分不同章节，如景观（室内）设计章节、模型制作章节、摄影章节，以体现学生多方面的能力。

图9-12　设计类专业作品集个人介绍页（学生作业：罗晓琦）

一般来说一个项目就是一个章节。章节页可以选择项目中比较好的效果图作为视觉的中心，并且将项目名称、项目时间等基本信息展示出来，如图 9-13 所示。

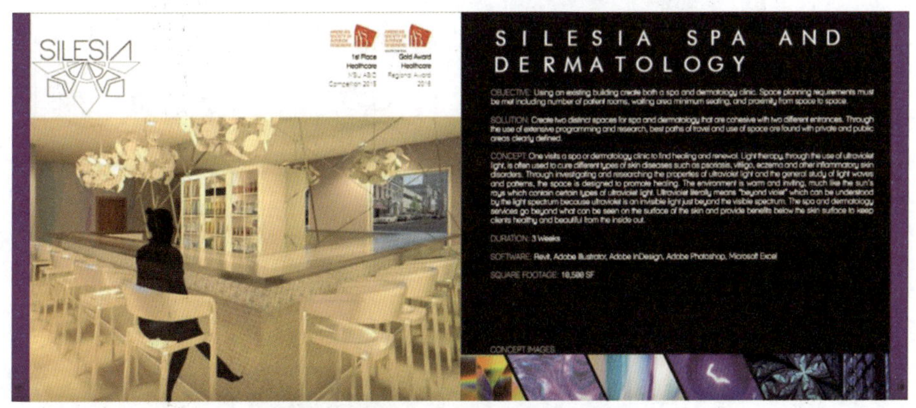


图9-13　室内设计专业作品集章节页

5）项目内页

每个项目都由分析图、效果图、工程图、文字描述几部分组成。项目内页在排布时应当注意以下三点。

（1）切忌文字描述过多。设计类的作品集应当以图片为主，过多的文字描述会消耗考官不必要的精力。

（2）分清主次。每张画面应设置 1 ～ 2 个重点，前期分析现场图和后期效果图应分开放置。

（3）逻辑顺序清晰。项目图片放置的顺序应当合理，基本上是以前期分析—总体平面图—分区效果图—专项设计—项目总结的思路来放置，如图 9-14 所示。

6）其他作品展示页

设计类专业的学生除了设计项目往往还有其他的艺术兴趣和特长，比如手绘效果图、绘制插画、摄影等。这些也可以展示在作品集中，以体现学生多方面的能力，一般放在项目页的后面，如图 9-15 所示。

（a）项目内页（平面及分析）

（b）项目内页（效果图）

**图9-14　室内设计优秀作品集项目内页**

**图9-15　景观作品集中的个人画作展示**

## 9.2.4　整体调整

进行到这一步，内容已经差不多完成，大的结构框架已经确定下来，整体调整一般是调整作品集里具体的某些页面的色调和排放方式。在调整时主要关注页与页之间的衔接问题，相邻的两个项目会不会排版得过于密集或者稀松，是否需要再增加一些装饰性的元素等。

如图 9-16 所示的作品集中项目介绍的部分，作者用不同颜色、相同形状的边框将图片进行装饰，既统一又不失变化。在画作展示中，用图钉挂画的形式将作品展示出来，使画面的构图美感更加强烈。

（a）作品集项目页

（b）作品集画作展示

**图9-16　环境设计专业作品集项目页（学生作业：罗如华）**

### 9.2.5　成稿校对

成稿校对主要是检查作品集中的语句、标点及页码是否有错误。另外，做留学作品集的学生需要注意的是，英文的排版格式和标点与中文的排版格式和标点是不同的，在写作的时候要按照英文的格式来写。

## 9.3　作品集的版式设计方法

好的版式设计能够提升作品集整体的品质，因此，掌握一定的排版技能对作品集的制作是十分有利的。

本节所述的版式设计方法主要针对项目内页部分，目录页和个人介绍页在整体风格上达到统一即可。

### 9.3.1　分割型版式

分割型版式主要是指图片和文字的二分式排版，一般分成上下分割式和左右分割式，有时也采用以黄金分割比例斜切的分割方式。

文字和图片的配比关系有 1 ∶ 2、2 ∶ 1 和 1 ∶ 1 三种。以图片为主的画面即图片为 2、文字为 1，如图 9-17 所示；以文字为主的画面则文字为 2、图片为 1，如图 9-18 所示；图文 1 ∶ 1 的配比则为比较均衡的效果，如图 9-19 所示。在实际的排版过程中，这几类配比是穿插使用的，以保持版面的良好节奏感，避免单调乏味，如图 9-20 ～图 9-22 所示。

图9-17　以图片为主的排版形式

图9-18　以文字为主的排版形式

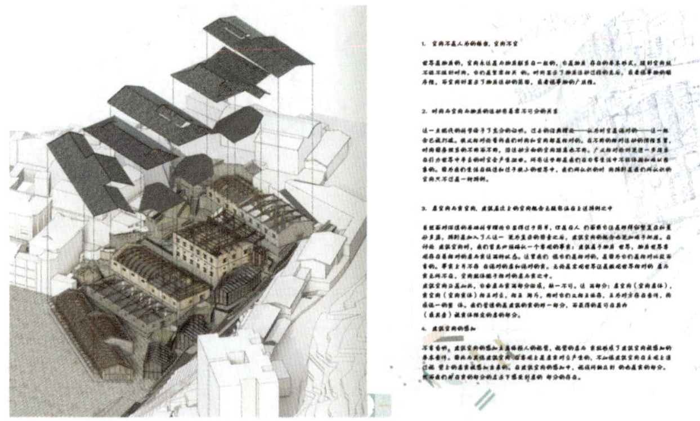

图9-19　图文比为1：1的排版形式

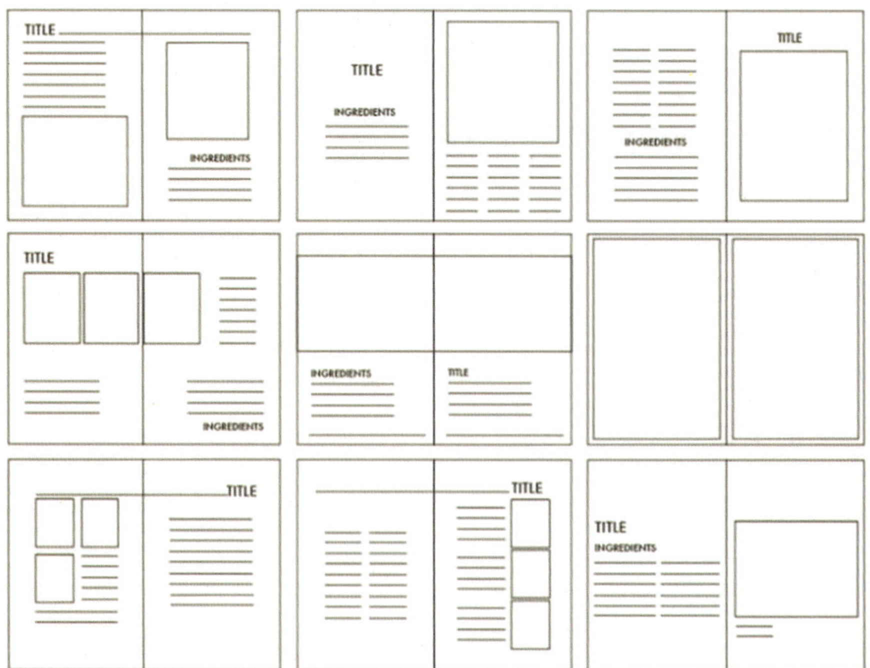


图9-20　分割型版式设计

图9-21　左右分割式的作品集排版

图9-22　上下分割式的作品集排版

## 9.3.2　骨骼型版式

骨骼型版式设计图文结合紧密，分布均衡，注重逻辑性和功能性，给人以理性、严谨、和谐的美感，活泼而富有弹性。其适用度很强，景观设计、室内设计、建筑设计或平面设计的排版都可以使用骨骼型版式。常见的骨骼形式有竖向通栏、双栏、三栏和四栏等，一般以竖向分栏居多。

骨骼型版式常用于个人介绍页、目录页、方案分析页，即用不同形式的骨骼把零散的图片和文字统一起来，使画面看起来整齐美观，如图 9-23 ～图 9-26 所示。

图9-23　四栏骨骼型版式

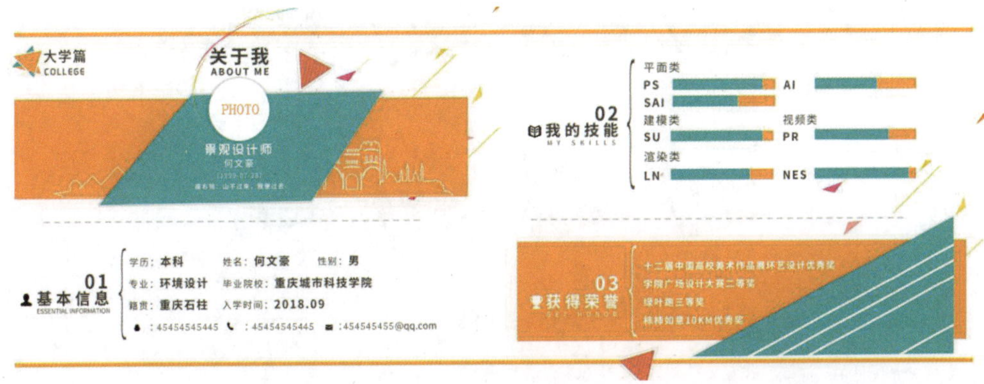


图9-24　骨骼型版式在个人介绍页中的运用（学生作业：何文豪）

图9-25　骨骼型版式示意图

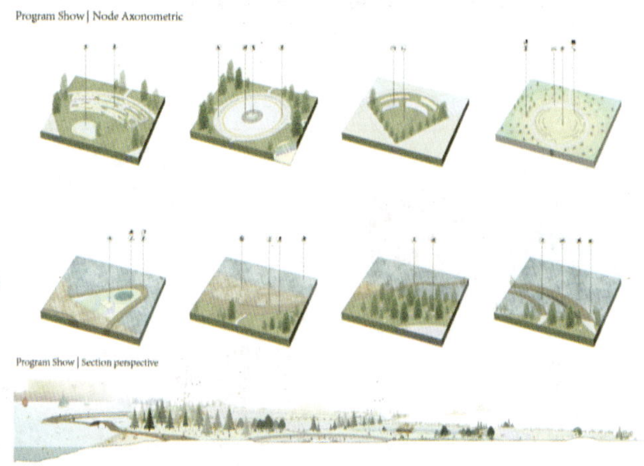


图9-26　骨骼型版式在项目页中的运用（学生作业：罗晓琦）

## 9.3.3 平铺型版式

平铺型版式主要以图像为主，视觉传达直观而强烈，给人大方舒适的感觉，非常适合插画、纯艺、摄影等专业的作品集，如图 9-27 所示。这类作品集对图像的要求很高，因此在前期选择图片的时候一定要保证画质清晰。同时，使用的文字一定要精练，可以只保留主标题和副标题，尽量避免大规模的块状文字。

图9-27 插画专业平铺型版式

平铺型版式设计可参考图 9-28 的样式，结合设计图纸灵活运用。图中的每个矩形框对应的既可以是文字信息也可以是图片信息。

图9-28 平铺型版式

## 9.3.4 满版型版式

满版型版式主要以图像为主，视觉传达直观而强烈。文字配置在上下、左右或中部（边部和中心）的图像上。满版型版式给人大方舒适的感觉，与其他的排版方法并用可在整体的作品集中形成良好的节奏感，如图 9-29 所示。

（a）项目页景观效果图展示

（b）章节页

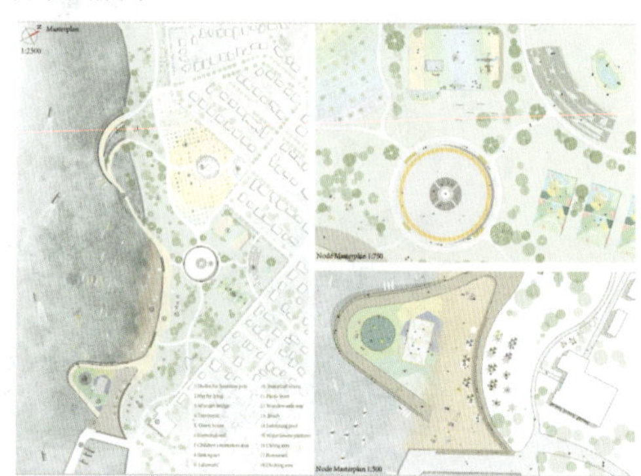

（c）项目页景观平面图展示

**图9-29　景观作品集中的满版型版式**

## 9.3.5　图像中心型版式

图像中心型版式是将图形作水平方向或垂直方向排列，文字配置在上下或左右。水平排列的版面，给人稳定、安静、平和与含蓄之感。垂直排列的版面，给人强烈的动感。同时使用边角式的蒙版，可以增加图像的活跃感。此类排版方式非常适合设计类的专业作品集，如图 9-30 所示。

（a）

**图9-30　图像中心型版式（学生作业：何文豪）**

（b）

图9-30　图像中心型版式（学生作业：何文豪）（续）

## 9.3.6　对称型版式

对称型版式给人理性、稳定的感受。对称分为绝对对称和相对对称。作品集的版式设计一般多采用相对对称的设计手法，以避免因过于严谨而产生的死板感觉。对称以左右对称居多，上下对称也经常使用。对称型版式常用于设计类作品集项目页的介绍及插画、摄影专业的作品展示，如图 9-31、9-32 所示。

（a）

（b）

图9-31　对称型版式室内作品集（学生作业：向宝山）

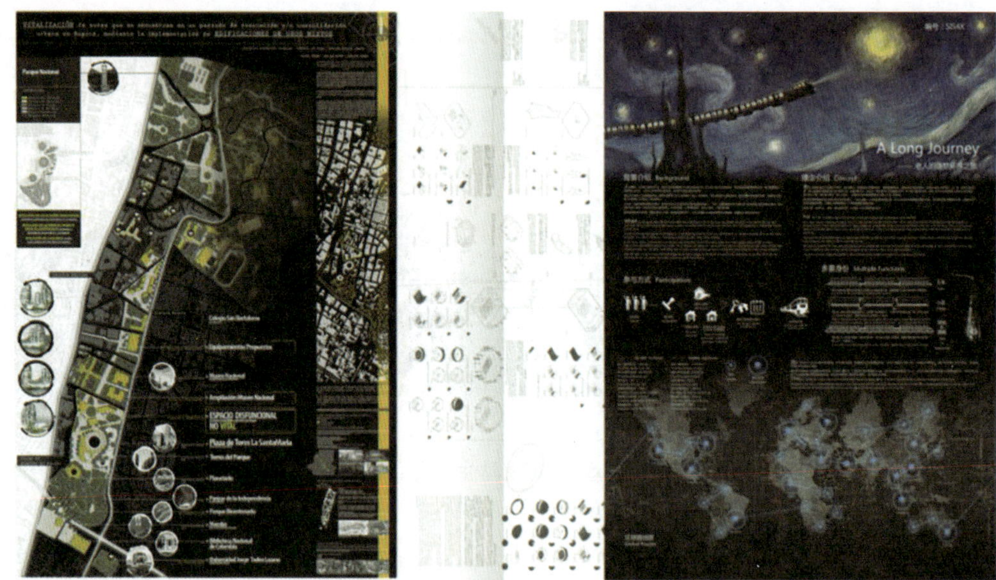


图9-32　对称型版式景观作品集

在实际的作品集排版中，这六种版式设计方法往往是组合使用的，版式设计只是形式，重要的还是其功能，因此，各类排版形式永远是为不同的功能而服务的。例如，在前期分析过程中，文字阐述和图片比较多，适合使用骨骼型的版式；在设计章节页或者项目页的时候，平铺型或者满版型的版式对整体画面品质感的提升将很有帮助；在制作思维导图或者草图等这类线条比较多的画面时，就需要分割法来规整版面。因此，在设计作品集时需要灵活使用这几类排版方式，以达到最佳的排版效果。

1. 作品集的常用尺寸有哪些？
2. 不同尺寸的作品集有什么特点？分别适合哪些类型的作品集？
3. 作品集的制作流程是什么？
4. 结构框架设计包含哪些方面的内容？
5. 作品集排版的方式有哪些？
6. 不同类型的版式设计所适合的专业有何不同？

第10章　巨人的肩膀：优秀作品分析.pdf

# 参 考 文 献

[1] 王爽，王梦莎，李建淼，张宇. 版式设计[M]. 2版. 北京：清华大学出版社，2019.

[2] 王斐. 版式设计与创意[M]. 北京：清华大学出版社，2017.

[3] 郭书. 版式设计手册[M]. 北京：清华大学出版社，2018.

[4] 任莉. 版式设计[M]. 北京：人民邮电出版社，2020.

[5] 于凯，李颖. 版式编排设计与实战[M]. 北京：清华大学出版社，2015.